Kommunikation

Heinz W. Droste

Kommunikation

Planung und Gestaltung öffentlicher Meinung

Band 1: Grundlagen

pedion verlag

Impressum

Droste, Heinz W.
Kommunikation – Band 1: Grundlagen
Auflage 3 – 06/20

Bibliografische Information der Deutschen Nationalbibliothek
Die Deutsche Nationalbibliothek verzeichnet diese Publikation in der Deutschen Nationalbibliografie; detaillierte bibliografische Daten sind im Internet über http://dnb.d-nb.de abrufbar.

ISBN 978-3-9822034-0-9

Layout, Satz, Grafik und Produktionsleitung:
Pedion Verlag

Für ***Mario Bunge***,
der unermütlich und rigoros
– aber ebenso elegant und humorvoll –
das Projekt der philosophischen und
wissenschaftlichen Aufklärung vorantrieb.
*Es ist an uns, aus seinen vielen
fruchtbaren Arbeitsergebnissen für unsere Aufgaben
und unsere Zukunft Konsequenzen zu ziehen
und damit produktiv zu werden.*

Inhaltsübersicht

Teil II

Methodologische und empirisch–wissenschaftliche Grundlegung zukünftiger Konzeptionstechnik

Ende Band 1

Beginn Band 2

Vorwort

Kompetenzvorsprung durch Wirkungswissen

Mit *»Kommunikation«* halten unsere Leser ein Konzeptions–Buch in Händen, das sich deutlich von bisher vorgelegten Veröffentlichungen zum Thema Kommunikation und Planung von Maßnahmen zur Gestaltung öffentlicher Meinung unterscheidet.

Dabei sind zwei wesentliche Unterschiede bereits auf den ersten Blick erkennbar:

Bei *»Kommunikation«* handelt es sich erstens tatsächlich um ein umfassendes *Konzeptions–»Buch«* – es erscheint in zwei Bänden mit annähernd 800 Druckseiten.

Aber *»Kommunikation«* unterscheidet sich auch in einem weiteren wesentlichen Punkt von früheren Publikationen anderer Autoren:

»Kommunikation« nimmt die Definition der »Kommunikations–Konzeption« in den Fokus der Betrachtung und baut darauf ein grundlegend neues Modell der Konzeptions–Praxis:

> *»Kommunikations–Konzeption bezeichnet die rationale Planung von Maßnahmen, die dazu dienen, die legitimen Interessen von Klienten im laufenden Prozess der gesellschaftlichen Meinungsbildung mit ebenso legitimen Mitteln durchzusetzen.«*

Konzeption ist offenbar die *Kernkompetenz* von Kommunikations–Verantwortlichen, die in Unternehmen, Institutionen usw. mit der Gestaltung öffentlicher Meinung betraut sind. Dennoch fußt Konzeptions–Entwicklung bisher mit dem *»Trail–and–Error–Ritual«* der Vorgehens-Schritte

(1) *Faktensammlung*

(2) *Analyse*

(3) *Lösungsfindung*

(4) *Planung*

(5) *Umsetzung*

(6) *Erfolgskontrolle*

lediglich auf einem »Laien–Approach«.

Jeder Neueinsteiger im Feld der Kommunikation, der noch über den »unverdorbenen« Blick des Neulings verfügt, zeigt sich irritiert, wenn ihm heute immer noch empfohlen wird, angesichts vielfältiger und individueller Kommunikations-Bedürfnisse von Klienten stets mit ein und derselben sechsgliedrigen Checkliste zu arbeiten.

Tatsächlich unübersehbar ist, dass die Ausrichtung auf die bisher in der Kommunikations-Branche propagierten »Erfolgsformel« der Konzeption nicht zu optimalen Arbeitsergebnissen führt.

Wirkungslosigkeit von »konzipierten« Maßnahmenpaketen ist dabei noch das harmloseste Versagen, das PR-Praktikern aufgrund des Festhaltens am konventionellen Sechs-Schritte-Vorgehen droht. Denn das klassische Trail-and-Error-Verfahren der PR ist riskant und begünstigt häufig vielfältige »unerwünschte Nebenwirkungen«, beispielsweise:

- *durch Maßnahmen ausgelöste **explodierende Kosten**, die von Konzeptionern nicht vorhergesehen werden können*

- ***Bumerang-Effekte**, die durch Maßnahmen ausgelöst wurden. Allzu häufig lösen PR-Strategien bei Journalisten und in der Öffentlichkeit für Klienten schädliche Kritik aus und nähren einen in der Gesellschaft weit verbreiteten Manipulationsverdacht in Bezug auf Public Relations-Maßnahmen.*

- ***Vampiereffekte**, die statt erhoffter Öffentlichkeitswirkung auftreten. Die Medienvertreter, die häufig Adressaten der heute konzipierten Maßnahmen sind, lassen sich nicht auf die Weise »instrumentalisieren«, wie es in Konzeptions-Anleitungen beschrieben wird. Redakteure »überarbeiten« stattdessen meist den Inhalt von angebotenen Pressetexten und Broschüren so lange, bis er zu ihren eigenen Intentionen und Stories passt.*

Die Ursachen für diese unerwünschten Folgen formelhaften Vorgehens im Bereich der Kommunikations-Konzeption liegen vor allem im fehlenden Wissen über die Mechanismen, die hinter Kommunikationsprozessen in Kommunikationssystemen stecken.

Das Credo von *»Kommunikation«* ist es deshalb, dass Konzeptioner zunächst solides Wissen benötigen, um im Anschluss verantwortlich handeln zu können:

»Lerne erst und handle dann!«

»Kommunikation« zeigt den Lesern im Einzelnen, dass Kommunikations–Konzeptionstechnik eine »Transfusion frischen Bluts« aus empirischen Wissenschaften sowie aus der modernen Wissenschaftstheorie benötigt. *»Kommunikation«* beschreibt wie diese »Transfusion« im Detail abzulaufen hat.

Dazu ein paar weitere Grundgedanken:

Die Gestaltung öffentlicher Meinung setzt vor allem solides Wirkungswissen als Basis voraus. Ohne Wissen über wirkende Mechanismen gibt es keinen Einblick in die Operationsweisen öffentlicher Kommunikation.

Und ohne Wirkungswissen kann niemand Kontrolle über Meinungsbildungs–Prozesse erlangen.

Dazu kommt, dass es eines soliden Wissens über rationale Planung bedarf, um Wirkungswissen systematisch in erfolgreiche Maßnahmenplanungen umzusetzen.

Dieses Wirkungs- und Planungswissen bereitet *»Kommunikation«* systematisch auf, um schließlich zu einem viergliedrigen, zukunftsträchtigen Konzeptions–Modell mit folgenden Bausteinen zu gelangen:

- *der rationalen Planung und Organisation von Kommunikationsprozessen*
- *der transparenten Verfolgung der legitimen Interessen von Klienten durch Kommunikations–Maßnahmen und Interventionen*
- *dem Rückgriff auf nachweisbar wirksame Vorgehensweisen zur Gestaltung von öffentlichen Meinungsbildungs–Prozessen*
- *der Legitimität des Vorgehens, das eine erfolgreiche wie möglichst risikolose Durchführung von Maßnahmen ermöglicht*

»Kommunikation« erschließt den Lesern das notwendige Wissen und die Hintergründe des neuen Konzeptions–Modells nicht nur Aspekt für Aspekt. Die Leser werden fortlaufend bei der schrittweisen Entwicklung der Hintergründe modernen Konzipierens mit einbezogen:

Jedes der Kapitel wird durch konkrete Aufgabenstellungen abgerundet, durch die das Buch einen direkten Bezug zur Praxis der Leser herstellt und an ihre individuellen Berufserfahrungen anknüpft.

Der Verlag wünscht den Lesern nun eine anregende Zeit mit *»Kommunikation«*.

Fühlen Sie sich zukünftig herausgefordert, für Ihre Klienten besonders innovative und wirkungsvolle Konzeptionen zu entwickeln und umzusetzen.

Ihr Pedion Verlag

Teil I

Analyse der Defizite heutiger Konzeptions– und Kommunikations–Praxis und Ansatz für einen Neuanfang

»Alle Fachleute sind sich einig:
Die Qualität von Public Relations
hängt ab von der Qualität
der Konzeption.
Anders gesagt:
Professionelles Konzipieren ist
Voraussetzung für
gute Public Relations.«
(1)
Klaus Dörrbecker

Kapitel 1

Neustart dringend erforderlich:

Konzeptionstechnik im Umbruch

»Public Relations« – Begriff mit Beigeschmack

Gute Public Relations, gute »PR«, das ist ein Thema, das heute beinahe jedermann etwas sagt.

Es gab Zeiten, da gehörte der Ausdruck »Public Relations« zu den meistgescholtenen Anglizismen bei uns. Doch im täglichen Sprachgebrauch haben wir uns zumindest mit dem Begriff versöhnt.

Meist taucht der allerdings abgekürzt als »PR« auf. Dabei hat sich die Bedeutung hinter dem Konzept abgeschliffen – der Raum der Assoziationen, der durch den Begriff ursprünglich abgesteckt wurde, ist verengt.

Im angloamerikanischen Sprachraum wird bei Verwendung des Begriffs »Public Relations« manchmal tatsächlich noch über die damit angesprochenen »öffentlichen Beziehungen« nachgedacht, etwa über das strategische Herstellen und Aufrechterhalten von Beziehungen zwischen gesellschaftlichen Interessengruppen. Dagegen ist der PR–Begriff bei uns in seinem Bedeutungsgehalt stark erodiert und modifiziert worden. Manch kritischer Verwender dieses Akronyms wird sich gar nicht bewusst sein, für welchen Begriff es überhaupt steht.

PR als Manipulations-Methode

Im Laufe der Zeit haben »PR« zudem moralischen Wert eingebüßt und den Beigeschmack gewonnen, mit verdeckten und nur bedingt fairen »Manipulationsmethoden« zu tun zu haben. Die jeweilige Perspektive des Begriffsverwenders bestimmt, wie »scharf« dieser Beigeschmack ist und mit welchen weiteren, mehr oder weniger strengen »Aromen« er verknüpft wird.

Ein paar Beispiele zur Erläuterung:

Für den Werber in der klassischen Werbeagentur sind »PR« so etwas wie billige, lästige und aus seiner Sicht oft »kreativ unbedarfte« Konkurrenz.

Manager von Unternehmen halten »PR« für eine »Pflichtveranstaltung«, für etwas unter glücklichen Umständen maßvoll Hilfreiches und Werbekosten–Einsparendes.

Für Existenzgründer sind PR beim Start in den Markt eine arbeitsreiche, mit großen Hoffnungen genauso wie mit unbestimmter Erfolgsaussicht verknüpfte Notwendigkeit.

Für Journalisten ist »PR« zwar oft von Nutzen, etwa wenn schnell Informationen für eine Story gebraucht werden. Doch von Redaktionskollegen auf das Thema »Public Relations« explizit angesprochen neigen die journalistischen

Nutzer von PR-Ressourcen dazu, nicht zu ihren Quellen zu stehen, und sich in der Öffentlichkeit betont schroff von angeblicher »Schleichwerbung« in Gestalt von PR zu distanzieren.

Für Parteien oder Regierungen sind »PR« so manches Mal gleichbedeutend mit »unfaire Attacke des politischen Gegners«. Bei anderer Gelegenheit, besonders wenn sie selbst auf Kommunikationsmaßnahmen zurückgreifen, ist es dann mit einem Mal das legitime Kampfmittel, um ihre Position zu verteidigen.

Und schließlich für den Prominenten, der seinen Bekanntheitsstatus über die Jahre retten will, sind »PR« ganz einfach die Garantie dafür, für die nächste Zeit den erreichten Lebensstandard zu verteidigen.

Dem Leser sind wahrscheinlich zahlreiche weitere »Aromen« bekannt, die der Vorstellung von »PR« in unserer Gesellschaft anhaften, und ihm an dieser Stelle durch den Kopf gehen. Doch zum Einstieg sollen diese Basisbeispiele ausreichen.

Aufgabenfeld im Umbruch

Schauen wir uns den Umgang mit dem Thema »Public Relations« genauer an:

Meist wird im Zusammenhang mit PR an ein Spektrum unterschiedlichster Kommunikationsmaßnahmen gedacht, unter denen die so genannte »Pressearbeit« eine wichtige Rolle spielt. Eine so wichtige, dass diese für viele als Synonym für Public Relations herhalten muss.

Doch diese verengte Definition von PR wird der Bedeutung des Phänomens »Public Relations« kaum gerecht. Denn Public Relations werden wichtige sozioökonomische und politische Funktionen zugesprochen:

Gesellschaftliche Funktion von Public Relations

Durch den Einsatz komplexer PR-Kommunikationsinstrumentarien sollen problematische Beziehungen zwischen Personen- und Gesellschaftsgruppen wirkungsvoll und zum Wohle der Allgemeinheit gestaltet werden.

Und offenbar wächst in der gegenwärtigen gesellschaftlichen und wirtschaftlichen Situation fortlaufend der Bedarf an solcher zielgerichteten Gestaltung von Beziehungen und dem dazu notwendigen fachmännischen Einsatz von Kommunikation.

Damit kommen wir zum eigentlichen Thema dieses Buchs – zur Konzeptionslehre – und verweisen auf das Zitat, das diesem ersten Kapitel vorweg gestellt ist: *Für ein erfolgreiches Vorgehen ist die Qualität der Konzeption von Public Relations ausschlaggebend.*

Schwierige Bedingungen erfolgreicher Konzeption

Die Voraussetzungen dafür, erfolgreiche Konzeptionen zu entwickeln, scheinen allerdings zunehmend schwieriger zu werden. Denn auf der einen Seite nehmen die Probleme zu, die für gesteigerte PR–Anstrengungen Auslöser sind, und auf der anderen Seite werden bisher erfolgreiche Kommunikationsinstrumente tendenziell uneffektiver.

Dazu an dieser Stelle ein paar Erläuterungen:

Blicken wir zunächst auf Problemfälle, die zunehmend nach »PR–Interventionen« verlangen. Immer häufiger sind Anstrengungen zu unternehmen, um sozialen Wandel mit Kommunikation zu begleiten, etwa um sozialökonomische Systeme aufzubauen oder um Prozesse zu erhalten, zu reparieren, zu verbessern oder zu redesignen. Virulente Einsatzfelder begegnen uns tagtäglich in den Nachrichten,

- *etwa im Fall von Finanzkrisen, die durch allerlei erklärungsbedürftige »Hilfspakete« bekämpft werden sollen*
- *oder im Fall der Durchsetzung unpopulärer politischer Entscheidungen*
- *oder im Fall der Umstrukturierung von Großunternehmen, die heute meist Massenentlassungen nach sich ziehen usw.*

In solchen Situationen hat sich fachmännisch konzipierte PR angesichts permanenter Verunsicherungen zu bewähren, die geprägt sind durch die laufende Zunahme von spontanen Meinungsbildungsprozessen. Die gesellschaftliche Kommunikation ist ständigen Veränderungen und Metamorphosen ausgesetzt, die einhergehen mit dem Verlust von Erwartbarkeit, Planbarkeit und Kontrollierbarkeit.

Die wachsende Schwierigkeit, Inhalte und Botschaften in der Öffentlichkeit zu »inszenieren« und diese »Inszenierung« vorauszuplanen, hat mit der grundsätzlich gewandelten gesellschaftlichen Kommunikationssituation zu tun.

Technologien dynamisieren Kommunikation.

Die technologische Basis dafür sind unter anderem die internetbasierten Medien, auf die ein ständig wachsender Anteil der Bevölkerung zurückgreift. Sie bewirken eine zusätzliche immense Dynamisierung der Kommunikationssituation.

Medienmündigkeit der Zielgruppen macht neue Kommmunikations-Kompetenz erforderlich

Der Einfluss der heute noch weitgehend dominierenden und ständig neue Lebensbereiche »überwuchernden« Massenmedien – mitsamt deren »Werbekraft« – nehmen ab und erreichen manche wichtige Zielgruppe nur noch lückenhaft. Die Erfolgsbedingungen für Massenkommunikation haben sich vor diesem Hintergrund stark gewandelt.

Wandelbarkeit ist zum Grundprinzip geworden. Immer mehr Kommunikationsinhalte sollen im Auftrag von Wirtschaftsunternehmen und von Institutionen verbreitet werden, während parallel die Anzahl neuer netzbasierter Kommunikationskanäle ständig zunimmt.

Dazu kommt, dass sich Rollenverteilungen tief greifend und grundsätzlich verändern. Die über viele Jahrzehnte in der Massenkommunikation vertraute Konstellation, in der es eine klare Unterscheidung von »Sendern« und »Adressaten« gab, löst Zug um Zug ihre Konturen auf. Der Einzelne pflegt zunehmend eine Kommunikation »on demand«. Er bestimmt als Medienkonsument selber, ob und wann er sich mit welchem Medienbeitrag beschäftigt, was er dabei interessiert verfolgt, ausblendet oder direkt von seinem Computer, seinem Tablet oder seinem Smartphone löscht.

Kommunikation »on demand«

Dabei ist der »Eigensinn« der ehemals gebannt und passiv vor den Empfangsgeräten sitzenden Zuschauer oder Zuhörer nicht darauf beschränkt, Inhalte zu selektieren. Der Einzelne erreicht eine zunehmende Medienmündigkeit, die ihn qualifiziert, Inhalte sogar selbst zu gestalten. Das Internet gibt ihm die Möglichkeit, eigene Beiträge zu produzieren und zu verbreiten. Er veröffentlicht die Fotos, die er mit seinem Smartphone macht, auf seinen bevorzugten Social-Media-Kanälen. Er lädt seinen digitalen Lieblingsfilm bei YouTube ins Netz, produziert an seinem Rechner ein komplettes Podcast-Programm, veröffentlicht sein Tagebuch usw.

Wenn ihm aufdringliche Medienangebote im Internet begegnen, die von Wirtschaftsunternehmen oder Institutionen stammen und kommerzielles oder politisches Interesse verfolgen, werden diese »weggeklickt« oder von nun an per Softwareeinstellung am Internetbrowser blockiert.

Diese Situation ist für die Medien ernst. Zwar hat es in den 70er Jahren des vorigen Jahrhunderts auch schon Tendenzen hin in Richtung medialer Eigeninitiative in der Bevölkerung gegeben, beispielsweise in Form von selbstproduzierten lokalen Bürger–Wochenzeitungen. Diese konnte von den großen kommerziellen Medienunternehmen wieder »eingefangen« werden. So gelang es den großen Verlagen in Deutschland, die in den Städten eigeninitiativ von Privaten gegründeten Zeitungen einzukaufen und in ihr Geschäft als »Anzeigenblätter« mit hohen Werbeeinnahmen zu integrieren und als neue lokale Massenmedien zu etablieren.

Doch wie wollen die Medienkonzerne es im digitalen Zeitalter schaffen, sich die »wildwuchernde« Kreativität von Millionen Internetnutzern einzuverleiben? Heute reichen bereits ein Tablet-Computer oder ein Smartphone aus, um erfolgreich ein eigenes Medienprogramm zu starten. Keiner braucht dazu teure Produktionsmittel wie Druckerpressen oder gar eine kostenträchtige Distribution. Internet–Sites und Blogs funktionieren ohne Vertriebsabteilung und –mannschaft. Selbst Bücher werden an Verlagen vorbei von Autoren praktisch zum Nulltarif gestaltet, per Digitaldruck einzeln nach Bestellung eines Buchkäufers produziert und über die einschlägigen Internetbuchhandlungen kostenfrei vertrieben.

Dezentrale Meinungsbildung in Netzwerken

Meinungsbildung findet heute also zunehmend dezentral in Netzwerken statt, die sich von kommerziellen und politischen Interessen lösen. Insbesondere das Internet hat dem Mediennutzer die Möglichkeit zu größtmöglicher Autonomie und individueller Kreativität gegeben.

Die heutigen Meinungsmonopole verlieren dadurch an Einfluss. Und der demokratisierte mündige Mediennutzer lässt sich nicht mehr in seine frühere passive Rolle zurückdrängen.

Angesichts dieser Situation hat die Aufgabe, im Interesse von Organisationen – Unternehmen oder Institutionen – Zielgruppen anzusprechen und ihre Botschaften zu vermitteln, eine völlig geänderte Qualität bekommen.

Offenbar ist für Kommunikationspraktiker eine Situation eingetreten, in der dringend die bisher genutzten Paradigmen zu sichten und auf ihre Wirksamkeit zu prüfen sind. Es ist die Frage zu stellen: Funktioniert die bisher genutzte Konzeptionstechnik, die unter dem Stichwort »Public Relations« eingesetzt wird, noch angesichts der Medienmündigkeit der Bürger und des Kommunikations–Overloads, der inzwischen eingetreten ist?

Viele Verantwortliche in Unternehmen und Institutionen suchen nach verlässlichen alternativen Wegen und scheitern dabei des Öfteren:

Die von den potenten, großen werbetreibenden Unternehmen genutzten massenmedialen Kanäle zu breiten Bevölkerungsgruppen sind für kleinere Unternehmen und für deren Anliegen kaum zugänglich. – Als Reaktion verkaufen Agenturen ihren Kunden »Direkt-Kommunikation« als angeblich probates Gegenmittel. Und siehe: Nun quellen unsere Briefkästen förmlich über von Infoblättern, Kundenzeitungen und Werbemails. Stündlich werden unsere E-Mail-Accounts von Spam-Mails überschwemmt.

Aussagekräftige Untersuchungen zu Kommunikationswirkungen einzelner Kommunikations-Instrumente sind angesichts der Medienvielfalt und der Differenziertheit von Zielgruppen schwierig, komplex und teuer. Für die Entscheider in Unternehmen und Institutionen ist es deshalb scheinbar billiger auf solche Untersuchungen zu verzichten und stattdessen weiter auf die »Kommunikations-Schrotflinten« Direktmail und Email-Marketing zurückzugreifen.

Manche Kommunikationsverantwortlichen gehen noch weiter und greifen derart kräftig in den »Giftschrank« der kommunikativen Manipulation, dass mancher Beobachter heute das baldige Ende seriöser Kommunikationsarbeit befürchtet: Hilflose PR-Manager lassen beispielsweise »PR-Mitarbeiter« mit »Fake-Identitäten« durch das Internet und durch Foren surfen, um gefälschte positive Meinungen zu Themen, über Produkte und Unternehmensangebote zu verbreiten.[2]

Hilflose PR-Manager im Internet

Strategische Kommunikation statt PR alter Schule

In den letzten Jahren hat die skizzierte Problemlage dazu geführt, dass PR-Experten ihr Vorgehen reflektieren und nach neuen Ansätzen suchen. Anhand einiger aktueller Publikationen zur Vermittlung von Konzeptionstechnik lässt sich erkennen, wie intensiv derzeit an einer neuen Philosophie, einer neuen Herangehensweise an PR-Aufgabenstellung und Konzeptionsentwicklung gearbeitet wird.[3]

Dabei zeigt sich ein deutlicher Trend der Fortentwicklung des PR-Verständnisses – weg von den bloß »taktischen« Public Relations, hin zu einem »strategischen« PR-Management-Stil. Gesucht sind im Zuge dessen Werkzeuge und Research-Techniken, welche die zügige Umsetzung des angestrebten »strategischen PR-Managements« ermöglichen.

Aber, was verbirgt sich hinter diesem Begriff des »strategischen Public Relations Managements«?

PR-Professionals behaupten, eine Tendenz beobachten zu können, die sich als Konsequenz aus der sich ständig verschärfenden Wettbewerbssituation im Wirtschaftsleben ergibt:

Dringend gesucht: messbarer Nutzen

Es läge ein hoher Druck auf Kommunikations-Managern, in messbarer Weise zu belegen, wie ihre PR-Maßnahmen dem Auftraggeber und seiner Organisation quantifizierbaren Nutzen einbringen. Nur wem dies überzeugend gelänge und dafür über verlässliche Vorgehensweisen verfüge, werde in Zukunft noch ausreichende Etats zur Verfügung gestellt bekommen und überhaupt noch an Entscheidungen rund um sein Arbeitsfeld beteiligt werden. [4]

Der PR-Manager »alter taktischer Schule« wird in Zukunft bei seinen Auftraggebern und Gesprächspartnern weniger Vertrauen genießen. Wenn er beispielsweise an seinem intuitiven Modell der PR-Praxis hängt und den Schwerpunkt seiner Kompetenz weiterhin vor allem bei der »erfolgreichen Medienarbeit« sieht, sich dabei fast ausschließlich auf sein vermeintlich wirkungsvolles Kontaktnetzwerk zu Medienvertretern und Redakteuren verlässt, wird er bald »aus dem Verkehr genommen«. Seine Etats werden zunehmend beschnitten und irgendwann zusammen mit seiner Position ganz wegfallen.

Entwicklungen aktiv gestalten

Branchenexperten sind sich sicher: Um zukünftig erfolgreich zu sein, ist PR darauf angewiesen, mit Kommunikations-Maßnahmen nicht bloßes Reagieren auf Entwicklungen zu praktizieren, sondern Entwicklungen aktiv zu gestalten, Strategien zu entwickeln und Kommunikations-Wirkungen durch gezielten Research empirisch-wissenschaftlich abzusichern. Forschungsbasiertes strategisches Planen soll den Erfolg bringen. So lange Public Relations auf die Bewältigung von Tagesproblemen fokussiert bleiben, spielen PR-Praktiker lediglich eine schwache, typisch reaktiv-taktische Rolle und können nicht strategisch wirken.

Taktische PR sind fast ausschließlich an akuten Herausforderungen orientiert und tendenziell in defensiver Haltung, wodurch häufig konzeptlose Spontan-Maßnahmen begünstigt werden, die schnell an Orientiertheit verlieren und deren Wirkung in den aktuellen Meinungsströmungen verpufft.

Strategische PR-Maßnahmenplanung ist demgegenüber zielbezogen und an den weit reichenden Zukunftskonzepten und der positiven kommunikativen Gestaltung der Organisation ausgerichtet.

Kommunikation mit Führungsverantwortung

Die Durchsetzung dieses Konzepts der strategischen PR-Planung ist offenbar mit der Forderung nach einer wesentlichen Aufwertung der Rolle des PR-Praktikers verbunden: Ein strategisch arbeitender PR-Spezialist scheint über eine wesentlich höhere Kompetenz als der »Pressearbeits-Mitarbeiter« zu verfügen, der an Management-Entscheidungen unbeteiligt, darauf programmiert ist, Anweisungen und Briefings lediglich abzuarbeiten.

Ein solcher Kommunikations-Stratege gehört mit zum Entscheider-Team, zu der Führungsmannschaft in Unternehmen und Institutionen. Er hat maßgeblich zunächst die Zukunftsplanungen mitzugestalten und mithilfe von Kommunikationsmaßnahmen einen wesentlichen Anteil daran, die erfolgreiche Verwirklichung dieser Vision zu bewirken.

Neuausrichtung der PR

Auch die Positionierung der Public Relations im Umfeld der übrigen Kommunikationsfelder bedürfte einer Neuausrichtung. PR müssen sich im Augenblick häufig Interessen aus den Feldern klassische Werbung und Marketingkommunikation unterordnen. Dabei fokussiert Werbung auf den Verkauf von Produkten und nutzt die meist kostspieligen, zahlreichen Werbeträger, um Werbebotschaften medial zu verbreiten. Auch Marketingkommunikation ist auf den Verkauf von Produkten und Dienstleistungen ausgerichtet, greift dazu allerdings auf eine größere Maßnahmenpalette zurück als die klassische Werbung.

Das Konzept strategischer Public Relations impliziert nun, dass PR als Strategiewerkzeug der Kommunikation eine Art Leitkonzept und eine Basiskompetenz zur Verfügung stellen, das die Kommunikationskonzepte von Werbung und Marketing integriert. Erfolgreiche strategische Kommunikation setzt nach dieser Vorstellung auf PR als Leitansatz für die gesamte Kommunikation der Organisation.

Inkonsistente Bewusstseinslage im PR-Lager

Durchaus selbstbewusst hört sich das an, wenn PR-Experten und -Dozenten auf diese Weise für Public Relations eine Führungsrolle im Management beanspruchen. Dass diese durch erhöhte Kompetenz zu verdienen ist, geben PR-Autoren in den USA, dem »Mutterland« der Public Relations, freimütig zu. Sie zeigen auf, dass die PR im Augenblick außerhalb der eigenen Profession kaum über das notwendige Image verfügen, um die notwendige Führungsposition beanspruchen zu können.

In ihrem Buch »Strategic Public Relations Management« verweisen die Autoren Erica Weintraub Austin und Bruce E. Pinkleton [5] in diesem Zusammenhang auf aussagekräftige Untersuchungen. Im Jahr 1998 erbrachte eine interne Befragung der New Yorker Sektion des amerikanischen Berufsverbands, der »Public Relations Society of America«, dass 92% der an der Studie teilnehmenden PR-Fachleute glauben, die meisten ihrer Ansprechpartner außerhalb der eigenen Profession verständen kaum, was Public Relations überhaupt wären.

Schlechtes Image von PR-Professionals

Schlimmer noch: PR-Experten leiden unter einer niedrigen Glaubwürdigkeit im gesellschaftlichen Umfeld. Dieselbe Studie ergab nämlich, dass 93 % der Befragten ihren Beruf schätzen und dass dennoch 67% glauben, die PR-Branche genieße in der Gesellschaft ein schlechtes Image. 67% der Befragten spürten beispielsweise, dass sie von Mitgliedern anderer Professionen nicht respektiert werden.

Dass diese Untersuchungsergebnisse und die Darstellung von Weintraub Austin und Pinkleton die PR-Realität korrekt widerspiegeln, müssen auch außerhalb der USA PR-Leute leidvoll zugeben, wenn sie ihren Beratungsalltag Revue passieren lassen. Wer beispielsweise einmal an einem Investor Relations-Projekt – etwa einer Börseneinführung – teilgenommen hat, weiß, auf welchem schwachen Fundament die PR konzeptionell stehen, wenn es gilt, sich gegen Vorstände, Investmentbanker, Unternehmensberater und nicht zuletzt gegenüber Juristen fachlich durchzusetzen. Dem PR-Mann wird in dieser Runde kaum entscheidungsrelevante Fachkompetenz zugetraut.

Das hier umrissene Szenario verdeutlicht, in welcher spannungsvollen, weil inkonsistenten Situation PR-Leute heute arbeiten:

Sie wissen, dass sie in Zukunft laufend zunehmenden Herausforderungen gewachsen sein müssen, um sozioökonomische Problemsituationen zu bewältigen. Dass sie, um dies zu erreichen, eine gestaltende und führende Rolle im Management zukünftiger Wirtschaftsunternehmen und in Institutionen spielen müssen, ist ihnen ebenfalls bewusst. Gleichzeitig ist ihnen deutlich, dass sie zumindest im Augenblick noch mit großem Misstrauen beobachtet werden und ihnen die erforderliche Gestalterrolle keineswegs zugetraut wird.

Was PR-Praktikern grundlegend fehlt, sind überzeugende Belege ihrer angeblichen Kompetenz bei der Mitgestaltung der Zukunft von Organisationen.

Kompetenzrevolution durch Konzeptionskultur

Diese Situation zu verändern und insbesondere ihre strategische Kompetenz zu belegen, ist für die zukünftigen PR lebensnotwendig.

Ohne die Auflösung der manifesten Widersprüchlichkeiten zwischen Selbst- und Außenbild der PR-Profession wird mittelfristig die Arbeitsmotivation im Tagesgeschäft leiden, die Zufriedenheit mit den Arbeitsergebnissen zurückgehen und die Attraktivität des Berufsfeldes Public Relations schrumpfen.

Wesentlich ist die »Evolution« der bisherigen PR-Arbeit gerade deshalb, weil die strategische Gestaltung von Kommunikation in Wirtschaft und Gesellschaft existentiell wichtig ist für die Bewältigung zukünftiger Dialoge mit dem meinungsaktiven Publikum, das ständig kritischer wird.

Die Bedeutung des Feldes der bisherigen PR steigt noch aus einem anderen Grund – und zwar deshalb, weil die Medien, die bisher in diesem Feld eine große Bedeutung hatten, wie oben gesehen, stark an Wirkung einbüßen.

Massenmedien verlieren Zugang zur Realität.

Massenmedien, denen über Jahrhunderte die Bewältigung der Aufgabe zugetraut wurde, ein mehr oder weniger realistisches Bild von der Gesellschaft zu verbreiten, verlieren mehr und mehr ihren Zugang zur Bevölkerung und zur sozialökonomischen Realität.

Das hat zum einen mit der oben bereits angedeuteten Ausbreitung der Internetmedien zu tun. Zum anderen verändert sich die Medienlandschaft deutlich. Redaktionen werden aus Rentabilitätserwägungen der Medienkonzerne personell ausgedünnt. Dadurch geht die Manpower für unabhängige Recherchearbeit und Berichterstattung deutlich zurück. Die Redaktionen »stecken« zunehmend nicht mehr selbst »in den Sachen drin«. Sie sind den aktuellen komplexen politischen und ökonomischen Zusammenhängen der Welt kaum mehr gewachsen.

Verlagsleitungen weisen ihre Redakteure an, immer stärker auf solche Themen zu fokussieren, die hohe Verkaufszahlen bei niedrigen eigenen Kosten garantieren. Das sind solche Themen, die auf vielen parallelen Medienkanälen aktuell Konjunktur haben und zentral bei Produktionsgesellschaften günstig eingekauft werden können. Details von Entwicklungen, die verstreut im Land zu beobachten sind und auf die es möglicherweise gerade ankommen würde, um vorherzusehen, was uns die Zukunft politisch und ökonomisch bringen wird, werden in der Medienrealität weniger erfasst.

Gleichzeitig gehen Abonnentenzahlen zum Beispiel der Tageszeitungen zurück. Auch die Zuschauerzahlen der TV-Sender schrumpfen. Junge Zielgruppen sind für Tageszeitungen und die ehemals starken öffentlich-rechtlichen Sender fast unerreichbar geworden.

So büßen Medien heute bereits einen Teil ihres früheren Einflusses als Träger von Werbe-, aber insbesondere auch PR-Botschaften ein. Massenmedien verlieren als Kommunikationsvehikel für PR-Praktiker an Boden.

Paradoxe Situation für Public Relations

Für die PR eine paradoxe Situation – war doch ihr Arbeitsfeld mit dem Wachsen von Massenmedien überhaupt erst entstanden. Nimmt der redaktionelle Raum der Medien ab, so gehen auch die Chancen für PR-Leute zurück, ihre Botschaften in diesem Feld unterzubringen. Public Relations sind damit aktuell gezwungen, sich von den Massenmedien mehr und mehr zu emanzipieren, ihre Inhalte über eigene Kanäle zu Zielgruppen zu leiten und Dialoge unabhängig von Printmedien und elektronischen Medien zu führen.

Zum einen wird Kommunikationsarbeit vor diesem Hintergrund gezwungenermaßen immer weniger Presse- und Medienarbeit sein. Zum anderen haben PR-Leute in Zukunft strategisches Public Relations-Management zu praktizieren – also strategisch geplante und empirisch-wissenschaftlich abgesicherte Kommunikation.

Wie kann es der heutigen PR gelingen, dieses gewandelte Arbeitsfeld mit Kompetenz auszufüllen?

Dazu sei noch einmal an das einleitende Zitat dieses Kapitels erinnert: Es geht um die professionelle Konzeptionsleistung. Für den zukünftigen Erfolg entscheidend ist die richtige »Konzeptionstechnik«.

Wie Dörrbecker in seinem zitierten »Klassiker« über Konzeptionslehre weiter ausführt, basiert die Professionalisierung der PR seiner Meinung nach auf der Konzeptionslehre. *»Die Konzeptionslehre beschreibt die Arbeitsgänge der Konzeptionsentwicklung, also das Vorgehen der Konzeptioner.«*[6]

Für die notwendige Evolution der PR-Profession setzen wir also genau hier an: bei der Konzeption.

Die Konzeptionslehre beschäftigt sich mit der Aufgabenstellung, Konzepte für Kommunikationsmaßnahmen zu entwickeln. Sie beantwortet die Frage: *Wie werden gebündelte Maßnahmen im Detail gestaltet, um Wirkungen in einem gesellschaftlichen Raum, in einem vorher definierten Umfang und mit einem vorher definierten Aufwand zu bewirken?*

Gesucht: Konzeptionstechnik für strategisches Kommunikations-Management

Wie sieht eine Konzeptionslehre für strategisches PR-Management aus? Oder anders formuliert:

- *Wie werden Konzeptionen entwickelt, die einem sich schnell wandelnden PR-Aufgabenfeld gerecht werden?*
- *Und: Wie bewältigt diese Konzeptionslehre die Aufgabe, die Vergangenheit abzuwerfen, in der PR-Leute schwerpunktmäßig ihre Problemstellungen von anderen Funktionsträgern diktiert bekamen?*
- *Und: Wie kann der Konzeptioner der neuen Aufgabenstellung gerecht werden und eine wichtige Gestaltungsfunktion im Management von Organisationen übernehmen?*
- *Und: Wie konzipiert er Public Relations, die nicht mehr nur taktische, sondern auch strategische Qualität haben?*

Solides Wissen über Kommunikationsprozesse

Zukünftige Konzeptioner können es sich offenbar in Zukunft nicht mehr erlauben, einfach nur gute Kommunikations-Techniker zu sein. Sie benötigen mehr als die Grundkenntnisse über die Umsetzung üblicher PR-Maßnahmen, die bisher als Konzeptioner-Know-how ausreichten. Sie müssen tiefgehendes Wissen über Kommunikationsprozesse, deren Bedingungen und deren Beeinflussbarkeit haben. Bloße Abwicklungskenntnisse reichen nicht aus, also etwa Wissen darüber,

- *wie Pressemitteilungen geschrieben werden,*
- *Adressdaten mithilfe von Datenbankprogrammen verwaltet werden,*
- *Serienbriefe mit Presseinfos als Anhang verschickt werden,*
- *telefonischer Nachfass bei den Redaktionen organisiert wird*
- *oder wie Broschüren und Faltblätter Schritt für Schritt gelayoutet und dann produziert werden.*

Stattdessen benötigen sie:

- *fundierte Kenntnisse im Bereich Research, empirischer Meinungsforschung und der Auswertung statistischer Daten einer Gesellschaft*
- *Know-how für das Management strategischer Entscheidungen und deren Umsetzung in Organisationen*
- *umfassende Interventions-Kompetenz – also Kompetenz für die Handhabung einer laufend wachsenden Vielfalt von Maßnahmenfeldern und Einzelmaßnahmen zur gezielten Beeinflussung der gesellschaftlichen Meinungsbildung*

Konzeptionstechnik im Sinne der strategischen Planung ist ein solides, informiertes Überlegen, das gezielt auf die Ergebnisse und Methoden von empirischen Wissenschaften zurückgreift und diese für die Führung von Organisationen nutzbar macht.

Der Algorithmus hinter der Konzeptionstechnik

Wenn darüber diskutiert wird, wie eine ideale Konzeptionslehre aussehen könnte, taucht meist nach kurzer Zeit der Begriff »Wissenschaft« auf. Viele Autoren behaupten, die Vorgehensweisen des Konzeptioners sollen mit wissenschaftlichen Standards vereinbar sein. Allerdings heben die meisten Praktiker im Feld der Konzeptionstechnik nicht auf empirische Forschungsmethodik ab, sondern verweisen stattdessen auf eine »Formel«, ein einheitliches »Rezept« des idealen Vorgehens beim Entwickeln einer PR-Konzeption. Sie haben die Vorstellung von einem »Konzeptions-Algorithmus«, der sie wie von selbst zum möglichst perfekten Maßnahmenplan führen soll.

Ideales Vorgehen bei der Konzeptions-Entwicklung

Was ist ein Algorithmus? Ein Algorithmus ist eine präzise definierte Handlungsvorschrift zur Lösung von Problemen in endlich vielen Schritten. Ein Algorithmus ist nicht notwendigerweise mathematisch formalisiert, wie mancher möglicherweise annimmt, der den Begriff aus der Informations-Technologie und der Software-Entwicklung kennt. Auch Kochrezepte, Reparatur- und Gebrauchsanweisungen sind letztlich Algorithmen. Ein Algorithmus ist nichts anderes als eine standardisierte Vorgehensweise, die eine möglichst hochwertige Problemlösung vorstrukturieren soll.

Im Sinne eines solchen Algorithmus müsste eine »Konzeptions-Erfolgsformel« folgende Kriterien erfüllen:

- *möglichst sicher zum gewünschten Ergebnis führen, hohe Effektivität besitzen* ***(Effektivität)***
- *Maßnahmenpläne herleitbar machen, die tatsächlich ausführbar sind* ***(Ausführbarkeit)***
- *bei der Realisierung lediglich endlich viele Ressourcen erforderlich machen, also handhabbar sein* ***(Handhabbarkeit)***
- *bei vergleichbaren Voraussetzungen und in unterschiedlichen Verwendungssituationen zu denselben Ergebnissen führen* ***(Reliabilität)***
- *über eindeutige Regeln verfügen, die in allen Anwendungssituationen eine sichere Ausführung garantieren* ***(Anwendungs-Eindeutigkeit)***
- *ihre Anwendung sollte möglichst frei von Nebenwirkungen sein und keine nachteiligen Auswirkungen für das sozioökonomische Umfeld nach sich ziehen* ***(Umfeld-Kompatibilität)***

Wie könnte ein solcher Konzeptions-Algorithmus, so eine »Konzeptions-Formel« des strategischen PR-Managements aussehen? Wie müsste er sich gegebenenfalls von der Vorgehensweise der heute üblichen Konzeptionstechnik unterscheiden?

Dazu blicken wir auf die heute mehr oder weniger anerkannte und seit Jahrzehnten vertraute »Erfolgsformel« der PR-Konzeptioner.

Erfolgsrezept mit sechs »Gängen«

In der allgemeinen PR-Literatur zur Konzeptionslehre hat sich eine einheitliche Formel durchgesetzt, die auf der Definition folgender Hauptarbeitsschritte basiert:

- *Faktensammlung*
- *analytische Phase*
- *Lösungsentwicklung*
- *Umsetzungsplanung*
- *Umsetzung*
- *Erfolgskontrolle*

Dieses »Lösungsrezept« ist in Deutschland beispielsweise die Basis der Konzeptions-Bücher von Autoren wie Oeckl, Schulze-Fürstenow, Neske, Dörrbecker/Fissenewert oder Schmidbauer/Knödler-Bunte.[7].

In der übrigen PR-Literatur, die Konzeptionstechnik lediglich am Rande thematisiert, wird in der Regel auf diese Autoren Bezug genommen und das beschriebene Konzeptions-Raster übernommen.

Auch der aus der Schweiz stammende »PR-Professor« Jürg Leipziger, der sich in seinem Konzeptionsbuch von den übrigen Autoren abzuheben sucht, plant seine Konzepte offenbar nach dem eben umrissenen Rezept. Er formuliert es zwar etwas anders, spricht nicht von »Lösungsrezept«, sondern von einem »mentalen Prozess«, den er zur Konzeptionsfindung einsetzt. Bei der Beschreibung seiner drei »Denksysteme« »analytische Ordnung«, »strategische« und »operative Umsetzung« greift er doch auf das übliche und bekannte Vorgehensraster zurück.[8]

Einheitliches Rezept der »Konzeptions-Köche«

Im Mutterland der PR – den USA – zeigt sich dasselbe Bild. Auch hier wird das bekannte Rezept der klassischen Konzeptions-Vorgehensweise immer wieder zitiert und mehr oder weniger individuell interpretiert:[9]

- *So etwa im Jahr 1963 von John Marston in der RACE (»Rennen«)-Formel von Research, Action, Communication, Evaluation* (Research, Handlung, Kommunikation, Evaluierung) –
- *oder im Jahr 1997 bei Robert Kendall in der RAISE (»Steigerung«)-Formel von Research, Adaptation, Implementation, Strategy, Evaluation* (Research, Anpassung, Implementierung, Strategie, Evaluierung) –
- *im Jahr 2000 bei Jerry Hendrix in der ROPE (»Strick«)-Formel von Research, Objectives, Programming, Evaluation* (Research, Zielfindung, Programmierung, Evaluierung) –
- *im Jahr 2005 beschreibt Ronald D. Smith das Vorgehenskonzept ganz entsprechend als Abfolge von gestaltendem Research, Strategie, Taktik und evaluativem Research.*[10]
- *Und selbst im benachbarten Bereich der »Marketinglehre« – etwa bei derem Begründer Philip Kotler – finden wir die gleichen Vorgehensschritte als Kern der Konzeptionstechnik beschrieben: Analyse der Umgebung, Identifizierung der Dialoggruppen, Entwicklung eines Implementierungsplans.*[11]

Ist diese offenbar allgemein akzeptierte »Konzeptions–Formel« das »Erfolgsmodell« für die gesuchte strategische Kommunikations–Konzeption von morgen?

Wir wollen das kritisch prüfen und schauen, ob dieses Konzeptionsraster grundsätzlich zu überdenken und gegebenenfalls im Interesse des oben beschriebenen PR–Managements fortzuentwickeln ist.

Wie Dörrbecker es formuliert, kommen wir hiermit einer nie abzuschließenden Aufgabe von PR–Fachleuten nach:

> *»Public Relations entwickeln sich ständig fort, so auch die Methodik ihres wichtigsten Instruments – der Konzeptionslehre. PR–Fachleute in Deutschland versuchen, dieses Handwerkszeug weiter zu optimieren.«*(12)

Das Erfolgsrezept auf dem Prüfstand

Die Frage, die wir uns zu stellen haben, lautet: Reicht das bisherige Konzeptions–Rezept, um wie gefordert die Basis für strategisches Kommunikationsmanagement zu liefern?

Zweifel an der gewohnten Vorgehensweise

Ein gewisser Zweifel muss uns sofort kommen, blicken wir auf den Ausgangspunkt, auf den ersten Schritt der Konzeptions–Formel – die so genannte Analyse der Ausgangssituation. – Denn durch die Fokussierung auf »Analyse und Auswertung der Ausgangssituation« zum Konzeptionsstart wird die bisherige Position der PR als »Serviceabteilung« des Managements von Organisationen festgeschrieben.

Warum?

Weil sich aus der Analyse der Ausgangssituation, der Betrachtung von Anfangstatbeständen keine Strategie ergeben kann.

Das sehen wir uns an einem alltäglichen Beispiel an:

- *In einer regionalen Tageszeitung erscheint eine Reihe negativer Artikel über ein Unternehmen.*
- *Aus der Analyse der Hintergründe dieser negativen Berichterstattung ergeben sich unmittelbar überhaupt keine Maßnahmenkonzepte. Denn das betreffende Unternehmen kann dieses negative Echo sowohl völlig ignorieren als auch zum Anlass für eine große PR–Kampagne nehmen.*

Das tatsächliche Kommunikationsverhalten leitet sich aus den strategischen Planungen des Unternehmens ab, nämlich aus dem Bild, das sich das Management von der Unternehmenszukunft macht. Mit Blick auf dieses Zukunftsbild ergibt sich, wie die Dialoge mit der Öffentlichkeit bewertet werden und welche Motivation es gibt, diese Dialoge überhaupt auf eine bestimmte Weise zu gestalten.

Die Zukunft ist nicht aus der Vergangenheit herauslesbar.

Analyse bezieht sich auf Vergangenes, auf Daten, deren Messung und Aufzeichnung stets einige Zeit zurückliegt. Strategisch geplantes Handeln bezieht sich stattdessen auf ein für die Zukunft gewünschtes Szenario. Dieses Szenario kann nicht aus den Daten der gegenwärtigen Faktenlage abgeleitet werden.

Das nächste Problem bekommen wir, wenn wir uns näher mit der Aufgabenstellung »Analyse« im klassischen Konzeptionsraster auseinandersetzen. Im Zusammenhang mit der »konzeptionellen Basisaufgabe« Analyse wird nämlich davon gesprochen, dass »alle relevanten Fakten« erhoben werden sollen.

Doch woher leitet sich die Relevanz von Fakten ab?

Diese liegt nicht in den erhobenen Daten und Beobachtungen selbst. Die Relevanz ergibt sich ebenfalls durch eine strategische Vorgabe und die muss offenbar grundsätzlich der Analyse der Ausgangssituation vorhergehen.

Das bisherige Konzeptionsschema kommt, wie diese Probleme zeigen, deutlich einen Schritt zu spät ins Spiel. Es setzt voraus, dass die wesentlichen, nämlich die strategischen Entscheidungen bereits zuvor getroffen wurden.

Jemand anderer hat offenbar bereits die Strategie vorgegeben, anhand welcher der Konzeptioner nun gemäß den sechs Schritten der klassischen Konzeptions-Checkliste sein Maßnahmengerüst »erfinden« kann.

Noch ein weiterer wichtiger Punkt ist in diesem Zusammenhang anzusprechen: Im Rahmen der bisherigen Konzeptionslehre wird meist mehr oder weniger ausdrücklich gesagt, Probleme seien der Ausgangspunkt für die Arbeit des PR-Konzeptioners. PR-Konzeptionen sollen Kommunikationsprobleme des Unternehmens oder der Institution definieren und für diese Lösungen herleiten.

Diese Problembezogenheit belegt die taktische Ausrichtung des bisherigen Konzeptions-Rezepts. Denn, wer in seinen Planungen ausschließlich auf

Probleme fokussiert ist, wird mit seinen Maßnahmen vielleicht einige aktuelle Probleme lösen – mehr erreicht er allerdings voraussichtlich nicht.

Problemfixierung verstellt Perspektiven.

Aus der therapeutischen Psychologie wissen wir, dass Problemfixierung bei Patienten eines der größten Hindernisse für ihre Gesundung ist.[13] Jemand, der hauptsächlich auf seine Probleme fixiert ist, beschränkt sich häufig darauf, eine Konfrontation mit seinen Problemen oder die Entstehung neuer Probleme zu verhindern, statt etwa nach neuen Lebensperspektiven zu suchen. Die Gesundung aber – also das zukünftig erfolgreiche Verfolgen eigener Interessen und die Befriedigung tiefliegender wichtiger Bedürfnisse – bleiben auf der Strecke, wenn *Vermeidungsziele* im Vordergrund stehen und dadurch Lebensenergien blockieren.

Auch eine Konzeptionslehre kann sich nicht mit der Diskussion von Problemen und mit Vermeidungszielen zufrieden geben. Stattdessen geht es um die Modellierung von Organisationszielen, für deren Verwirklichung Kommunikationsexperten eine wichtige Rolle im Management der Zukunft übernehmen sollen. Es ist gerade die strategisch-konzeptionelle Planung von Kommunikation, die dem Unternehmen oder der Organisation hilft, ihre legitimen Interessen in der Diskussion mit der Öffentlichkeit zu vertreten und anschließend zu befriedigen.

Feld widersprüchlicher Anforderungen

Unser Ausgangspunkt für die folgenden Kapitel hat sich herauskristallisiert:

Wer es als Konzeptioner in Zukunft nicht mehr nur mit Problemen und deren Vermeidung zu tun haben will, sondern nach Strategien sucht, um »Zukunft« durch Kommunikationsmaßnahmen zu gestalten, sollte das Grundkonzept der Konzeptionslehre – die Konzeptionstechnik – zunächst gründlich durchleuchten.

Daran anknüpfend sind Änderungen und Weiterentwicklungen vorzunehmen, um PR-Konzeptionen aus dem Bereich der Taktik tatsächlich in das Feld der strategischen Planung von Kommunikation zu überführen.

In den folgenden Untersuchungen zur Konzeptionstechnik werden wir eingehend die »Sachlogik« hinter der Konzeptionstechnik unter die Lupe nehmen. Dabei durchleuchten wir das »Kraftfeld«, in dem wir uns bei der Konzeptionsentwicklung bewegen:

Das »Kraftfeld« der Konzeptionsentwicklung

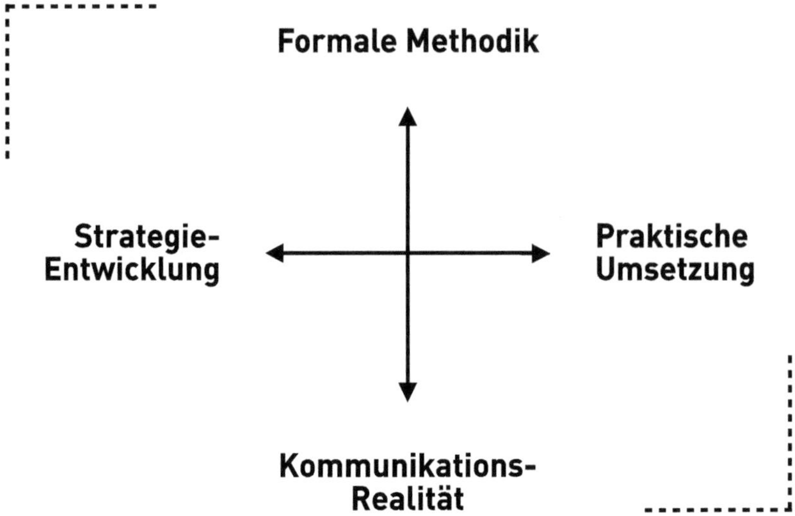

Mit »Kraftfeld« wird hier das »Feld« widersprüchlicher Anforderungen bezeichnet, denen wir ständig beim Konzeptionieren gerecht werden müssen. Denn Konzeptionen entstehen unter Maßgabe wichtiger Anforderungen, die sich paarweise diametral entgegenstehen, wie in der Grafik dargestellt:

Formale Korrektheit

- *Da ist zunächst die Anforderung, bei der Entwicklung von Konzeptionen theoretisch–methodisch oder anders ausgedrückt »formal korrekt« vorzugehen. Oben kamen wir in diesem Zusammenhang auf die strengen Kriterien eines Algorithmus zu sprechen, die dieser zu erfüllen hat, um als qualifizierte Vorgehensweise zu funktionieren.*

Faktische Begründetheit

- *Konzepte haben allerdings nicht nur formal korrekt zu sein. Formale Korrektheit bewirkt nicht automatisch, dass ein Konzept mit der Faktenlage ausreichend korrespondiert. Konzepte müssen ihre Basis möglichst vollständig in den real vorliegenden Tatbeständen finden. Die Anforderung der faktischen Begründung ist also die zweite wesentliche Anforderung des Konzeptionierens.*

Überzeugende Strategie

- *Eine weitere wichtige Anforderung ist, Konzeptionen mit strategischer Qualität zu entwickeln. Konzeptionen sollen eine überzeugende Basis für Maßnahmen bieten, welche die Bedürfnisse und Interessen der betreffenden Organisation befriedigen sowie deren Zielen und Planungen entsprechen.*

Praktische Realisierbarkeit

- *Die vierte, der strategischen Kompetenz direkt entgegengesetzte Anforderung besteht darin, für die entwickelte Strategie zunächst intern beim Auftraggeber Akzeptanz zu finden und schließlich mit Hilfe eines kreativ entwickelten Maßnahmenpakets auch angesichts möglicher widriger Umstände in der Öffentlichkeit zu funktionieren.*

Konzeptionen haben keineswegs nur formalen Kriterien zu genügen, sondern sind unbedingt materiell–realistisch zu begründen. Weiterhin sind sie nicht nur strategisch überzeugend zu entwickeln, sondern müssen in der Praxis tatsächlich umsetzbar sein.

Anregung zum Übergang

An dieser Stelle wird zum ersten Mal in diesem Buch zum Abschluss eines Kapitels eine Aufgabe formuliert. Die Bearbeitung dieser Aufgabe soll dem Leser als Anregung dienen, die diskutierten Inhalte auf sein eigenes Arbeitsfeld zu transferieren. – Weiterer Zweck ist die Vorbereitung auf die Thematik des folgenden Kapitels.

Inhalte vertiefen und folgende Themen vorbereiten

Also: Zur Vertiefung des ersten Kapitels und zur Einstimmung auf das zweite, bevor es dort an die Fundamente der Konzeptionstechnik geht, wird den Lesern folgende Übung empfohlen:

Denken Sie an Ihr letztes Projekt, in dem Sie für die Entwicklung einer Konzeption verantwortlich waren:

- *Wie ist es Ihnen in diesem Kraftfeld ergangen?*
- *Wo haben Sie die stärkste kreative Kraft gespürt?*
- *Wo gab es möglicherweise auch unproduktive Reibungen?*
- *Wo möchten Sie in Zukunft den Prozess der Konzeptentwicklung gerne optimieren?*

Quellenhinweise und Anmerkungen

1. Dörrbecker, Klaus; Renée Fissenewert; *Wie Profis PR–Konzeptionen entwickeln. Das Buch zur Konzeptionstechnik;* Frankfurt/Main 2003 (4); S. 9.

2. Kritische Beobachter verfolgen mittlerweile tagtäglich kritisch das Vorgehen von PR Professionals in PR–Abteilungen und PR–Agenturen. Anrüchige Praktiken werden systematisch öffentlich gemacht. Siehe dazu die beispielhafte Internetsite *»www.nachdenkseiten.de«*.

3. Siehe beispielsweise:

   Smith, Ronald D.; *Strategic planning for public relations;* Mahwah/New Jersey 2005 (2)

   Weintraub Austin, Erica; Bruce E. Pinkleton; *Strategic Public Relations Management. Planing and Managing Effective Communication Programs;* Mahwah/New Jersey 2006 (2)

4. Siehe beispielsweise:

   Pfannenberg, Jörg; Ansgar Zerfaß (Hg.), *Wertschöpfung durch Kommunikation,* Frankfurt/Main 2005

5. Siehe:

   Weintraub Austin, Erica; Bruce E. Pinkleton; *Strategic Public Relations Management (2006);* S. 1–9

6. Dörrbecker, Klaus; Renée Fissenewert; *Wie Profis PR–Konzeptionen entwickeln (2003);* S. 16.

7. Siehe:

   - Dörrbecker, Klaus; Renée Fissenewert; *Wie Profis PR–Konzeptionen entwickeln (2003)*
   - Fissenewert, Renée; Stephanie Schmidt; *Konzeptionspraxis;* Frankfurt/Main 2004 (2)
   - Neske, Fritz; *PR–Management;* Gernsbach 1977

- Knödler–Bunte, Eberhard; Klaus Schmidbauer; *Das Kommunikationskonzept. Konzepte entwickeln und präsentieren;* Potsdam 2004
- Oeckl, Albert; *PR–Praxis. Der Schlüssel zur Öffentlichkeitsarbeit;* Düsseldorf, Wien 1967
- Schulze–Fürstenow, Günther (Hg.); *Handbuch für Öffentlichkeitsarbeit (PR) – (Loseblattsammlung);* Neuwied

8. Siehe:

   Leipziger, Jürg W.; *Konzepte entwickeln. Handfeste Anleitungen für bessere Kommunikation;* Frankfurt/Main 2007 (2); S. 7 – 23

9. Siehe:

   - Marston, John E.; *The Nature of Public Relations;* New York 1963
   - Kendall, Robert; *Public Relations Campaign Strategies. Planing for Implementation;* New York 1997 (2)
   - Hendrix, Jerry; *Public Relations Cases;* Belmont/Kalifornien 2003 (6)

10. Siehe:

    Smith, Ronald D.; *Strategic planning for public relations;* Mahwah/New Jersey 2005 (2), S. 9 – 16.

11. Siehe:

    Kotler, Philip; Eduardo L. Roberto; Ned Roberto; *Social Marketing. Improving the Quality of Life;* Thousand Oaks/Kalifornien 2002 (2).

12. Dörrbecker, Klaus; Renée Fissenewert; *Wie Profis PR–Konzeptionen entwickeln (2003);* S. 120.

13. Vergleiche:

    - Flückinger, Christoph; Günther Wüsten; *Ressourcenaktivierung. Ein Manual für die Praxis;* Bern 2008, Seite 17–64
    - Grawe, Klaus; Martin Grosse Holtforth; *FAMOS. Fragebogen zur Analyse Motivationaler Schemata – Manual;* Göttingen, Bern, Toronto, Seattle 2002

»Ist das Konzeptschreiben eine Kunst?«
(1)
Knödler-Bunte/Schmidbauer

Kapitel 2

Der Konzeptions-Approach:
Abschied vom Versuch-Irrtum-Lernen

Der Konzeptioner als Problemlöser

Unser Thema ist die Konzeptionstechnik und deren Qualifizierung zur strategischen Planung von Kommunikation. Vor diesem Hintergrund geht es im aktuellen Kapitel um folgende Fragen:

- *Wie muss ein Konzeptioner zukünftig arbeiten, um als strategischer Planer die zielorientierte Kommunikation von Unternehmen und Institutionen zu gestalten?*
- *Wie entwickelt er zukünftig besonders erfolgreiche Kommunikations-Konzepte?*
- *Wie haben sich zukünftig Konzeptschreiber zu qualifizieren und zu positionieren?*

Durchsicht der einschlägigen Literatur

Zur Beantwortung beginnen wir damit, die bisherige Literatur zur Praxis der Konzeptionstechnik zu durchforsten und nach Hinweisen zu stöbern. Mit Blick insbesondere auf die einschlägige deutsche Literatur untersuchen wir zunächst, wie die Rolle des Konzeptioners hier definiert wird.

Die Leser sind eingeladen, die folgenden Untersuchungen aktiv zu begleiten, dazu an ihren Bücherschrank zu treten und die entsprechenden Bände zu konsultieren: Wie wird hier der Konzeptioner mit seiner Tätigkeit positioniert, wie wird dessen Denkweise und sein Blick auf das Feld der gesellschaftlichen Kommunikation verortet?

(…)

Diejenigen Leser, die diesem Vorschlag tatsächlich gefolgt sind, werden gewiss zustimmen: Wir finden hier gar keine eindeutige Antwort. Die Rolle des Konzeptioners ist nicht präzise bestimmt oder gar definiert. Die jeweils vertretenen Vorstellungen zum Thema sind weder besonders klar noch deutlich.

»Begriffswolke« statt klarer Rollendefinition

Bereits in ein und derselben »Konzeptionslehre« finden wir ganze »Begriffswolken«, die über der Person des Konzeptioners und seinem Aufgabenfeld ausgebreitet werden und einen »Durchblick« eher verhindern.

Wer klare Definitionen beispielsweise aus wissenschaftlicher Fachliteratur gewohnt ist und etwas Entsprechendes in der Konzeptionsliteratur sucht, wird angesichts heterogener Beschreibungen sicherlich enttäuscht.

Worum sich die vorgefundenen Beschreibungsversuche in fast allen Darstellungen deutlich gruppieren – »clustern« – ist der Begriff des »Problems«. Der Konzeptioner wird im Rahmen dieser Beschreibungen in erster Linie als »Problemlöser« gesehen.

Unvereinbare Problemlöser–Konzepte

Nun können Probleme bekanntlich auf verschiedenste Weisen angegangen werden. Wir können uns in Problemsituationen an unterschiedlichsten alternativen Problemlöse–Modellen orientieren. Entsprechend unterschiedlich und auf den ersten Blick unvereinbar sind die Problemlöser–Rollen, die dem Konzeptioner in der PR–Literatur zugeschrieben werden.

Im ersten Schritt müssen wir deshalb diese Problemlöser–Rollen herausarbeiten und sortieren. Dazu machen wir uns das im ersten Kapitel vorgestellte Konzept des »Kraftfelds«, in dem der Konzeptioner sich bei seiner Arbeit offenbar aufhält, als ordnendes Raster zu Nutze:

Mit »Kraftfeld« bezeichneten wir das »Feld« widersprüchlicher Anforderungen, denen wir beim Konzeptionieren gerecht werden müssen: Der Konzeptentwickler hat methodisch vorzugehen *(formale Methodik)* und gleichzeitig mit Blick auf die gesellschaftliche Wirklichkeit realistisch zu sein *(Kommunikations–Realität)*. Er hat zielorientiert Strategie zu kreieren *(Strategie–Entwicklung)* und gleichzeitig die Möglichkeiten der Praxis zu berücksichtigen *(praktische Umsetzung)*.

Vier Grundmodelle des idealen Problemlösers

Vor dem Hintergrund dieses Kraftfelds zeichnet sich ab, dass die Autoren der verschiedenen Konzeptionslehren dem Konzeptioner vier völlig unterschiedliche Problemlösungs–Rollen zuschreiben und dabei auf vier Problemlöser–Modelle zurückgreifen: Entweder auf den Typus des »Profis«, des »Wissenschaftlers«, des »Strategen« oder des »Denktechnikers«.

Zur Orientierung nutzen wir eine grafische Übersicht, welche die bisher üblichen Rollen–Konzepte im Kraftfeld der Anforderungen »Formale Methodik«, »Kommunikative Realität«, »Strategische Entwicklung« und »Praktische Umsetzung« auffächert:

Praktische Umsetzung
„Profi“
Formale Methodik
„Denktechniker“
Kreativer Denker
Denksystemiker
Konzeptions-Techniker
Kunsthandwerker
Image-Gestalter
Kommunikations-Taktik-Experte
Kommunikations-Raketen-Techniker
Kommunikations-Reparateur
Konzeptions-Profi
Probleme
Prozess-Experte
Kommunikations-Stratege
Kommunikations-Therapeut
Analyst
Meinungs-Forscher
PR-Wissenschaftler
„Wissenschaftler“
Kommunikations-Realität
„Stratege“
Strategie-Entwicklung

Der »Profi«

Wir nutzen diese Übersicht, indem wir sie Schritt für Schritt im Uhrzeigersinn abarbeiten. Wir beginnen auf der Position »drei Uhr« – also rechts von der Mitte –, im Feld »Praktische Umsetzung«. Hier platzieren die Autoren in ihren Konzeptionslehren den »Profi«.

Gerade in diesem Feld des Professionellen platzieren sie recht zahlreich Umschreibungen der vermeintlichen Profi-Qualitäten des Konzeptioners:[2]

- *Er sei der spezialisierte Profi, bei dem Konzepte »in Auftrag gegeben werden, weil der Auftraggeber mit bestimmten Sachverhalten ein Problem hat«.*
- *Er »therapiere« sozusagen »kranke« Kommunikation, indem er beispielsweise die Diskrepanz zwischen Selbstbild und Image in der Öffentlichkeit bearbeite.*
- *Er gleiche Schwächen des Auftraggebers aus, indem er dessen Stärken aufgreife und deren Potenzial mit Hilfe von Kommunikations-Maßnahmen ausschöpfe. Das Instrumentarium des Konzeptions-Profis sei breit gefächert und professionell – sein Vorgehen planmäßig und systematisch.*
- *Seine PR-Methodik ermögliche ihm ein ganzheitliches Verständnis von Kommunikation, wodurch ihm in der Konsequenz die »analytische Stringenz« seines konzeptionellen Überlegens gelinge.*
- *Er sei ein ausgewiesener Prozess-Experte, denn er beherrsche die schrittweise Vorgehensweise ausgehend von der Analyse bis hin zum Entwurf des idealen Maßnahmenplans.*

Dies alles sind beispielhafte Umschreibungen des Idealtyps »Konzeptions-Profi«.

Manche hierbei in der Konzeptionsliteratur verwendeten Rollenbeschreibungen lassen uns aber stutzen. So wird behauptet, der Konzeptionsprofi erstelle die »logische Zusammenfassung der bearbeiteten wichtigen Fakten«:[3]

Logik als Qualitäts-Kriterium

Was soll das bedeuten? Offensichtlich wird hier der positiv besetzte Begriff der Logik verwendet, um zu betonen, die vom Konzeptioner zusammengestellten Fakten seien besonders plausibel und zutreffend formuliert.

Tatsächlich ist die »Logik« eine Formalwissenschaft, welche die Gültigkeit von Argumenten unabhängig vom konkreten Inhalt von Aussagen untersucht. Aus der Praxis wissen wir aber, dass Konzeptioner keine formale Logik betreiben und auch keine besonders große Ambition haben, ihre Konzepte aussagenlogischen Kriterien zu unterwerfen. PR-Konzepte sind nicht im Sinne der Aussagenlogik formalisiert.

Statt als Formalwissenschaftler wird der Konzeptioner in der Literatur durchweg als besonders praktischer Problemlöser, ja beinahe schon als traditioneller »Handwerker« gesehen und laufend von Autoren auch so bezeichnet[4]:

Gediegene und gewissenhafte Arbeit

Der »Konzeptions-Handwerker« leiste gediegene, gewissenhafte Arbeit, mit hohem praktischem Wert. Er verfüge über ein fachspezifisches Handwerkszeug, das er »denkerisch und kommunikativ« kompetent einsetzt. Mit Blick auf die Probleme des Auftraggebers sei er ein »Reparatur-Fachmann«, ein »Kommunikations-Reparateur«, der Risikopositionen im »Kommunikations-Getriebe« auffindet und ausmerzt.

Aber es gibt auch Autoren von »Konzeptionslehren«, denen das Handwerkliche zu »bieder« ist. Und so bemühen sie sich um sprachliche Aufwertung der Konzeptioner-Rolle, indem sie behaupten, der Konzeptioner wäre ein »Kunst-Handwerker«, der technisches Wissen mit viel Erfahrung und noch mehr Kunstfertigkeit verknüpfe.[5]

Der »Wissenschaftler«

Nach dem »Profi« beschäftigen wir uns nun mit der Konzeptioner-Rolle, die sich in der Übersicht unten befindet: mit dem »Wissenschaftler«. PR-Konzepte sollen sich gegenüber der Kommunikations-Realität bewähren. Diese Realität wird dazu idealerweise durch empirische Forschung erkundet: Diese Einsicht ist fester Bestandteil der meisten Konzeptionslehren. Denn für die »Vollendung« jeder Konzeption wird gefordert, der Erfolg der definierten Maßnahmen sei mit Hilfe von Methoden der empirischen Sozialforschung, etwa der Meinungsforschung, zu »verifizieren«.

Idealtypische Rolle des Wissenschaftlers

Um der Kommunikations-Realität zu begegnen, „mutiert" der Konzeptioner im Lauf des Konzipierens so weit, dass er schließlich die idealtypische Rolle des empirischen Wissenschaftlers zu übernehmen vermag. – So sehen es jedenfalls die Autoren der Konzeptionslehren. Der Konzeptioner sei so etwas wie ein wissenschaftlicher Experte, der mit wissenschaftlich begründeter Konzeptions-Systematik vorgeht, Kommunikation systematisch analysiert und Kontrollwerkzeuge vielfältiger Art »im Köcher« führt. Er wende empirische

Forschungsmethoden an, um den fortlaufenden Erfolg seiner Maßnahmenentwürfe sicherzustellen. Der Konzeptioner verfüge über eine wissenschaftliche Beratungs-Expertise, die empirisch-rationale Grundlagen habe.[6]

Tatsache ist allerdings, dass die meisten Konzeptioner über keine Qualifikation im Bereich empirischer Sozialforschung verfügen. Es finden kaum sozialwissenschaftlich qualifizierte Fachleute wie Soziologen oder Sozialpsychologen in das Tätigkeitsfeld »PR-Konzeption«.

Dennoch ist der Rückgriff auf Vergleiche mit akademischer Expertise unter den Konzeptions-Autoren weit verbreitet. Einen Konzeptioner zu konsultieren – beschreiben deshalb manche dieser Autoren –, sei so etwas wie der Besuch bei einem Arzt, der Probleme diagnostiziere und darauf aufbauend eine »Therapie« entwerfe. Diese Therapie packe bei den fachmännisch analysierten Kommmunikations-Symptomen an, um Schwachstellen und Kommunikations-Probleme zu beheben.[7]

Manche Autoren gehen in ihrer Beschwörung von Wissenschaftlichkeit der PR-Disziplin »Konzeption« sogar so weit, sie in den Status einer »Wissenschaft« zu erheben – allerdings ohne dass sie dabei diese »PR-Wissenschaft« nachvollziehbar definierten.[8]

Der »Stratege«

Nach den Versuchen, die Rolle des Konzeptioners mit Hilfe der Konzepte »Profi« und »Wissenschaftler« zu beschreiben, betrachten wir nun die entsprechenden Versuche mit dem Konzept des »Strategen« – in unserer Übersicht ist dies der Punkt auf der linken Seite.

Um es vorwegzunehmen: Auch hier werden die Vergleiche mit den favorisierten Rollenkonzepten der gängigen Konzeptions-Realität nicht gerecht. Denn die Rolle des »Strategen«, die hier in der Literatur beschrieben wird, ist entweder inhaltsarm allgemeingültig formuliert oder »säbelrasselnd« mit militaristischer Sprache überzeichnet.

Inhaltsarme und militaristische Strategie-Begriffe

Inhaltsarm sind Versuche, »Strategie« und »Taktik« einfach im Sinne von »Plan« und »Umsetzung« zu beschreiben: Der Konzeptioner sei der PR-Planer und die PR-Leute, die seine Maßnahmen umsetzen, seien die PR-Taktiker.

»Unverdaulich« werden die Überlegungen, wenn Kriegsstrategien zur Blaupause der Konzeptionsentwicklung gemacht werden.

So schreibt Dörrbecker in seiner Konzeptionslehre zunächst: »*Die vollständige Kommunikationsstrategie besteht aus diesen vier verbindlichen Teilen: ‹Strategische Zielsetzung, Dialoggruppen, Kommunikationsinhalte nebst Positionierung und strategische Umsetzung/Kräfteeinsatz› [...]*«[9]

Bei der Definition der Rolle des »Konzeptions-Strategen« greift er auf die Vorstellung von einer militärischen Strategie zurück, nämlich auf die angebliche »Kunst«, durch »geschickte« Führung des Heers im Krieg »dem Gegner den eigenen Willen aufzuzwingen«[10] – der Konzeptioner als quasi-militärischer Stratege, der Soldaten und Waffen formiert, um gegen den Feind zu ziehen. Dörrbecker schreibt von schlachtentscheidenden Waffengattungen, die taktisch geschickt gegen den Gegner zu führen sind.[11]

Kommunikations-Konzepte mutieren bei ihm zu Raketen, die sich auf feindliche Positionen stürzen, nachdem »eine Konzeptstufe nach der anderen gezündet« wurde, um dort die rhetorische Kraft des mitgeführten Sprengstoffes entfalten zu lassen. So soll der kommunikative Widerstand der Gegner gebrochen werden.[12] Konzeption wird zur »strategischen Waffe« stilisiert, gestaltet nach dem Muster der »V2-Rakete«, der maßgeblich in den 1930er und 1940er Jahren entwickelten, mehrstufigen deutschen »Wunderwaffe«. Zwar wurde diese Waffe des Zweiten Weltkriegs später Modell für die Trägerraketen der bemannten Raumfahrt, etwa der Mondmission. Die »Raketen-Metapher« könnte vor diesem Hintergrund für harmlos gehalten werden. Aber letztlich ist der Haupteinsatzbereich dieser Raketentechnologie militärisch und erfüllt auch heute noch den kriegerischen Zweck der ursprünglichen »Vergeltungswaffe Nummer 2«: Nämlich Sprengköpfe mit todbringender Ladung zu strategisch wichtigen Zielen zu tragen.

Sachfremde »Raketen«-Metaphorik

Dörrbeckers Metaphorik hinterlässt keinen Zweifel daran, wie er sich den idealen Kommunikations-Strategen vorstellt: als Konzeptioner, der idealerweise ein durch die »Sprengkraft« seiner Argumente und Maßnahmen zerbombtes »Schlachtfeld« hinterlässt, das die Argumentationsgegner kapitulierend fliehen und in Scharen auf die Seite der »Wahrheit« der Angreifer überlaufen lässt.

Gewiss hat Dörrbecker insoweit recht, dass Konzeptionen strategischen Wert haben sollten. Doch seine Metaphorik ist fehlleitend und geht am Wesen gesellschaftlicher Kommunikation vorbei. Kommunikation und entsprechend

Konzeption sind nicht adäquat als ferngelenkte Bombardierung von anonymen Zielgruppen mit »entwaffnenden« Botschaften zu beschreiben.

Der »Denktechniker«

Nach dem »waffenstarrenden« Feld der Strategie–Entwicklung und der Rolle des »Konzeptions–Strategen« bleibt uns noch das Feld der »Formalen Methodik«, das wir genauer in Augenschein zu nehmen haben. In der Übersicht befinden wir uns nun auf der oberen Position. Hier begegnet uns in der Konzeptionsliteratur die Rolle des »Denktechnikers« als Problemlösungs–Modell.

Dieser Denktechniker wird als »Meister« des Phasenablaufs von der Faktensammlung bis zur Lösungsentwicklung des Konzeptionsentwicklungs–Prozesses dargestellt. Er hat dieses Schema angeblich so perfekt verinnerlicht, dass er sich förmlich zum »Virtuosen« entwickelt. Der Konzeptioner wird als »Denker« betrachtet, der eine formale Disziplin beherrscht und über ein elaboriertes Problembewusstsein verfügt. Laut Leipziger »beherrscht« der Konzeptioner dabei ein »Denksystem«, das die Kreisbahn »Analyse – Strategie – Umsetzung« vollständig umgreift.[13] Als Kern dieser »Denktechnik« dient allerdings lediglich das gängige Phasenkonzept der Konzeptionstechnik, das uns bereits im ersten Kapitel begegnet ist.

Im Zusammenhang der heute üblichen Konzeptionsentwicklung von einer »Denktechnik« zu sprechen, ist allzu selbstschmeichlerisch. Letztlich geht es in der gängigen Konzeptions–Praxis vor allem darum, diszipliniert eine bestimmte Checkliste mit Arbeitsschritten abzuarbeiten. Dies erfolgreich hinzubekommen, setzt eine gewisse Disziplin voraus, erfordert ein wenig Übung und zuvor eine kurze Einweisung. Branchenüblich ist dafür der Besuch eines meist einwöchigen »Konzeptions–Seminars« – manche Weiterbildungsinstitute bieten eintägige »Schnell-Kurse« an.

Schnell–einweisung in »Konzeptions–Denktechnik«

Weiter mit Methodologie

Wer sich aufgrund der Lektüre der Konzeptionsliteratur eine präzise Definition der Rolle des Konzeptioners und seiner Methodik erhofft hat, ist nach der ersten Klärung der verbreiteten Begriffswolke gewiss enttäuscht. Die üblichen idealisierenden Beschreibungen beinahe beliebiger und metaphernhafter Problemlöser-Rollen wirken auf Leser verunsichernd.

Rhetorik und Metaphorik anstelle klarer Definitionen

Statt mit einem überzeugenden Konzeptions-Modell werden wir mit rhetorischen Umschreibungen konfrontiert, die nicht wörtlich zu nehmen sind: Konzeptioner sind höchstens im übertragenen Sinne »Profis«, »Handwerker«, »Künstler«, »Wissenschaftler«, »Strategen« oder »Denker«. Eine klare Bestimmung des Ansatzes erfolgreicher Konzeptioner erhalten wir aufgrund dieser Umschreibungen von Konzeptionstechnik nicht.

Wollen wir an diesem Punkt die Dinge klar und deutlich bestimmen, kommen wir nicht darum herum, selbst einmal Beispiele erfolgreich praktizierter Konzeptionstechnik »unter die Lupe« zu nehmen und zu analysieren, was es heißt, eine effektive Kommunikations-Konzeption zu entwickeln.

Wie können wir erfolgreiche Konzeptionsentwicklung möglichst systematisch analysieren? Unsere Antwort ist: Wir sollten Konzeptionstechnik »methodologisch« untersuchen. Denn die Methodologie ist die »Lehre von der Vorgehensweise«, genauer: die Wissenschaft, die systematisch standardisierte Vorgehensweisen untersucht, unter anderem die Methodik in Wissenschaften, in Technologien, in Technik, in Industrie usw. Sie hinterfragt die jeweils eingesetzten Kriterien dafür, wann bestimmte Methoden in Anwendungsfällen eingesetzt werden, warum diese Methoden angewandt werden und zu welchen Anwendungsergebnissen diese führen sollen.

Der Begriff der Methodologie ist nicht zu verwechseln mit dem Begriff der Methodik.

Metawissenschaft Methodologie liefert Kriterien.

»Methodologie« bezeichnet eine Metawissenschaft, eine Teildisziplin der Wissenschaftstheorie. Methodologie ist eine wissenschaftliche Disziplin, zu der an Universitäten geforscht wird. Dabei sind die betreffenden Forscher meist entweder auf die Untersuchung von naturwissenschaftlichen Methoden oder von sozialwissenschaftlichen Methoden spezialisiert. Methodologen, die beide Felder gleichgewichtig bearbeiten und einen integrierten Ansatz für alle Anwendungen von empirischen Wissenschaften vorlegen, sind selten. Im Zusammenhang mit unserer Aufgabenstellung ist hier an erster Stelle Mario Bunge zu nennen – bekannter Wissenschaftstheoretiker, Philosoph und Physiker, langjähriger Inhaber der Frothingham- Professur der Logik und Metaphysik an der McGill-University in Montreal, Kanada – zu nennen. Über Jahrzehnte hat Bunge eine umfassende Methodologie entwickelt, die gleichermaßen auf Probleme der Anwendung von Methoden der Natur- und auch der Sozialwissenschaften anwendbar ist. Über Jahrzehnte hat er insbesondere die Diskussion um die Sozialwissenschaften beleben können und mittlerweile auch der Diskussion im deutschen Sprachraum wichtige Impulse gegeben.[14]

Für unsere folgenden Überlegungen hat er einen interessanten Begriff ausgearbeitet, an dem wir nun anschließen werden. Und zwar ist es der Begriff des »Approachs«, den wir als »Ansatz« oder »Betrachtungsweise« übersetzen können.

Bunge definiert den *Approach* als *Art und Weise, wie wir Dinge, Personen, Ideen, Konzepte betrachten und damit zusammenhängende Probleme angehen.*[15]

Das methodologische Konzept des Approachs

An dieses methodologische Konzept des Approachs anknüpfend werden wir im Weiteren dieses Kapitels herausarbeiten, welche Rolle die Konzeptionstechnik im Umfeld der Kommunikationsberatung und bei der Gestaltung von Kommunikationsprozessen spielt. Denn offenbar ist es genau das, was wir suchen: einen konsistenten Konzeptions-Approach. Wer mit einem Approach arbeitet, verfügt über einen spezifischen Zugang, startet bei seinen Aufgabenstellungen und Problemstellungen, indem er diese auf spezifische Weise erfolgreich behandelt – also sein Vorgehen nicht improvisiert bzw. nicht planlos vorgeht.

Diesen Gedanken präzisieren wir, indem wir zunächst Bunge in seinen Ausführungen folgen und sodann das Vorgehen von PR-Konzeptionern analysieren.

Zunächst zur genauen Bestimmung des Begriffs des Approachs – der Approach kann formal gefasst werden als:

A = (H, P, Z, M)

[Approach = (Hintergrundwissen, Problematik, Ziele, Methoden)]

H – Hintergrundwissen:

Kennzeichen eines Approachs ist zunächst ein Bestand an Hintergrundwissen – er verfügt über einen Bestand an spezifischen Kenntnissen, Perspektiven und Einsichten.

P – Problematik:
Der Approach bezieht sich auf eine spezifische Problematik, auf ein besonderes Problem- und Einsatzfeld.

Z – Ziele:
Der Approach verfügt über ein Set von Zielen, einen Bestand an Zwecken, die durch die Verfolgung des Approachs zu erreichen sind.

M – Methoden:
Ein Approach verfügt über ein Set von Methoden, eine Kollektion von spezifischen Problemlösungstechniken und Vorgehensweisen.

Grundstruktur eines Approachs

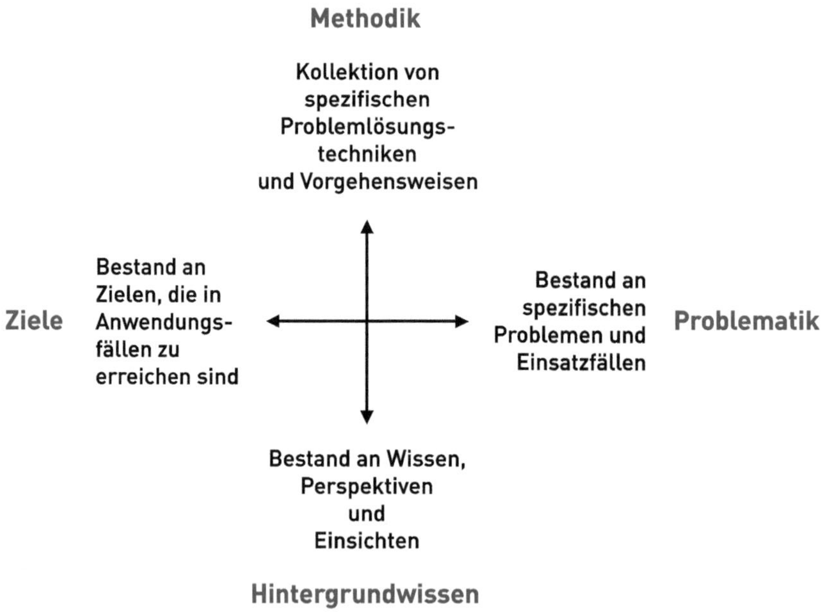

In dem vorgestellten Sinne bearbeitet der Anwender eines Approachs spezifische Probleme, verfolgt spezifische Ziele, die praktischer Natur sind, oder ist mit der Schließung einer Wissenslücke beschäftigt. Probleme oder Aufgabenstellungen werden mit Hilfe des Hintergrundwissens und der zur Verfügung stehenden Methodik bearbeitet.

Damit ist uns ein Weg gewiesen, den Ansatz der Konzeptionstechnik präzise zu bestimmen: Wir haben Konzeptionslehre als Konzeptions-Approach zu entwickeln und darzustellen. Wir haben also in der Folge im Einzelnen zu erarbeiten:

Formale Struktur des Konzeptions-Approachs

- *das Konzeptions-Hintergrundwissen H_k,*
- *das Konzeptions-Problemfeld P_k,*
- *die Ziele des Konzeptionsansatzes Z_k und*
- *die Methoden M_k der Konzeptionslehre.*

Eine klar definierte Konzeptionslehre verfügt also über folgende Bestandteile:

A. Hintergrundwissen H_k

Das Hintergrundwissen H_k ist der solide Wissensgrundbestand eines Konzeptioners. Zwar hat kein Konzeptioner das komplette Wissen rund um Kommunikationsprozesse präsent. Er verfügt aber umrisshaft über die wesentlichen Kenntnisse und kann bedarfsweise – je nach Aufgabenstellung – Detailwissen mobilisieren.

B. Problem- und Anwendungsfeld P_k

Der Konzeptioner hat ein spezifisches Verständnis für die möglichen praktischen Probleme im Umgang mit Kommunikationsprozessen in unterschiedlichsten Kommunikationssituationen und -konstellationen.

C. Ziele des Konzeptions-Approachs Z_K

Mit Hilfe von Kommunikationsmaßnahmen sind Funktionen im gesellschaftlichen Interaktionsprozess zu erfüllen oder sind Fehlfunktionen – Dysfunktionen – zu beheben.

Das Ziel von Kommunikationskonzeptionen ist es also – sozialwissenschaftlich gesprochen –, sozial-ökonomische Systeme, Wirtschaftsprozesse, Austausch zwischen Interessengruppen

- *aufzubauen*
- *zu erhalten*
- *zu reparieren*
- *zu verbessern*
- *auszutauschen*
- *zu redesignen*
- *abzubauen*

D. Methoden M_K

Konzeptioner arbeiten mit Methoden, deren Wirksamkeit überprüft ist. Sie verfügen über geregelte Problemlösungsprozeduren, die nicht lediglich funktionieren. Sondern von denen wir darüber hinaus auch wissen, warum sie unter bestimmten Bedingungen auf bestimmte Weise zum Ziel führen. Nur so können wir sicher sein, dass etwa Methode M_{K1} auch im vorliegenden Fall funktioniert und nicht durch irgendwelche Faktoren in ihrer Wirkung eingeschränkt oder gar gänzlich unwirksam ist.

Auf dem Weg zum Konzeptions-Approach

Unterschiedliche Approaches oder Herangehensweisen können zu unterschiedlichen Lösungen ein und desselben Problems sowie zu unterschiedlichen Zielen und Orientierungen in ein und derselben Situation führen.

Herangehensweisen, die laufend zu erfolgreichen Ergebnissen, befriedigenden Problemlösungen und fruchtbaren Strategien führen, entwickeln sich zu anerkannten »Paradigmen«. So gibt es beispielsweise bereits die unterschiedlichsten Paradigmen, die auf Kommunikationsprozesse und Kommunikationsprobleme angewandt werden. Es werden beispielsweise biologische, psychologische, soziologische, ökonomische oder philosophische Paradigmen genutzt. Dazu ein paar Beispiele:

Beispiel–Paradigmen:

- *In der Biologie kommen unter anderem Paradigmen der Neurophysiologie in Frage – hier werden Kommunikationsprozesse als neuronale Verarbeitungsvorgänge betrachtet. Kommunikationsstörungen können dabei als Störungen von Erregungsvorgängen im Nervengeflecht innerhalb des Gehirns beschrieben werden.* (*in der Biologie ...*)
- *In der Psychologie gibt es psychotherapeutische Paradigmen, die Kommunikationsprozesse als Ergebnisse der Entwicklung der Persönlichkeitsstruktur sehen, die beispielsweise durch traumatisierende Einwirkung von Außen gestört werden können.* (*... in der Psychologie ...*)
- *In der Soziologie gibt es eine ganze Fülle von Paradigmen, die Kommunikation betrachten. So rekonstruiert das systemtheoretische Paradigma Kommunikation als Austauschprozess in Systemen, der durch Störungen in der Umgebung oder durch Störungen im System–Inneren behindert sein kann.* (*... in der Soziologie ...*)
- *In der Ökonomie gibt es unter anderem Marketing–Paradigmen, die Kommunikation als Austauschprozesse in einem Meinungsmarkt betrachten, die durch inflatorische oder deflatorische Entwicklungen gestört werden können.* (*... in der Ökonomie ...*)
- *In der Philosophie gibt es beispielsweise das Konsens–Paradigma der »Kritischen Theorie«, das die Bedingungen einer rationalen Kommunikation als eine Form herrschaftsfreier Diskussion definiert und zu zeigen versucht, wie ökonomische und politische Interessen diese Kommunikation stören können.* (*... in der Philosophie*)

Welches Paradigma ist nun für uns das Richtige?

Diese Frage ist spontan nicht zu beantworten, denn alle diese Paradigmen stellen Ansätze dar, zu denen es zahlreiche Alternativen gibt. So gibt es in der Soziologie neben dem systemtheoretischen Paradigma das einflussreiche Rational Choice–Paradigma, aber auch viele weitere Ansätze wie die des Funktionalismus, der marxistischen Gesellschaftstheorien usw.

Dazu kommt, dass sich Paradigmen im Laufe der Zeit fortentwickeln und von Zeit zu Zeit grundlegend wandeln. Tritt ein maßgeblicher Fortschritt bei einem Ansatz auf, sprechen wir von einem »paradigm shift«.

Wie bereits im ersten Kapitel anklang, suchen wir hier nach einem Fortschritt des Ansatzes der Konzeptionstechnik. Worin könnte dieser Paradigmen-Wandel oder unser »paradigm shift« bestehen?

Zur Beantwortung dieser Frage werden wir zunächst erst einmal die Begriffe »Approach« und »Paradigma« auf das Arbeitsfeld von Konzeptionern anwenden, um einen Eindruck davon zu bekommen, in welcher Richtung wir Konzeptionstechnik zukünftig weiterentwickeln können.

Nach Bunge, der wie gesehen definiert hat, welche Komponenten ein Approach hat, gibt es eine überschaubare Anzahl von Grundtypen solcher Ansätze, die versprechen, erfolgreiche Herangehensweisen für Aufgaben und Probleme zu liefern.[16]

Sieben grundlegende Approaches

Orientiert an Bunges Ausführungen gehen wir hier im Weiteren von sieben grundlegenden Approaches aus:

- *dem Alltags-Approach,*
- *dem Profi-Approach,*
- *dem Autoritäts-Approach,*
- *dem Intellektuellen-Approach,*
- *dem formalen Approach,*
- *dem wissenschaftlichen Approach und*
- *dem technologischen Approach.*

Diese originären Approaches werden wir uns kurz vergegenwärtigen, um sie dann unmittelbar im Anschluss mit dem Vorgehen im Bereich der Kommunikationsarbeit und der hier zum Tragen kommenden Konzeptionstechnik zu konfrontieren.

1. Der Alltags-Approach

Der Alltags-Approach ist der Ansatz des »aufgeklärten Laien«. Der aufgeklärte Laie ist typischerweise auf das Lösen praktischer Probleme fokussiert und geprägt durch erfolgreiches Praktizieren von Versuch-Irrtum-Lernen. Dieser Praktiker orientiert sich also an dem, was in der Vergangenheit erfolgreich war. Daran anknüpfend versucht er in neuen Situationen »sein Bestes« und optimiert dabei seine Anwendungsergebnisse schrittweise.

Dieser Ansatz beruht auf Alltagswissen und findet Verwendung in Einsatzbereichen, die von Beginn an praktisch verwertbare Ergebnisse versprechen. Seine Anwender meiden Methoden, die nicht allgemein üblich sind. Sie favorisieren Routine, sind konservative Problemlöser.

2. Der Profi–Approach

Der Profi–Approach ist auf effektiv–effiziente Lösungen spezialisiert und setzt handwerkliche Routine ein. Sein Horizont besteht aus gesammelten Alltagserfahrungen sowie Erkenntnissen, die aus handwerklicher beziehungsweise künstlerischer Betätigung stammen. Das entsprechende Wissen liegt meist kodifiziert in Handbüchern und in Arbeitsanweisungen vor. Für die Anwender dieses Wissens gibt es Qualifizierungsanweisungen, die mit Hilfe von Prüfungen oder obligatorischen Qualifizierungsnachweisen durchgesetzt werden. Professionelle Methoden basieren auf Erfahrungen aus handwerklicher oder aus künstlerischer Betätigung. Der Profi–Approach ist auf praktische Probleme und Ergebnisse fixiert.

3. Autoritärer Approach

Der autoritäre Approach ist auf Grundsatz–Positionen ausgerichtet. Er nutzt zur Problemlösung und zur Bearbeitung der Realität Machtpositionen sowie die Autorität geistiger und weltlicher Ämter. Der Wissensbestand hinter diesem Approach besteht aus Dogmen und fixen Überzeugungen. Typische Nutzer sind die Anhänger von Religionen, Ideologien und Pseudo–Wissenschaften. Vertreter des autoritären Approachs sind auf die Arbeit an Grundsatzproblemen ihrer Dogmen und der »korrekten« Auslegung dieser Dogmen beschäftigt. Mit praktischen Problemen bekommen sie es unter anderem zu tun, wenn sie ihr Glaubenssystem und die eigenen Doktrinen gegenüber Andersgläubigen und Anforderungen des Alltags verteidigen müssen – also Macht–Techniken einsetzen. Ihre Methodik fokussiert auf die rhetorische Verteidigung der eigenen Positionen und der Kritik fremder Standpunkte.

4. Der intellektuelle Approach

Dieser Approach ist auf intellektuelle Probleme und Themenstellungen ausgerichtet. Seine Vertreter setzen künstlerisch-kreative und hermeneutische Methoden ein. Der Wissensbestand des intellektuellen Approachs liegt in Produkten und Erfahrungen von Kulturschaffenden, von Schriftstellern und von Philosophen. Sie bearbeiten Denk-Probleme, moralische Fragestellungen und analysieren Weltanschauungen. Methodisch zielen sie meist auf das Verständnis historischer Quellen, etwa der Bücher klassischer Denker. Sie arbeiten mit Methoden der Sinnerschließung, der Hermeneutik. Vertreter dieses Approachs sind häufig Intellektuelle, die aus einer Praxis- und Empirie-fernen Position – aus ihrem »Lehnstuhl« – heraus die Welt als »geistige Substanz«, als Ergebnis rationaler oder transzendentaler Gesetze erklären und im Zuge dessen, empirischer Forschung als Herangehensweise an Fragen und Probleme distanziert gegenüberstehen.

5. Der formale Approach

Der formale Approach beschreibt die Vorgehensweise der Formalwissenschaften wie beispielsweise der Mathematik und der Logik. Sie sind auf rein theoretische Probleme und Aufgabenstellungen ausgerichtet und setzen dazu ihre spezifischen formalen Kalküle ein. Ihre Wissensgrundlagen sind formale Ideensysteme. Ihre Methodik besteht aus der Konstruktion abstrakter Theorien und der Herleitung von Schlussfolgerungen aus abstrakten Axiomen. Sie verwenden ausschließlich formale, nicht-empirische Beweise und bedienen sich abstrakt-begrifflicher Definitionen.

6. Der wissenschaftliche Approach

Der wissenschaftliche Approach ist auf empirisch belegbares Wissen und auf das Schließen von Wissenslücken ausgerichtet. Er setzt empirisch-wissenschaftliche Methoden ein und nutzt zur Formalisierung seiner Wissensbestände Kalküle der Mathematik und der Logik. Dieser Approach zielt darauf ab, die in der materiellen Wirklichkeit wirkenden Mechanismen zu erfassen. Das Wissen um diese Mechanismen wird idealerweise in Form von Gesetzesaussagen definiert. Aufgrund dieser Gesetzesaussagen sollen für konkrete zukünftige Situationen verifizierbare Voraussagen ableitbar sein. Dieser Approach wird in empirischen Wissenschaften wie den empirischen Naturwissenschaften sowie den empirischen Sozialwissenschaften eingesetzt.

7. Der technologische Approach

Der technologische Approach ist auf die Gestaltung von Systemen und den Einsatz von technologischem Wissen ausgerichtet. Dieser Ansatz greift auf die Wissensbestände angewandter empirischer Wissenschaften zurück. Daraus erarbeiten die Vertreter dieses Approachs für ihren Arbeitsbereich einen Bestand an technologischem Wissen. Ihre Problemstellungen und Zielvorstellungen sind praxisbezogen und zielen auf die Kontrolle und Gestaltung natürlicher und auch künstlicher – also von Menschen geschaffener – Systeme.

Kritische Betrachtung heutiger Konzeptions–Praxis

Mit Hilfe der Grafik auf der folgenden Seite können wir uns die jeweiligen Besonderheiten der sieben Approach–Grundtypen auf einen Blick vergegenwärtigen:

Anhand dieser Grundtypen methodischen Vorgehens sind wir nun in der Lage herauszuarbeiten, wie das typische Vorgehen heutiger Kommunikations–Konzeptioner treffend zu beurteilen ist:

1. Konzeptionstechnik heute: gesunder Menschenverstand

Nutzen wir die vorgestellte Übersicht über die verschiedenen Approach–Ansätze als Beurteilungskriterium, so zeichnet sich ab, dass die heutige »Konzeptionstechnik« ihre wirklichen Stärken im Feld des »aufgeklärten Laienvorgehens« hat:

Der Konzeptioner setzt gewissenhaft all seine Vernunft und Sorgfalt ein, wenn er an seinen Aufgabenstellungen arbeitet. Um eine sichere Routine in sein Vorgehen zu bekommen, nutzt er eine bei vielen Kollegen und eigenen früheren Projekten bewährte Checkliste, welche die einzelnen Schritte seiner Arbeit definiert. Er ist dabei darum bemüht, aus Fehlern zu lernen.

Er realisiert Versuch–Irrtum–Lernen, indem er darauf dringt, die Ergebnisse der von ihm konzipierten Maßnahmen zu überprüfen, so dass er sein Konzept

Approach-Grundtypen

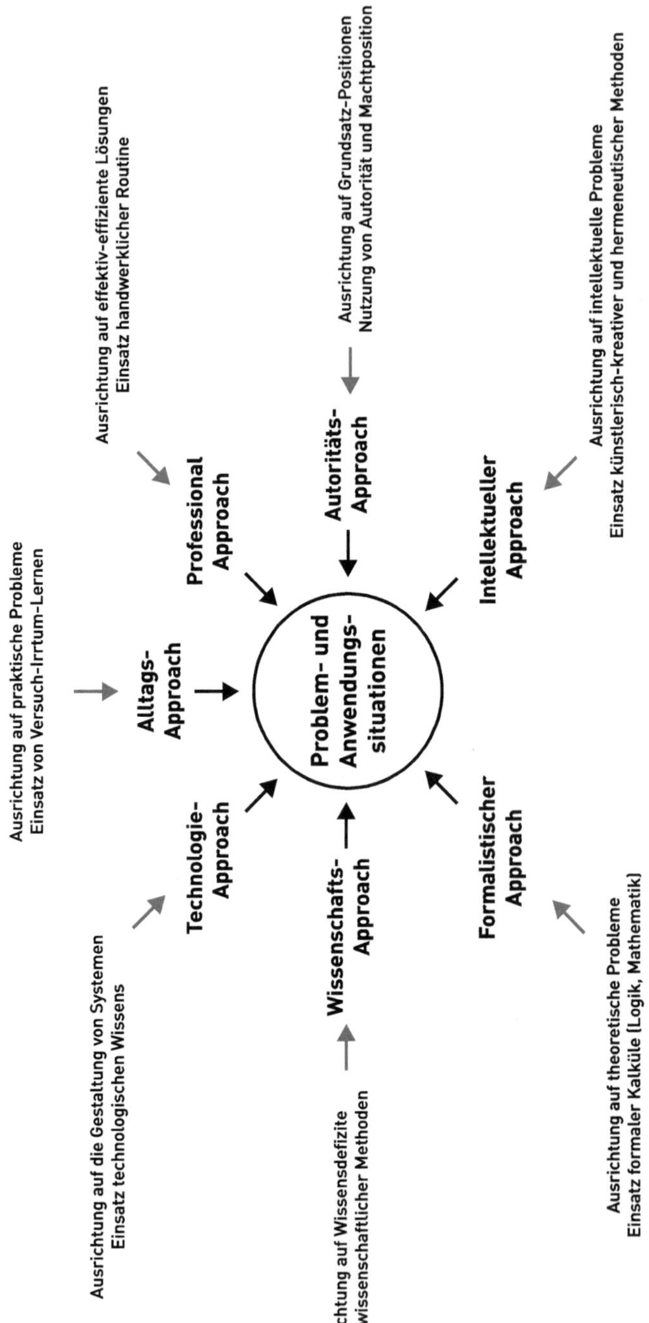

in einer neuen Version für weitere praktische Umsetzungen optimieren kann. Diese Wirkungsanalysen finden aber aus Kostengründen nur selten tatsächlich in ausreichendem Umfang statt.

Der Konzeptioner hält sich bei weiteren Konzeptionsarbeiten an die Vorgehensweisen, die sich in der Vergangenheit bewährt haben. »Experimente« oder neue Herangehensweisen, deren Resultate er Klienten gegenüber nicht sicher voraussagen kann, meidet er in der Regel. Sein Grundsatz ist: »besser Laienspiel mit Verstand, als abgehobene Spinnerei auf Kosten des Auftraggebers«.

Konzeptionstechnik verfolgt einen Alltags–Approach.

Konzeptionstechnik verfolgt heute einen durchaus ehrenwerten Alltags-Approach – mehr steckt allerdings nicht dahinter.

2. Der Konzeptioner macht sich Profi–Kompetenz zunutze.

Konzeptionstechnik und Public Relations sind keine Lehrberufe – sie sind in dem Sinne keine wirklichen Professionen. »Konzeptioner« ist kein geschützter Titel – jeder kann sich als solcher bezeichnen. Es gibt zwar Kurse, die sich über ein paar Tage erstrecken, die in die Nutzung der Konzeptions–Checkliste mit den Punkten Faktensammlung, Auswertung, Maßnahmenentwicklung, Umsetzung und Wirkungskontrolle einführen und mit deren konsequenten Umsetzung vertraut machen sollen. Aber eine Ausbildung im Sinne einer abgeschlossenen Berufsausbildung oder einer gewerblichen Qualifikation für Konzeption ist dies deutlich nicht.

Doch deshalb muss Kommunikationsarbeit nicht ohne den Einsatz »wirklicher« Profis ablaufen. Ein Konzeptioner kann nämlich die handwerklichen oder künstlerischen Fähigkeiten von Profis verschiedenster Richtungen in seine Kommunikationskonzepte integrieren. So kann er zu seiner Arbeit die Dienste von Handwerkern aus den Bereichen Grafik, Text, Druck, Website–Design, Film/Video, Musik usw. »dazukaufen«. Je größer seine Erfahrung beim Umgang mit diesen Berufsgruppen ist und je besser er sich in diese Berufsfelder hineindenken kann, um so besser kann er deren Leistungen in sein Konzept integrieren und eine entsprechend »professionell angereicherte« Konzeption abliefern.

Konzeptioner profitieren von professionellem »Handwerk«.

Konzeptionstechnik ist also zwar kein Profi–Approach, kann aber durchaus durch den Rückgriff auf Profiarbeit profitieren.

3. Autoritäten fordern den Konzeptioner heraus.

Der Konzeptioner hat keine Machtposition und keine wirkliche »Autorität« im wörtlichen Sinne – etwa die Autorität und die Einflussmöglichkeiten weltanschaulicher oder politischer Organisationen, beispielsweise einer Kirche oder einer Partei. Seine Maßnahmen müssen durch transparente Argumentation überzeugen und benötigen zur erfolgreichen Umsetzung häufig die aktive politische Unterstützung von verschiedenen Teilöffentlichkeiten.

Konzeptioner verfügen über keine Macht-instrumente.

Konzeptioner können das Denken der Öffentlichkeit nicht autoritär bestimmen. Sie haben entsprechend auch keine Möglichkeit, Medienberichterstattung gegen den Willen und gegen das Interesse der zuständigen Journalisten und Herausgeber zu prägen. Manche Auftraggeber haben an diesem Punkt falsche Vorstellungen von den Möglichkeiten, die Konzeptionern und den Kommunikations-Maßnahmen umsetzenden PR-Leuten zu Gebote stehen.

Fremde und ungeliebte Standpunkte der Öffentlichkeit können durch Konzepte nicht einfach getilgt und vom Meinungsmarkt entfernt werden. Konzeptioner haben keine direkte Macht, um ideologischen, politischen oder religiösen Autoritäten zu begegnen.

Konzeptioner verfolgen also keinen autoritären Approach.

4. Konzeptioner sind immun gegen intellektuelle Höhenflüge.

Die in letzter Konsequenz sehr pragmatische und praxisbezogene heutige Konzeptionsarbeit ist weitestgehend immun gegen Ansätze aus der Richtung des intellektuellen Approachs. Dafür sorgen erfahrungsgemäß zum einen die Auftraggeber, die Ansätze, die aus dieser Richtung kommen, nicht schätzen. Auch würden Konzeptioner große Mühen haben, etwa aus den in Deutschland verbreiteten intellektuellen Kommunikations-Philosophien etwas Brauchbares für ihre Maßnahmenpakete abzuleiten. Was sollten sie beispielsweise von Jürgen Habermas› Konzept des herrschaftsfreien und interesselosen Diskurses lernen? Ihre Auftraggeber haben legitimerweise wirtschaftliche und politische Interessen, zu deren Realisierung sie wirkungsvoll kommunizieren wollen.

Dazu kommt, dass Konzeptioner in der Regel typische Vertreter der PR-Branche sind, also oft eine betriebswirtschaftliche Qualifikation haben oder aus anderen Bereichen quereingestiegen sind, die Intellektuellen–fern und damit davor gefeit sind, idealistisch–intellektualistischen »Versuchungen« zu verfallen.

Konzeptioner sind keine Intellektuellen.

Konzeptioner sind keine Intellektuellen und verfolgen auch keinen intellektuellen Approach.

5. Konzeptioner lieben die »weichen« Faktoren.

Offensichtlich gar keinen Bezug hat die Konzeptionstechnik zu den formalen Kalkülen der Logik, der Mathematik oder zu anderen abstrakt–formalen Theorien. Leipziger hat es in seiner Konzeptionslehre so ausgedrückt: Konzeptioner arbeiten mit »weichen« Faktoren. Die »harten« Faktoren überlassen sie lieber anderen.(17)

Konzeptionern stehen keine Formeln, Maßzahlen oder Axiome zur Verfügung, mit denen sie arbeiten könnten. Sie verfolgen keinen formalen Approach.

6. Der Konzeptioner kann nicht »nicht« wissenschaftlich kommunizieren.

Worauf Konzeptioner und PR–Leute gerne Bezug nehmen, sind die Wissenschaften oder Statements, die den »Stallgeruch« von Wissenschaftlichkeit haben. Die Konzeptionslehre ist aber deutlich keine Wissenschaft, und auch Public Relations sind keine Wissenschaft. Aufgabe von Wissenschaft ist es, Wissenslücken zu schließen und dazu empirische Daten zu erheben, die der »Scientific Community« zur Prüfung und Diskussion zu übergeben sind. Konzeptioner dagegen erfüllen einen Auftrag für einen Auftraggeber. Sollten hierbei Erkenntnisse abfallen, so sind diese nur für den Auftraggeber bestimmt und dürfen vertragsgemäß keinesfalls Dritten – etwa der Gemeinschaft der besonders wissensdurstigen Konzeptioner – zur Verfügung gestellt werden.

Konzeptionslehre ist keine Wissenschaft.

Konzeptionslehre unterscheidet sich auch dadurch von empirischen Wissenschaften, dass sie heute über keine Methoden verfügt, die empirisch–wissenschaftlichen Standards gerecht wird. Um die konzeptionelle Arbeit herum wird dennoch gerne Wissenschaftlichkeit »simuliert«. So veröffentlichen Agenturen manches Mal selbstgemachte kleine, explorative Umfragen zum Zwecke der Eigenwerbung. Diese Untersuchungen sollen – nicht ganz uneigennützig – beweisen, wie erfolgreich professionelle PR-Arbeit ist. Darüber hinaus zitieren Agenturen regelmäßig in ihren Werbeunterlagen mehr oder weniger korrekt Wissenschaftler und deren Werke. So wie beispielsweise die PR-Agentur, die jahrelang in ihren so genannten »Kompetenz-Heften« Paul Watzlawick zitierte. Wie wenig sich der verantwortliche Texter dabei aber mit diesem Autoren und seinem Thema beschäftigte, zeigte die Tatsache, dass er offenbar über falsche Hintergrundinformationen verfügte. So wurde der österreichische Psychiater, der bekanntlich in den USA bei Milton H. Erickson Hypnotherapie lernte und die Kommunikation schizophrener Patienten untersuchte, folgendermaßen verewigt:

> *»›Man kann nicht nicht kommunizieren...‹ schrieb einst der berühmte polnische (!) Philosoph (!) Paul Waszlawik (!).«*

Konzeptioner verfolgen keinen wissenschaftlichen Approach, schätzen und bewundern aber offenbar das Renommee wissenschaftlichen Wissens.

7. Konzeptioner auf Distanz zur Technologie

Zwar stimmen bei den Begriffen markante Silben überein, doch trotzdem haben Konzeptions‹*tech*›nik und der ‹*tech*›nologische Approach auf den ersten Blick wenig miteinander gemein.

Noch gestalten Konzeptioner keine Systeme.

Beim technologischen Approach geht es um die Gestaltung von Systemen. Die nahe liegende Überlegung, dass Kommunikation als System betrachtet werden kann, das Fachleute bearbeiten, designen und ausgestalten, wird der Leser vergebens in der gängigen Konzeptions-Literatur suchen. – Konzeptioner halten sich nicht in der Begriffswelt von modernen Systemansätzen oder Technologien auf, wenn sie an ihren Maßnahmen-Vorschlägen arbeiten.

Konzeptioner verfolgen derzeit keinen technologischen Approach.

Vom Versuch-Irrtum-Lernen zur strategischen Konzeption

Damit schließen wir die Untersuchung des Approachs der heute praktizierten Konzeptionstechnik zunächst ab.

Wie sich unter Maßgabe methodologischer Kriterien zeigt, ist das Vorgehen von PR–Konzeptionern zwar strukturiert. Es folgt aber lediglich dem Muster eines Versuch–Irrtum–Lernens.

Konzeptionstechnik basiert heute auf Versuch–Irrtum–Lernen.

Das scheint weniger zu sein, als sich mancher PR–Profi vor dieser Untersuchung vorgestellt haben mag. Mehr wäre ihm lieber gewesen, was durchaus verständlich ist.

Tatsächlich ist das gängige konzeptionelle Vorgehen, nämlich die Nutzung einer branchenweit anerkannten Checkliste, ein Schritt in Richtung auf eine Professionalisierung der PR–Konzeptionsleistung und der PR insgesamt. Bis PR–Konzeption oder PR–Beratung Berufe mit einer detaillierten und allgemein anerkannten, vielleicht sogar staatlich reglementierten Qualifizierungsordnung sein werden, wird noch viel Zeit vergehen, wenn Vorgehensweisen nicht grundsätzlich überarbeitet werden.

Heute sind »Konzeptioner« oder »PR–Berater« ungeschützte Titel, die von jedermann genutzt werden können. Ein wirklicher »Konzeptionsprofi« benötigte als Qualifikationsmerkmal für ein im wörtlichen Sinne professionelles Berufsbild wesentlich fundiertere Vorgehensweisen und Kompetenzen als die heute verbreiteten und üblichen Arbeitsweisen und »Sachkenntnisse«.

Damit kommen wir wieder zu unserem eigentlichen Anliegen:

Uns geht es um die Fortentwicklung der Konzeptionstechnik im Sinne einer strategischen Kommunikationsberatung.

Nach den Grundanalysen der ersten beiden Kapitel, werden wir ab dem dritten Kapitel die Möglichkeiten einer Neuorientierung von Konzeptionstechnik abstecken.

An dieser Stelle wird dem Leser zunächst wieder eine kleine Aufgabe angeboten.

Wie gesehen operieren Konzeptioner in ihrer Arbeit schwerpunktmäßig mit einem Alltags–Approach, kultivieren also ihren »gesunden Menschenverstand«.

Durchdenken Sie einmal einen Augenblick lang die Projekte, in denen Sie in den letzten Jahren für die Erstellung von Konzeptionen verantwortlich waren:

- *Wo sehen Sie am ehesten Ansätze, die ausgebaut werden können, um zukünftig bei der Entwicklung von Maßnahmenplänen über die bloße Anwendung aufgeklärter Vernunft hinauszugehen?*
- *Inwieweit gibt es dabei Bezüge zu empirisch-wissenschaftlichem oder anderem standardisierbarem Wissen?*
- *Wo könnte am ehesten davon gesprochen werden, dass Sie mit verlässlichen Methoden arbeiten?*

Quellenhinweise und Anmerkungen

1. Knödler–Bunte, Eberhard; Klaus Schmidbauer (2004); Seite 18.

2. Vergleiche typische Darstellungen in:

   Fissenewert/Schmidt (2004), Dörrbecker/Fissenewert (2003), Knödler–Bunte/Schmidbauer (2004), Oeckl (1967) oder Leipziger (2007)

3. Dörrbecker, Klaus; Renée Fissenewert (2003); Seite 45.

4. »Wie auch in anderen Spezialgebieten geht es um Handwerkszeug.« in:

   Dörrbecker, Klaus; Renée Fissenewert (2003) Seite 28.

5. Siehe Äußerungen wie:

   »*Strategische Kommunikation beruht auf der Kunst der Dialogs [...]*« in: Leipziger (2007); Seite 131, oder »*Die AFK spricht von der, ‹planungskreativen Kunst, die denkerische Problemlösung zu entwickeln und Kommunikationspolitik (Public Relations) optimal für die höheren Zwecke des Unternehmens (der Organisation, der Institution, des Verbandes, der Branche usw.) einzusetzen.›*« in: Dörrbecker/Fissenewert (2003) S. 52.

6. Vergleiche:

   »*Ohne Erfolgskontrolle geht es nicht. Sie ist ein wichtiges Zahnrad im Getriebe der Konzeption. [...] Erfolgskontrolle ist die systematische Untersuchung und Analyse der Kommunikation mit Hilfe von Kontrollwerkzeugen vor, während und nach der Durchführung kommunikativer Maßnahmen.*«, in: Knödler–Bunte/Schmidbauer (2004), Seite 223.

7. Entsprechend beschreibt Dörrbecker die Situationsanalyse zu Beginn der Arbeit des Konzeptioners: »*Mit diesem Schritt ermitteln wir die kommunikativen Potentiale, die in den Fakten stecken. Stärken/Chancen und Schwäche/Risiken. Sie sind die ‹Symptome› des Falles – um beim Bild der Medizin zu bleiben.*«, in: Dörrbecker/Fissenewert (2003) S. 30–1. Siehe auch: Fissenewert/Schmidt (2004) S. 50–2.

8. Ein Bezug zu wissenschaftlichen Befunden wird beispielsweise von den Autoren der einschlägigen Konzeptions-Literatur stets dann hergestellt, wenn es um das Wirkungsmodell der heutigen PR und damit um das Dialoggruppen-Konzept geht. Siehe dazu in den oben erwähnten Werken Textstellen wie: Fissenewert/Schmidt (2004) S. 83 – 6, Dörrbecker/Fissenewert (2003) S. 66 –68, Knödler-Bunte/Schmidbauer (2004) S. 113–7, Oeckl (1967) oder Leipziger (2007), S. 105.

   Edward Bernays – einer der ‹*Gründerväter*› der modernen PR schreibt beispielsweise in seinem bekannten Buch ‹*Propaganda*› (Bernays, Edward; *Propaganda. Die Kunst der Public Relations*; Freiburg 2007) im Kapitel über die ‹*Psychologie der Public Relations*› (Seite 49): »*Propaganda ist nicht als Wissenschaft im akademischen Sinn zu bezeichnen, aber sie ist auch nicht mehr die rein empirische Angelegenheit, die sie vor dem Entstehen der Massenpsychologie war. Heute kann man sie insofern eine Wissenschaft nennen, als sie aus der direkten Beobachtung des Verhaltens der Massen eindeutige Erkenntnisse abzuleiten versucht. Sie verwendet als Grundlage ihres Vorgehens die erkannten Muster, die sich als stabil und relativ regelmäßig erwiesen haben.*«

9. Dörrbecker/Fissenewert (2003) S. 54

10. Ebenda: S. 50

11. Ebenda

12. Irritierend wie Dörrbecker sich in kaum verhohlener Bewunderung für das Vorgehen der deutschen Wehrmacht beim Überfall auf unsere östlichen Nachbarländer im Zweiten Weltkriegs ausdrückt (Dörrbecker/Fissenewert [2003] S. 73), um das Wesen von Kommunikations-Strategie und -Taktik zu beschreiben: »*Ein Beispiel: Sie als gelernter Stratege würden doch sagen: ‹Diese Schlacht wird durch Panzerwaffe bei starker Luftüberlegenheit entschieden›, wenn das die schlachtentscheidenden Waffengattungen sind. Dass Sie dann natürlich noch Infantrie, Pioniere und den Nachschub bis hin zur letzten Marketenderin brauchen, das ist Sache der Taktik. Auch wir Kommunikations-*

fachleute nennen in der Strategie nur die wichtigsten Maßnahmenbündel. Also jene, die für die Zielerreichung entscheidend sind. Die notwendigen flankierenden Maßnahmen erfahren Sie in der Taktik.«

13. Leipziger (2007) S. 15–6

14. Siehe beispielsweise Max Haller; *Soziologische Theorie im systematisch-kritischen Vergleich*, Wiesbaden 2006 (1999), S. 273–9. Vergleiche Andreas Pickel, »Systems and Mechanisms«, in: *Philosophy of the Social Sciences*, Vol. 34 No. 2, Juni 2004; S. 169–81.

15. Siehe beispielsweise:

    Bunge, Mario; *Philosophical Dictionary. Enlarged Edition;* Amherst, New York 2003, S. 21; Bunge, Mario; *Finding Philosophy in Social Science;* New Haven, London 1996; S. 79 –81

16. Siehe:

    Bunge, Mario; Rubén Ardila; *Philosophie der Psychologie;* Tübingen 1990; S. 64–6

17. Leipziger (2007) S. 54

»Der Konzeptioner hält sich
aus Problemlagen heraus,
die auf ‹harten Faktoren› basieren
sowie aus psychologischen
und wissenschaftlichen Fragen
resultieren.«
(1)
Jürg Leipziger

Kapitel 3

Wissenschaftsressourcen für moderne Konzeptionstechnik:

Entwicklung von Kommunikations-Maßnahmen als Technologie

Wissenschaftsbezug jenseits einer »PR-Wissenschaft«

Zu Beginn dieses Kapitels knüpfen wir wieder eng an unseren Ausgangspunkt an:

Wir wollen herausarbeiten, wie Konzeptionstechnik zukünftig einem strategischen Kommunikationsmanagement dienen kann. In den vorhergehenden Kapiteln haben wir festgestellt, dass Konzeptioner hierzu Kompetenzen zu entwickeln haben, die über das heute praktizierte Alltagsdenken und die Methodik des Versuch-Irrtum-Lernens wesentlich hinausgehen. Sie benötigen Know-how für das Management strategischer Entscheidungen und deren Umsetzung in Organisationen. Dazu haben sie Interventionen einzusetzen, deren Wirkungen und Mechanismen sie möglichst weitgehend beherrschen sollten.

Rückgriff auf Wissenschaft erforderlich

Fachautoren betonen in aktuellen Veröffentlichungen, dass Konzeptionstechnik im Sinne strategischer Planung von Kommunikation einen Ansatz voraussetzt, der gezielt auf die Ergebnisse und Methoden empirischer Wissenschaft zurückgreift und für Konzeptionsaufgaben nutzbar macht.[2] Zukünftige Konzeptioner seien strategische Planer von Kommunikation in modernen Unternehmen und Institutionen. Sie sollen eine wichtige Rolle spielen können, wenn es gilt, sozioökonomische Systeme zu erhalten, zu reparieren, zu verbessern, zu redesignen oder gegen alternative Systeme auszutauschen.

Strategisch planende Konzeptioner werden gezielt Wissenschaftsressourcen nutzen.

Auf welche Weise können sie hierbei vorgehen?

Der klassische Konzeptionstechniker Dörrbecker weist in diesem Zusammenhang Überlegungen zurück, Public Relations und Konzeptionstechnik wären zu professionalisieren, indem sie »verwissenschaftlicht« werden. Er zieht deshalb recht volkstümlich eine Parallele zu einem Schreinermeister, der seine Dienste Kunden gegenüber besonders »professionell« erscheinen lassen möchte: »Einem Schreiner mit Meisterbrief lässt sich Professionalität seines beruflichen Könnens nicht absprechen, nur weil er keine Schreinerwissenschaft studiert hat.«[3]

Eine »Schreinerwissenschaft« gibt es so wenig, wie eine »PR-Wissenschaft« existiert. Konzeptionstechnik kann zukünftig aber dennoch nicht auf Wissenschaft verzichten, was aber nicht bedeutet, dass PR verwissenschaftlicht würden. Der strategisch planende Konzeptioner sollte einen Zugang zu den Ergebnissen empirischer Wissenschaften finden, ohne selbst Wissenschaftler zu sein.

Aber wie kann das grundsätzlich gelingen?

Dieser Frage werden wir uns in diesem Kapitel schwerpunktmäßig zuwenden. Zur Beantwortung untersuchen wir zunächst genauer, in welchem Verhältnis bisherige Konzeptionslehre und empirische Wissenschaften stehen.

Wissenschaft wächst aus Alltagswissen

In der PR–Literatur ist der Wissenschaftsbegriff häufig anzutreffen, ohne dabei allerdings so klar und deutlich definiert zu werden, wie wir ihn jetzt für unsere Überlegungen benötigen. Deshalb müssen wir uns zumindest kurz und konzentriert mit den Besonderheiten des empirisch–wissenschaftlichen Vorgehens auseinandersetzen. An dieser Stelle greifen wir wiederum beispielhafte Analysen auf, die von dem Wissenschaftstheoretiker Mario Bunge vorgelegt wurden.[4]

Die Besonderheiten wissenschaftlichen Arbeitens

Zunächst benötigen wir eine »metawissenschaftliche« Position, von der aus wir über Ziele und Reichweite wissenschaftlichen Denkens und Arbeitens reflektieren können.

Es gibt unterschiedliche Ansätze, um in diesem Sinne »metascience«, Metawissenschaft, zu betreiben.

Im ersten Schritt können wir empirische Wissenschaften sozusagen von außen als »Wissenschaftsbetrieb« betrachten: Dabei interessieren uns zunächst nicht die inhaltlichen Ergebnisse wissenschaftlichen Arbeitens, sondern es geht uns um die »äußerlichen« Umstände, unter denen wissenschaftliche Arbeit stattfindet.

Hierher gehören unter anderem die Ergebnisse der *Wissenschafts–Psychologie*. Sie betrachtet den Forscher bei seiner Arbeit, analysiert die psychischen Prozesse und Kognitionen, die zum Beispiel wichtige Rollen spielen, wenn er Hypothesen entwickelt. Weiterhin gehört die *Wissenschafts–Soziologie* hierher, die den sozialen Kontext betrachtet, in dem Forschung abläuft.

Bereits diese beiden Blickrichtungen zeigen, wie unterschiedlich Wissenschaftsbetrieb und Konzeptionsarbeit jeweils angelegt sind. Die Arbeit des Konzeptioners ist im Unterschied zu der des Forschers nicht auf die Ermittlung von Wissen oder auf das Schließen von Wissenslücken fokussiert. Wissenschafts-Psychologie ist auf Konzeptionsarbeit nicht sinnvoll anwendbar. Konzeptioner verstehen sich in erster Linie als Dienstleister mit spezifischen beraterischen und planerischen Kompetenzen. Betrachten wir ihre Arbeit aus dem Blickwinkel der Psychologie, so sehen wir Individuen in Berater-Klienten-Konstellationen und erkennen kognitive Prozesse, die typisch sind für Personen, die in Dienstleistungs-Kontexten arbeiten.

Aus dem Blickwinkel der Soziologie betrachtet, zeigt sich weiterhin, dass die PR-Konzeption in einem wesentlich anderen gesellschaftlichen Kontext positioniert ist als wissenschaftliche Forschung. Die Arbeit von Konzeptionern ist meist ökonomisch relevant und läuft in sozioökonomischen Beziehungen ab. Während Wissenschaft an »kulturellen« Werten wie etwa »Wahrheit« und »methodisch-formaler Korrektheit« orientiert ist, haben für den Konzeptioner in erster Linie ökonomisch relevante Standards wie »Effizienz« und »Effektivität« Bedeutung.

Die kulturellen Werte empirischer Wissenschaft

Die Betrachtung des wissenschaftlichen Arbeitens und der daraus resultierenden »Inhalte« zeigt noch wesentlich weitergehende Besonderheiten auf. Schauen wir dazu auf den typischen wissenschaftlichen Forschungsprozess sowie auf die Struktur wissenschaftlicher Diskurse und deren Voraussetzungen:

Wissenschaftliches Arbeiten setzt typischerweise allerlei Grundannahmen voraus, die von der so genannten *Wissenschaftsphilosophie* untersucht werden. Das sind die Basisannahmen und theoretischen Grundpositionen, an denen die empirischen Wissenschaften anknüpfen, ohne sie wiederum durch empirische Forschung untersuchen oder gar verifizieren zu können. Diese betreffen unter anderem »Ontologie« – die Theorie von der Grundstruktur der Realität –, »Epistemologie« – die Erkenntnistheorie – und die »Methodologie«, auf die wir bereits im letzten Kapitel beim Thema »Approaches« gestoßen sind.

An dieser Stelle brauchen wir uns mit diesen komplexen wissenschaftstheoretischen Themenfeldern nicht im Detail auseinanderzusetzen. Wir beschränken uns hier auf ein paar erkenntnistheoretische Gedanken, um deutlich zu machen, wie weit das »aufgeklärte« Alltagsdenken und das Versuch-Irrtum-Lernen heutiger Konzeptionstechnik von wissenschaftlicher Arbeit entfernt sind.

Alltagsdenken besteht typischerweise aus der Akkumulation von lediglich lose verbundenen Einzelinformationen. Die typische Stringenz wissenschaftlicher Wissensressourcen fehlt ihm also.

Worin sich Alltagsdenken und wissenschaftliches Denken allerdings nicht unterscheiden, ist die Tatsache, dass sich ihre Verwender jeweils um Rationalität und Objektivität bemühen. Akteure sowohl in Alltagssituationen als auch in Forschungsinstitutionen sind vernunftorientiert, bemühen sich also um die Vermeidung von Irrtümern. Sie versuchen, die zu ihrer Situation passenden Fakten zusammenzubekommen, statt sich etwa wilder Spekulation hinzugeben.

Vernunft in Alltag und Wissenschaft

Allerdings kann Alltagsdenken nur begrenzte Objektivität erreichen. Alltagsdenken ist im Unterschied zu den empirischen Wissenschaften eng an Sinneswahrnehmungen und Handlungsvollzügen gebunden. Allerlei Mythen, »Faustregeln«, »Kniffe«, die häufig in Form widersprüchlicher Spruchweisheiten vorgehalten werden, haben erkenntnis- und aktionsleitende Funktion:

- *Mal heißt es: »Vertraue nicht auf Dein Gefühl!«, obwohl bei anderer Gelegenheit der Spruch: »Der erste Eindruck ist entscheidend!« zu passen scheint,*
- *mal gilt: »Lügen haben kurze Beine!« und ein andermal »Im Deutschen lügt man, wenn man höflich ist!«,*
- *hier heißt es: »Guter Rat ist teuer!« und dort: »Das Teuerste ist nicht immer das Beste!« usw.*

Wissenschaftliche Forschung setzt meist da an, wo das Alltagswissen sich keinen stimmigen »Reim« mehr auf die Dinge der Realität machen kann. Sie beginnt mit der Einsicht, dass das verfügbare Wissen an einem wichtigen Punkt nicht ausreicht. Empirische Forschung startet, wo Alltagserfahrung und Alltagsdenken daran scheitern, Fragen zu beantworten oder sie überhaupt erst zu definieren. Wissenschaft wächst also auf der Basis des Alltagswissens. Allerdings wächst sie diesem, wenn sie voranschreitet, recht schnell »über den Kopf«.

Empirische Forschung verwirft meist große Teile des bestehenden Alltagswissens. Heute wissen wir beispielsweise, dass – anders als es unsere Großmütter immer wieder behaupteten – Spinat nicht besonders eisenhaltig ist und kein Eisen-Atom mehr enthält als viele andere Nahrungsmittel. Millionen deutscher Nachkriegskinder sind also wegen einer Falschinformation mit zerkochtem Gemüse systematisch »gequält« worden.

Erfahrungen werden im Alltag nicht formalisiert. Empirische Wissenschaften dagegen arbeiten im Unterschied zum Alltagsdenken mit Theorien, die Annahmen formalisieren und systematisieren.

Einheitliche empirisch-wissenschaftliche Methode

So weit zu den wesentlichen Unterschieden zwischen Alltagswissen und wissenschaftlichem Wissen.

Es gibt aber auch eine ganz wesentliche Übereinstimmung zwischen beiden:

Empirische Wissenschaften gehen der Welt zwar wesentlich weiter auf den Grund, als unser Alltagsdenken es vermag. Dennoch sind wissenschaftliche Behauptungen keine »ewigen Wahrheiten« oder Dogmen, sondern prinzipiell »Meinungen«, die überprüfbar und falsifizierbar sind. Darin unterscheiden sie sich prinzipiell nicht von Annahmen des Alltagswissens.

Doch nun weiter zu unserer Ausgangsfrage:

Wie können Konzeptioner wissenschaftliche Erkenntnis nutzen, ohne selbst Wissenschaftler zu sein?

Die wissenschaftliche Basismethode

Schauen wir einmal genauer auf die wissenschaftliche Methode, um Hinweise dafür zu bekommen:

Jeder Zweig wissenschaftlicher Forschung ist durch ein Themen- und Problemfeld gekennzeichnet, das Forscher bearbeiten. Empirische Wissenschaftler setzen bei der Behandlung selbst unterschiedlichster Phänomene und Probleme eine einheitliche *empirisch-wissenschaftliche Basismethode* ein. Diese Methode besteht im Kern darin, dass Forscher Theorien entwerfen, daraus anschließend Hypothesen ableiten und diese systematisch mit der Empirie konfrontieren und überprüfen. Empirische Wissenschaftler setzen diese Forschungsmethodik letztlich mit dem Ziel ein, Muster – Gesetzmäßigkeiten – in der Realität zu ermitteln und abzubilden. Worin sich die verschiedenen empirischen Wissenschaften trotz dieser allgemeinen Methodik allerdings unterscheiden, sind die spezifischen Techniken, die sie im Detail einsetzen, um den von ihnen fokussierten, besonderen Realitätsausschnitt zu bearbeiten.

Hierbei können wir *konzeptionelle und empirische Techniken* unterscheiden.

Für den wissenschaftlichen Laien auf dem ersten Blick am augenfälligsten ist wohl die eingesetzte *»wissenschaftlich–konzeptionelle Technik«.* Wissenschaftler starten mit der möglichst präzisen Definition ihrer Annahmen und Fragestellungen. Sie arbeiten mit möglichst weitgehend formalisierten Prozeduren, mit deren Hilfe sie beispielsweise die Schlussfolgerungen aus Hypothesen deduzieren, die anschließend im Forschungsbetrieb bearbeitet werden sollen.

»Empirische Techniken« der wissenschaftlichen Methodik sind unter anderem das Design von Experimenten, die Durchführung von Messungen, die Entwicklung von Instrumentarien für die Auswertung von Daten und deren Dokumentierung.

Die verschiedenen Einzelwissenschaften verfügen über spezielle *Methoden*, die jeweils der besonderen Natur ihres Betrachtungsfeldes angepasst sind. Spezifischen Themen– und Problemfeldern empirischer Forschung korrespondieren jeweils spezifische methodische Ansätze, mit deren Hilfe Forscher empirische Tatbestände bearbeiten, um empirisches Wissen zu gewinnen.

Methodische Ansätze für die Konzeptionslehre

Welche besonderen methodischen Ansätze könnten nun für die zukünftige Konzeptionslehre von Interesse sein?

Wir wollen uns dazu kurz einen Überblick über das Spektrum der empirischen Wissenschaften verschaffen.

Wie ist die »Forschungswelt« im Einzelnen strukturiert? Anhand der auf der nächsten Seite folgenden Grafik vergegenwärtigen wir uns die Grundstruktur der »Welt der Wissenschaften«.[5]

Das erste und bemerkenswerteste Strukturmerkmal der verschiedenen Wissenschaften ist die Unterscheidung *formaler und faktischer Wissenschaften.*

Logik und Mathematik sind *formale Wissenschaften.* Sie beziehen sich charakteristischerweise nicht direkt auf empirische Tatbestände. Ihre Annahmen und Beweise können deshalb nicht mit Rückgriff auf die Empirie bewiesen oder widerlegt werden.

So im Fall der *Logik*, die unter anderem die formale Struktur von verknüpften Aussagen betrifft. Ein einfaches Beispiel: *Betrachten wir die logische Figur der Alternation bzw. Alternative: »a ∨ b« (»a oder b«) und legen gleichzeitig fest, dass der Satz a »wahr« ist und der Satz b »falsch« ist.*

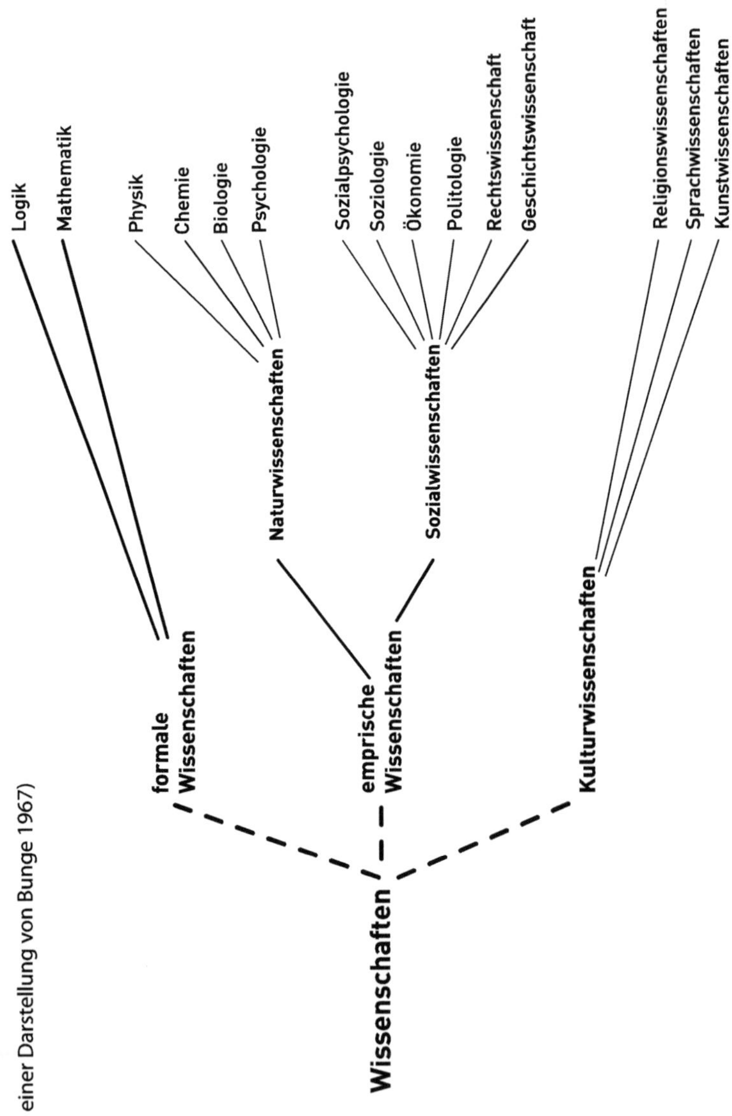

Spektrum der Wissenschaften
(nach einer Darstellung von Bunge 1967)

Für diesen Fall ist die verbundene Aussage der Alternation »a ∨ b« »wahr« – ganz unabhängig davon, welche konkrete Aussagen – etwa über Forschungsergebnisse – jeweils als »a« oder »b« formalisiert werden.

Der Wahrheitswert der jeweiligen einzelnen Aussagen reicht hin, um den Wahrheitswert des Gesamtausdrucks zu bestimmen:

Eine Alternation ist wahr, wenn wenigstens eines ihrer Glieder wahr ist. Das gilt unabhängig vom konkreten Inhalt der wahren oder falschen Aussage.

Entsprechendes gilt in der *Mathematik*. Mathematische Theoreme sind formal korrekt und müssen keinesfalls experimentell bewiesen oder widerlegt werden.

Spektrum der empirischen Wissenschaften

Nun zu den faktischen, den *empirischen Wissenschaften*:

Zu diesen gehören unter anderem die Physik, Psychologie und Soziologie. Sie beziehen sich jeweils auf Tatbestände in der Welt. Die von ihnen vertretenen Annahmen in Bezug auf empirische Tatbestände werden empirisch geprüft oder müssen zumindest prinzipiell entsprechend prüfbar sein. Dabei machen sich die faktischen Wissenschaften die formalen Wissenschaften zu Nutze. Forscher formalisieren die Gesetzmäßigkeiten, die sie ermitteln, mit Hilfe der Logik und insbesondere der Mathematik.

Die »Härte« bzw. die formale Stringenz wissenschaftlichen Wissens, die wir insbesondere in den Naturwissenschaften finden, beruht auf der formalen Struktur der Formulierungen ihrer Gesetzmäßigkeiten und Modelle. Ihre Inhalte dagegen sind empirisch, basieren auf Daten und Hypothesen, die insoweit »weich« sind, als sie grundsätzlich änderungsfähig, korrigierbar und falsifizierbar sind.

Je besser Fakten formalisiert sind, desto besser lassen sie sich überprüfen und umso fester und härter können sie sein. Denn im Fall von diffus formulierten Hypothesen lassen sich die Wahrheitsbedingungen von Aussagen schwer überschauen. Entsprechend schwierig ist es, daraus Aussagen abzuleiten, die durch Experimente überprüft werden können.

Blicken wir an dieser Stelle zurück auf das Zitat aus Jürg Leipzigers Konzeptionsbuch, das diesem Kapitel vorangestellt ist:

Konzeptioner sollen sich von »harten Faktoren« fernhalten. Hier zeigt sich aber, dass wir gerade nach möglichst »harten« Fakten zu suchen haben. Denn es muss ja offenbar das Ideal künftiger Konzeptioner sein, mit Rückgriff auf wissenschaftliche Methodik über Fakten zu verfügen, die möglichst fest und möglichst weitgehend formalisierbar sind. Das heißt im Einzelnen, die von ihm genutzten Modelle sollten formal korrekt konstruiert und seine Annahmen sollten beispielsweise formal korrekt aus überprüften Daten hergeleitet sein.

Wissenschaften und ihr Umgang mit Kommunikation

Konzeptionslehre soll sich wie gesehen auf Wissenschaft beziehen, soll wissenschaftliche Ressourcen nutzen. Auf der Suche nach Möglichkeiten, von empirischen Wissenschaften zu profitieren, sind wir auf die »harten Fakten« gestoßen, von denen Konzeptionslehre profitieren kann. Damit sind wir zu der Einsicht gelangt, dass Konzeptioner an möglichst klar formulierten, empirisch belegten Informationen anknüpfend Konzepte zu entwickeln haben.

Harte Fakten für Konzeptionsarbeit

Nun stellt sich die weiterführende Frage, welche konkreten Wissenschaftsfelder sich überhaupt als Wissensquellen der Konzeptionstechnik anbieten und wie deren »harte Fakten« in moderne Konzeptionsarbeit eingebunden werden können.

Wir schauen zur Beantwortung weiter auf das Spektrum wissenschaftlicher Forschung. Wie gesehen ist dieses Spektrum dreigeteilt:

Es gibt *Formalwissenschaften*, sodann das weite Feld der *empirischen Wissenschaften* sowie die *Kulturwissenschaften*.

Die Besonderheit der *Formalwissenschaften* haben wir bereits umrissen. Es sind die Logik und die Mathematik. Sie stellen den »harten Kern«, den insbesondere die empirischen Wissenschaften bei ihren Modellbildungen und Formalisierungen von Gesetzmäßigkeiten nutzen.

Bei den *empirischen Wissenschaften* unterscheiden wir die *Naturwissenschaften* und die *Gesellschafts–*, also die *Sozialwissenschaften*.

Schauen wir zunächst auf die *Naturwissenschaften*:

Wichtige empirische Grundlagenwissenschaften sind hier Physik, Chemie, Biologie und Psychologie. Diese Wissenschaften sind wiederum jeweils weiter nach zahlreichen spezifischen Untersuchungsfeldern differenziert – die Physik beispielsweise in so unterschiedliche Felder wie Teilchenphysik, planetarische Astronomie und viele mehr.

Im Bereich der Sozialwissenschaften unterscheiden wir Sozialpsychologie, Soziologie, Ökonomie, Politologie, Rechtswissenschaften und Geschichtswissenschaften. Auch bei diesen empirischen Wissenschaften gibt es vielfältige

Differenzierungen – etwa im Bereich der Soziologie so unterschiedliche Forschungsbereiche wie Wirtschaftssoziologie, Organisationssoziologie oder Medienwirkungsforschung.

Neben den Formalwissenschaften und empirischen Wissenschaften existiert als drittes Wissenschaftsfeld das der Kulturwissenschaften. Zu den Kulturwissenschaften gehören die Religionswissenschaften, Sprachwissenschaften und Kunstwissenschaften.

Damit ist in groben Zügen das Spektrum der Wissenschaften skizziert, an dem wir uns orientieren, wenn wir nun weiter nachvollziehen, wie Konzeptionstechnik Ressourcen aus diesen Wissenschaften nutzen kann.

Zunächst offenbart dieses Wissenschaftsspektrum eine grundlegende Schwierigkeit, mit der wir es zu tun bekommen:

Da die Konzeptionstechnik mit der Gestaltung von menschlicher Kommunikation zu tun hat, kann sie offenbar auf keine einzelne Grundlagenwissenschaft zurückgreifen, die dieses Thema vollständig abdecken könnte.

Komplexität des Phänomens »Kommunikation«

Menschliche Kommunikation wird von einer ganzen »Batterie« empirischer Wissenschaften parallel untersucht. So werden in der Neurophysiologie die biologischen Grundlagen unserer Kommunikationsfähigkeit untersucht. Die Psychologie erforscht das Kommunikationsverhalten individueller Akteure, während die Soziologie menschliche Kommunikation in Beziehungs-Konstellationen betrachtet – in Kleingruppen, in Institutionen, zwischen Gesellschaften usw.

Offenbar tragen zahlreiche empirische Wissenschaften teilweise sehr heterogene Beiträge zur Erforschung menschlicher Kommunikation bei.

Dazu kommt, dass darüber hinaus auch die Kulturwissenschaften – denken wir etwa an die Sprachwissenschaften – unverzichtbare Beiträge zu unserem Thema liefern.

Das Studienangebot zum Thema Kommunikation, das an unseren Hochschulen vorgehalten wird, ist ein Spiegel dieser komplexen Forschungssituation:

»Kommunikationswissenschaft« ist eine wissenschaftliche Disziplin, die ganze Forschungsfelder schwerpunktmäßig der Bereiche Sozialwissenschaften und Kulturwissenschaften zu integrieren sucht. Dabei unterscheiden sich die konkreten Forschungsinhalte von »Kommunikationswissenschaft«

zwischen den verschiedenen Hochschulen teilweise erheblich. »Kommunikationswissenschaft« ist also nicht gleich »Kommunikationswissenschaft«:

Manche Hochschulen befassen sich schwerpunktmäßig mit *Massenkommunikation* und interpretieren ihr Thema als *Publizistikwissenschaft*; Vorläufer dieses Wissenschaftsfelds war die so genannte *Zeitungswissenschaft*. Massenkommunikations-Wissenschaftler integrieren in ihrem Kommunikationskonzept die Ergebnisse von Sozialwissenschaften wie Soziologie, Rechtswissenschaft und darüber hinaus der Psychologie.

Es gibt auch kommunikationswissenschaftliche Hochschulinstitute, die sich statt mit Massenkommunikation eher mit *Individualkommunikation* beschäftigen und dazu nicht nur auf Psychologie, sondern auch auf Kulturwissenschaft zurückgreifen, etwa auf die Linguistik im Feld der Sprachwissenschaft.

Um die Lage komplett unübersichtlich zu machen, gibt es beim Studienangebot unter dem Label »Kommunikationswissenschaften« auch noch Angebote, die unter dem Titel *Medienwissenschaften* ausgelobt werden und deren Ansatz schwerpunktmäßig kulturwissenschaftlich ausgelegt ist.

Uneinheitlichkeit des Studien-Angebots

Das Feld der wissenschaftlichen Betrachtung von Kommunikation ist also beinahe unüberschaubar. Welchen Weg kann da der Konzeptionstechniker gehen, um sich zu orientieren und um wie gewünscht zu einer wissenschaftlichen Basis seiner Arbeit zu gelangen?

Diese Frage lässt sich nach unseren Vorarbeiten relativ einfach beantworten, indem wir uns ansehen, wie wissenschaftliches Wissen grundsätzlich genutzt und für Aufgabenbewältigungen eingesetzt wird.

Es gibt fünf verschiedene grundlegende Strategien der Aufgabenbewältigung. Diese Strategien bilden zusammen ein Spektrum, das sich vom aufgeklärten Laienverständnis des Alltagsverhaltens bis hin zu den Lösungen empirischer Wissenschaften erstreckt, wie die folgende Grafik zeigt:[6]

Die rationalste Form der Aufgabenbewältigung bieten die *Basiswissenschaften* mit ihrer Grundlagenforschung. Empirische Grundlagenwissenschaftler entwickeln Theorien, die mit Hilfe von Mathematik hypothetisch angenommene Gesetzmäßigkeiten formalisieren. Diese Theorien werden mit Rückgriff auf Experimente geprüft und kontinuierlich optimiert.

»Mission« empirischer Grundlagenforscher ist es, Wissenslücken grundsätzlich und exemplarisch zu schließen. Beispiel einer Grundlagenwissenschaft ist

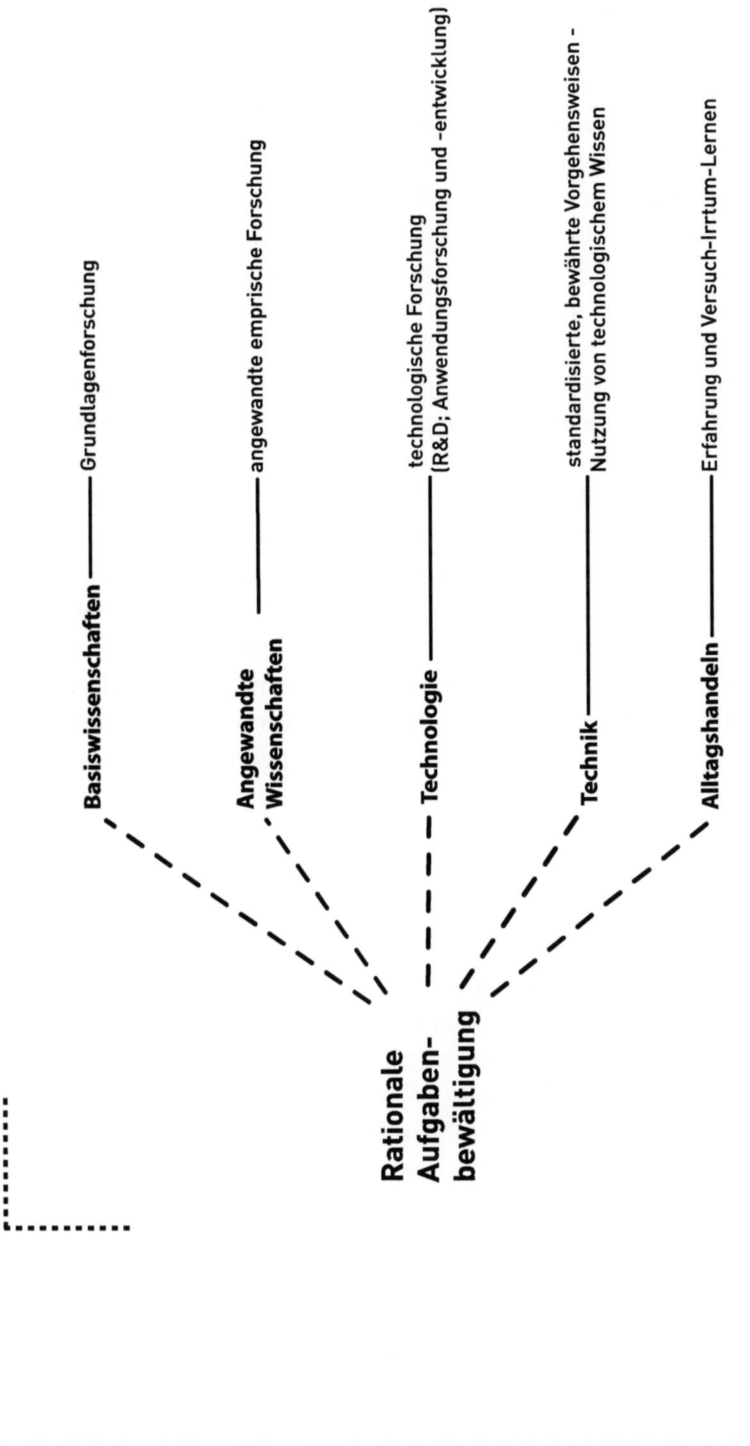

(nach einer Darstellung von Bunge 1967)

Übersicht zu den Formen rationaler Aufgabenbewältigung

die theoretische Physik, Chemie oder Biologie. Sie entwickeln grundsätzlich keine praktischen Lösungen für den menschlichen Lebensalltag.

Grundlagenwissen wird erst durch *angewandte Forschung* spezifiziert und auf Felder der Empirie angewandt, um nutzbare Wissensbestände aufzubauen. Beispiele für angewandte Forschung sind Ingenieurswissenschaften, Pharmakologie oder Human–Biologie.

Das empirisch–wissenschaftliche Wissen dieser angewandten Wissenschaften wird im Bereich der *Technologien* für die praktische Anwendung etwa in Produktionsprozessen in der Industrie nutzbar gemacht. Technologen greifen auf diese Weise auf theoretisches Wissen und empirisch–wissenschaftliche Methoden zurück, um darauf aufbauend ständig verfeinerte Verfahren der Realitätsbearbeitung zu entwickeln. Technologen führen in ihren jeweiligen Bereichen auch eigene Forschungen durch, wobei sie typischerweise auf praktisch nutzbares Know–how abzielen.

Die Technologie stellt neben der Grundlagenforschung und der angewandten Forschung den dritten Strategieansatz dar.

Die vierte Strategie – die Technik – basiert auf der Nutzung von technologischen Errungenschaften, die der betreffende »Techniker« oder Handwerker in der Regel nicht selber entwickelt hat. Technisch–handwerkliche Berufsgruppen bemühen sich, diese Werkzeuge und Prozesse mit Hilfe standardisierter und bewährter, professioneller Vorgehensweisen möglichst nutzbringend einzusetzen. Techniker haben typischerweise keine Verbindung zur Grundlagenforschung oder zur angewandten Forschung.

Wo keine Technologie und kein technisches Know–how zur Verfügung stehen, beginnt mit dem pragmatisch–spontanen *Alltagshandeln* die fünfte Aufgabenbewältigungsstrategie, das Problemlösen aufgrund von Erfahrung und des Einsatzes des »gesunden Menschenverstandes«. Hier werden Faustregeln und Alltagsmythen genutzt, um zu Lösungen zu kommen. Akteure bemühen sich »redlich« um möglichst überlegtes Vorgehen, indem sie sich nach Maßgabe des Versuch–Irrtum–Lernens verhalten.

Technologie–Modell verspricht Lösung.

Ergebnis dieser kleinen Analyse der Problemlösungsstrategien ist, dass sich für die zukünftige Konzeptionslehre offenbar das Modell der Technologie anbietet. Denn die ersten beiden Strategien sind den Wissenschaften selber vorbehalten.

Genau die dritte Strategie – die Technologie – zeigt modellhaft, wie wissenschaftliches Know–how für die Nutzung in der Praxis anwendbar gemacht werden kann. Strategien vier und fünf – Technik und Alltagshandeln – funktionieren ohne Rückgriff auf wissenschaftliche Ressourcen.

Um zu sehen, inwieweit Konzeptionstechnik tatsächlich als Technologie neu entwickelt werden kann, schauen wir nun genauer auf das Verhältnis von Wissenschaften, Technologien und Konzeptionstechnik.

Moderne Technologien als Vorbild zukünftiger Konzeptionstechnik

Basiswissenschaften mobilisieren empirisches Wissen und sind mit Blick auf ihr Interesse, Forschungsergebnisse zu erlangen, objektiv und vorurteilslos. Sie formulieren dazu Theorien, leiten daraus Hypothesen ab, sammeln Daten und entwickeln darauf aufbauend möglichst zutreffende Modelle von realen Dingen und Prozessen.

Ihre Aufgabe ist es, zu beschreiben, zu erklären und wenn möglich, Voraussagen zu treffen. Von Wissenschaftlern wird angenommen, dass sie sich möglichst unabhängig von externen Interessen auf die Seite der intellektuellen Rechtschaffenheit stellen. Von ihnen wird also nicht erwartet, dass sie die Nutzung bestimmter Dinge oder die Einführung bestimmter Prozesse empfehlen. Die Orientierung an konkreten Nutzwerten ist mit dem Konzept der Wissenschaft nicht widerspruchsfrei zu verbinden.

Empirische Wissenschaften sind »uninteressiert«.

Die prinzipielle »praktische Uninteressiertheit« empirischer Wissenschaft erschwert der Konzeptionslehre die Nutzung kommunikationswissenschaftlicher Forschung. Auch wenn in diesem Feld viele wichtige theoretische und methodische Kenntnisse liegen, so bekommt der Konzeptioner über die Basiswissenschaften direkt keinen Zugang zu den Ressourcen, die für seine Arbeit verwendbar wären. Gerade die Grundlagenwissenschaften sind schlichtweg zu weit von der Kommunikationspraxis entfernt.

Wie sieht es aber im Fall angewandter empirischer Forschung aus – also in dem Feld der Forschung, das Grundlagenwissen der Basiswissenschaften anwendet und in vielfältiger Weise in empirischen Forschungen spezifiziert?

Auch angewandte Forschung findet in Hochschulen statt. Beispiele sind etwa die Materialwissenschaft, die sich auf die Disziplinen Physik, Chemie, Biologie, Mineralogie, Kristallographie und Petrologie stützt, um die Voraussetzungen für die Herstellung und Nutzung von Materialien zu erforschen. Weiteres Beispiel sind die Ingenieurswissenschaften, die sich mit der Erforschung von Produktionstechniken beschäftigen.

Grundsätzlich sind diese Wissenschaften wie die Basiswissenschaften Grundwerten wie »Objektivität«, »Unabhängigkeit von individuellen Einzelinteressen« usw. unterworfen. Forschungsinstitute mobilisieren auch hier empirisches Wissen und diskutieren es offen im Kollegenkreis, der sich für Materialforschung oder Ingenieurwesen interessiert. Auch im Bereich angewandter Forschung interessieren sich Wissenschaftler vor allen Dingen für das Schließen von Wissenslücken und nicht etwa für die praktische Lösung von »Alltagsproblemen« und Einzelfragen in Unternehmen oder Institutionen. Wissenschaftler »leben« hauptsächlich für die Publikation von Forschungsergebnissen in möglichst renommierten wissenschaftlichen Fachmedien und für das Erreichen von Positionen im Wissenschaftsbetrieb.

Selbst wenn es so etwas wie eine »PR–Wissenschaft« im Sinne einer angewandten Wissenschaft gäbe, so wäre das hier entwickelte Wissen also vermutlich nicht »praktisch« genug, um dem Konzeptioner konkrete Lösungen für seine spezielle Aufgabe zu liefern.

Schauen wir uns nun das technologische Modell als möglichen Zugang zu Wissenschaftsressourcen an:

Technologie ist »parteiisch«.

Technologie ist weder vorurteilsfrei noch unparteiisch. Sie schafft möglichst effektive und effiziente Werkzeuge für Auftraggeber, indem sie gezielt Ergebnisse empirischer Forschung nutzt.

Dennoch ist sie objektiv; schließlich kann sie nur erfolgreich sein, wenn sie ermittelt, wie sich Dinge tatsächlich verhalten. Sie führt deshalb einen ständigen Kampf gegen Mythen. Aber sie ist parteiisch, weil sie Handlungen und Wandlungen vorschreibt, die Nutzen für die Auftraggeber einbringen, aber gleichzeitig auch mit ernsten Nachteilen für andere Menschen und für die Umwelt verbunden sein können.

Insoweit bekommen es Technologien mit moralischen Problemen zu tun, die in Grundlagenwissenschaften und angewandter Forschung in dieser Form nicht vorkommen.

Nun beschäftigen wir uns mit der entscheidenden Frage:

Könnte – trotz dieses besonderen moralischen Aspekts – das technologische Vorgehen die richtige Schnittstelle für die Konzeptionslehre sein, um wissenschaftliche Ressourcen nutzbar zu machen?

Dafür spricht, dass es andere, alternative Zugangsmöglichkeiten nicht zu geben scheint.

Selbst wenn Public Relations vollkommen professionalisiert und standardisiert würden, also den Status eines auch formal anerkannten Berufs hätten und eine institutionalisierte Berufsordnung erhielten, wäre ihre Konzeptionslehre nicht mehr als eine »PR-Technik«. Technik nutzt wie gesehen standardisierte und bewährte Vorgehensweisen für die Praxis, beispielsweise in Industrie und Handwerk. Doch sie hat keinen direkten Bezug zu Wissenschaft und Forschung und keinen Zugriff auf Wissenschafts-Ressourcen.

Gibt es weitere Argumente dafür, dass die Orientierung an dem Modell der Technologie der Konzeptionslehre den gesuchten Zugang bieten kann? Dazu müsste Konzeptionstechnik als eine Technologie verstanden werden, die im Auftrag von Klienten Werkzeuge entwickelt, die dazu dienen, planmäßig auf Prozesse in der gesellschaftlichen Realität einzuwirken.

Der Gedanke erscheint zunächst ungewöhnlich, ist aber keineswegs abwegig.

Wir schauen genauer hin:

Technologie ist der Bereich menschlichen Wissens, der mit der Gestaltung von Produkten, von Gegenständen, Artefakten und Prozessen beschäftigt ist. Technologie setzt an menschlichem Handeln an. Sie plant dieses Handeln, normiert, vereinheitlicht, unterwirft es Normen, kontrolliert und steuert.

Dabei basiert moderne Technologie auf empirischer Wissenschaft und entwickelt deren Methoden mit Hilfe eigener Forschungs- und Entwicklungsanstrengungen zu Praxisanwendungen weiter. Technologien sind grundsätzlich anders strukturiert als angewandte Wissenschaften. Angewandte Forschung erscheint zwar praxisnäher als die Grundlagenforschung, ist dennoch prinzipiell auf die Erhebung von neuem Erfahrungswissen – wenn auch solchem mit Anwendungspotenzial – und deutlich nicht auf direkte Nutzanwendung fokussiert.

Von Technologen wird erwartet, dass sie Prozesse, Artefakte und Systeme wie beispielsweise Maschinen aber auch »soziale Prozesse« gestalten, erhalten, reparieren, warten oder gegen neue Prozesse austauschen.

Kleiner Exkurs zum Begriff des »Sozialen«

– Apropos »soziale Prozesse«:

Um möglichen Irritationen im Zusammenhang mit diesem Begriff zu begegnen: Um für das Weitere begriffliche Missverständnisse zu vermeiden, vergegenwärtigen wir uns kurz die Bedeutung des Begriffs »sozial«. Denn gerade bei Konzeptionern ist zu beobachten, dass sie diesen Begriff wegen vermeintlich unerwünschter Konnotationen meiden. Tatsächlich wird das Wort »sozial« von Klienten mit betriebswirtschaftlichem Hintergrund häufig eng assoziiert mit Wörtern wie »Sozialwesen«, »Sozialismus«, »karitativ« oder ähnlichen Begriffen, die typischerweise mit »wirtschaftsfeindlichen« Haltungen in Verbindung gebracht werden.

Der Begriff zeigt aber lediglich auf, dass etwas im Rahmen der Beziehung von zwei oder mehreren Handelnden entsteht. Beispielsweise sind Arbeitsabläufe in einem Betrieb »soziale Prozesse«, so ungewohnt es sich für »eingefleischte« Betriebswirte zunächst anhören mag. Da am Zustandekommen sozialer Prozesse stets mehrere Personen oder sogar Personengruppen zusammenwirken, muss zu deren Aufrechterhaltung – aber auch zu deren Optimierung – zwischen den betroffenen Menschen kommuniziert werden. Ein Tatbestand, der leicht übersehen wird, wenn der Begriff »sozial« schamhaft aus dem Sprachrepertoire verbannt wird. –

Technologische »Rekonstruktion« der Konzeptionslehre

Weiter zur technologischen »Rekonstruktion« der Konzeptionslehre: Technologien sollen den Klienten, in deren Auftrag sie arbeiten, Nutzen einbringen. Moderne Technologien dienen ausdrücklich ökonomischen oder politischen Interessen. Vor diesem Hintergrund können Technologien wie gesehen moralisch gut, schlecht oder ambivalent sein. Dazu später mehr.

Nun wollen wir uns im Einzelnen anschauen, welche Technologien heutzutage bereits etabliert sind, um abzuschätzen, wie die Konzeptionstechnik hier zukünftig positioniert werden könnte.[7] Die gängigsten Technologiefelder sind:

- *physikalische Technologie – z.B. Elektrotechnikwesen, Maschinenbau*
- *chemische Technologien – z. B. pharmazeutische Technologie, Umwelt–Chemie*
- *biologisch–chemische Technologie – z.B. Brauwesen, Gentechnik*
- *biologische Technologie – z.B. Humanmedizin, Veterinärmedizin*
- *biosoziale Technologie – z.B. Öko–Technik, Agronomie*

Übersicht zu den wichtigsten Technologie-Feldern

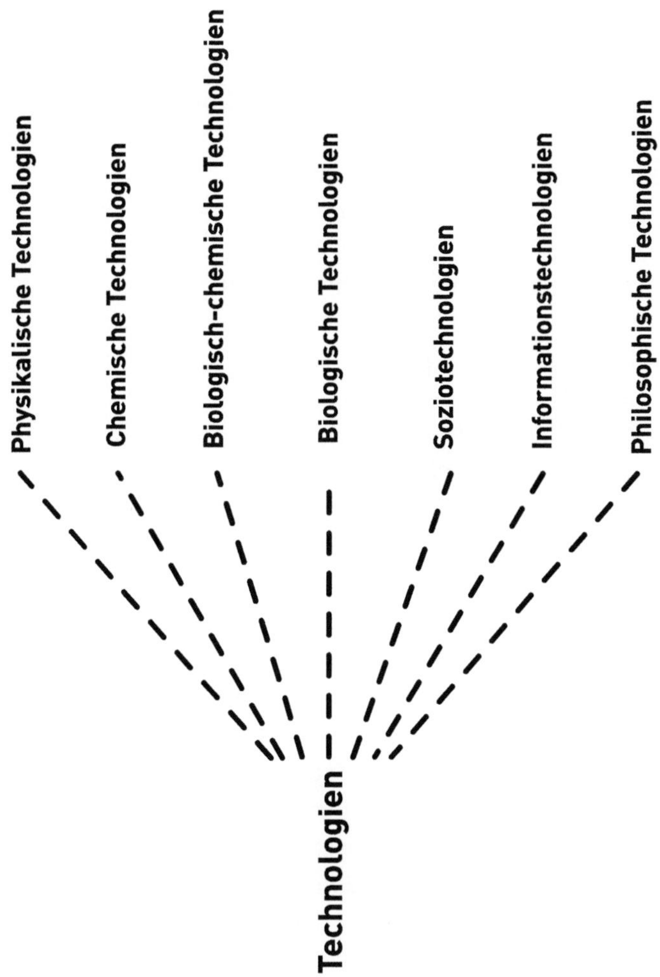

(nach einer Darstellung von Bunge 1967)

- *Soziotechnologie – z.B. Operations–Research, Managementtheorie der Betriebswirtschaftslehre*
- *Informationstechnologie – z.B. IT, künstliche Intelligenz*
- *philosophische Technologie – z.B. Wissenschaftstheorie, Ethik, politische Philosophie*

Abgesehen von der philosophischen Technologie, die wir meist nicht als solche identifizieren, sind es insbesondere die »Soziotechnologien«, die Leser bei der Betrachtung dieser Liste stutzen lassen dürften, denn genau hierher scheint unsere Konzeptionslehre zu gehören.

Wir schauen uns das jetzt einmal genauer an:[8]

Konzeptionstechnik als »Soziotechnologie«

Soziotechnologie ist eine Disziplin, die sich damit beschäftigt, Wege zu finden, wie

- *soziale Systeme – Markt–Beziehungen, Produktionsabteilungen eines Unternehmens, Schulen, Krankenhäuser –*
- *und soziale Prozesse – Herstellungsprozesse, Vertriebsprozesse, Gesunderhaltung, Ausbildung, Kommunikation usw. –*

erhalten, repariert, verbessert, aufgelöst und durch neue Systeme ersetzt werden können.

Einsatzbereiche für Soziotechnologien

Zu den Beschäftigungsfeldern von Soziotechnologen gehören sehr unterschiedliche Aufgaben wie beispielsweise das Management des Allgemeinwohls etwa einer Kommune, die Reduzierung von Massenarbeitslosigkeit eines Landes, die Verhinderung von Seuchen, die Vermeidung von Kriminalität genauso wie der Aufbau neuer Unternehmen, die Fusion von Unternehmen, die Ankurbelung der Konjunktur in einem nationalen Markt usw.

Beispiel für eine konkrete Soziotechnologie ist die angewandte Managementtheorie, die Theorien und methodisches Know–how aus Sozialpsychologie, Soziologie und der Wirtschaftswissenschaft verwertet. Auf der Basis der hier gefundenen Wissensressourcen diagnostiziert der Management–Berater den Zustand eines Unternehmens und entwickelt Empfehlungen, wie der entsprechende Betrieb erhalten, verbessert, gerettet oder im schlechtesten Fall aufgelöst werden kann.

Beispiele etablierter Sozialtechnologien sind die Sozialmedizin und Bevölkerungs–Gesundheitslehre, die Sozialarbeit, die Wirtschaftspolitik und Wirtschaftsförderung und als weiteres Beispiel die Gesetzgebung eines Landes oder Staates.

Soziotechnologien handhaben grundsätzlich »soziotechnische Systeme« wie beispielsweise:

- *Produktionsbetriebe*
- *Banken*
- *Armeen*
- *Krankenhäuser*
- *Marketing–Abteilungen*
- *Ministerien*
- *Universitäten usw.*

Soziotechnische Systeme sind dadurch gekennzeichnet, dass sie mit Hilfe von Soziotechnologen – wie fachmännisch auch immer – gestaltet werden oder zumindest gestaltet werden sollten. Sie sind Produkte eines Design–Prozesses auf der Basis eines mehr oder weniger vernünftigen Konzeptes und aufgrund von mehr oder weniger bewusstem Vorgehen und aufgrund von mehr oder weniger gut überlegten Interventionen.

Soziotechnische Systeme sind plan– und gestaltbar.

Soziotechnische Systeme können mit Hilfe von Plänen mittel– und langfristig gestaltet werden.

Diese Systeme wurden irgendwann einmal erfunden, künstlich aufgebaut und werden nach einem Plan kontrolliert, auch wenn das den betroffenen Personen nicht immer bewusst ist und sie diese Systeme teilweise als »naturgegebene« Phänomene interpretieren: Städte, Staaten, Verkehrswege, Kirchen, politische Parteien, Gewerkschaften, Vereine, Altersheime, Arbeitslosenversicherungen, Wirtschaftsministerien und gesamte Regierungen.

Die gezielte Nutzung von Soziotechnologien zur Gestaltung dieser soziotechnischen Systeme wird durch die explizite und intensive Nutzung von empirisch fundiertem Wissen ermöglicht. Dieses Wissen verhindert beispielsweise die durch überkommene Handlungsweisen und Routinen bewirkte

Verschwendung von Ressourcen sowie die Trägheit von unreflektierten institutionellen Abläufen.

Waren beispielsweise konservative Politiker in der Vergangenheit häufig der Meinung, dass im gesellschaftlichen Feld weder Technologien noch Sozio-Engineering benötigt werden, hat sich die Einstellung zur Soziotechnologie stark gewandelt.

Heute hat sich die Ansicht durchgesetzt, dass Institutionen nicht durch traditionelle Vorgehensweisen oder aufgrund der Intuition von einzelnen Führungspersonen optimal gestaltet und gelenkt werden können.

Beispielsweise griffen Regierungen weltweit mehr oder weniger geschickt auf Soziotechnologien zurück, als sich im Jahr 2007 die große globale Wirtschaftskrise abzeichnete, indem sie in nationalen Wirtschaftssystemen intervenierten. Das Vertrauen in die von vielen Ökonomen beschworene »unsichtbare Hand«, die angeblich die Märkte automatisch zum Besten reguliert, war angesichts dramatischer Spekulationsverluste großer Bankinstitute verloren gegangen.

Ein anderes Beispiel sind Krankenhäuser, die heute auf Soziotechnologien aus dem Bereich des Marketings zurückgreifen, um für ihren »Betrieb« existenzsichernde Patientenzahlen und Umsätze zu erreichen. Sie vertrauen nicht mehr darauf, dass sich Patienten-Nachfrage von allein und ohne massive soziotechnologische Eigenanstrengung des Krankenhaus-Managements einstellt.

Konzeptionstechnik als Soziotechnologie

Zurück zu unserem Thema, zurück zur Konzeptionslehre:

Kann Konzeptionstechnik tatsächlich als Soziotechnologie verstanden und entsprechend fortentwickelt werden?

Aus dem Vorhergehenden ist zu schließen, dass das durchaus der Fall ist. Dazu schauen wir uns die folgende formale Argumentation an:

Wir haben es mit drei Feldern zu tun,

- *mit Wissenschaft (W)*
- *Technologie (T) und*
- *Praxis (P)*

Damit können wir nun folgenden Ausdruck bilden:

- **W ↔ T ↔ P,**
  wobei »↔« bedeutet »interagierend mit«.

Interaktions–Formel

Das heißt, wir behaupten, Wissenschaft (W), Technologie (T) und Praxis (P) interagieren miteinander. Dabei beziehen wir uns auf beispielhafte Vorgänge wie folgende:

Entwicklungsabteilungen (T) greifen die Theorien von Grundlagenforschern (W) auf.

Die Forscher (W) wiederum bekommen davon Kenntnis, dass Technologen (T) mit ihren Modellen arbeiten, und treten mit diesen in gedanklichen Austausch. Darüber hinaus nehmen Technologen (T) Kontakt zu Grundlagenforschern (W) auf, um Detailfragen zu klären, die in ihrer Arbeit mit den wissenschaftlichen Modellen aufgetreten sind.

Weiterhin kommunizieren Technologen (T) mit Praktikern (P), um zu erfahren, ob die von ihnen entwickelten Werkzeuge im Praxiseinsatz funktionieren. Oder sie (T) geben Praktikern (P) genaue Anweisungen, wie diese mit den entwickelten Technologien umzugehen haben.

Andersherum geben Praktiker (P) Berichte und Anwendungserfahrungen an die Technologen (T) zurück.

Dieses dreigliedrige Interaktionsmodell kann offenbar grundsätzlich auf zahlreiche Praxisfelder und für vielfältige praktische Tätigkeiten angewandt werden.

Jede Praxis kann grundsätzlich Thema oder Objekt einer Technologie sein. Dabei kann jede Technologie auf eine oder mehrere Wissenschaften gründen. Beinahe jede empirische Wissenschaft kann benutzt werden, um korrespondierende Technologien zu entwickeln. Diese Technologien suchen Anwendungen und Lösungen für die ihnen korrespondierenden Praxisfelder.

Ein weithin akzeptiertes konkretes Beispiel für die Umsetzung dieses dreigliedrigen Interaktionsmodells ist die Medizin. Hier gibt es die entsprechende Rollenverteilung:

Technologie-Beispiel Medizin

- *wissenschaftliche Forschung im Bereich der Human-Biologie (W),*
- *medizinische Technologie (T) in Form von Therapieentwicklung auf der Grundlage von Diagnostik, Behandlungsmethodik, Einsatz von pharmazeutischen Mitteln usw. und*
- *das praktische Gesundheitswesen (P) mit der Behandlung von Patienten beispielsweise durch niedergelassene, praktische Ärzte.*

Wenn grundsätzlich alle praktischen Tätigkeiten technologisch begleitet werden können, so gilt das gewiss auch für den Bereich der Öffentlichkeitsarbeit, der Public Relations.

Als Soziotechnologe hat der Konzeptioner dabei zukünftig eine besondere Rolle, steht dann in typischer Distanz zur eigentlichen PR-Praxis.

So wie Ingenieure Maschinen designen und von ihnen nicht erwartet wird, diese auch selbst zusammenzubauen, wird von Konzeptionern nicht erwartet, dass sie die von ihnen entwickelten Kommunikationswerkzeuge und Maßnahmen selbst einsetzen.
Wie Ingenieure den Zusammenbau ihrer Maschinen aber durchaus überwachen und deren »Einfahren« begleiten, ist es üblich, dass Konzeptioner die Supervision übernehmen, wenn ihre Maßnahmenkonzepte realisiert werden, und sie anhand von gezielter Meinungsforschung auf deren Wirksamkeit überwachen.

Die praktische Umsetzung der Konzeptionen übernehmen PR-Abteilungen, Sachbearbeiter in PR-Agenturen, Event-Manager, Journalisten in Redaktionen, Grafiker, Texter, Medialeute usw.

Kommunikation effektiv gestalten

Unsere Aufgabe war es in diesem Kapitel, einen Weg dafür zu finden, wie Konzeptionslehre in Zukunft wissenschaftliche Ressourcen nutzen kann.

Die Lösung ist, Konzeptionslehre zur Technologie »weiterzuqualifizieren«. Konzeptioner werden zu Soziotechnologen, die Kommunikations-Instrumente für Auftraggeber entwickeln und deren Anwendung überwachen.

Als Technologie übernimmt die Konzeptionslehre gegenüber empirischer Wissenschaft eine deutlich profilierte Position. Denn Wissenschaften untersuchen und studieren die natürliche und soziale Welt, um Wissenslücken zu schließen und um Wissensprobleme zu lösen. Als Technologen sind Konzeptioner demgegenüber vorwiegend auf praktische Aufgabenstellungen und nicht auf Wissensfragen fokussiert.

Wissenschaftler sind an den Details der Welt und ihrer theoretischen Erfassung interessiert. Für Soziotechnologen ist Wissen von der Welt kein Endzweck. Sie suchen Wissen, um darauf aufbauend Wege zu finden, die Welt zu verändern.

Technologien verändern die Welt.

In diesem Sinne ist Konzeptionslehre die Lehre und Methode der Gestaltung von Kommunikation. Als Soziotechnologe sucht der Konzeptioner den vernünftigsten Weg, von einem bestehenden Zustand zu dem gewünschten Stand der Dinge zu kommen.

In der Wissenschaft ist bewusst herbeigeführter Wandel – etwa in Form geänderter Zustände von Objekten in einem Experiment – ein Mittel um Wissen zu erlangen.

In der Soziotechnologie »Konzeptionslehre« wird es anders herum sein: *Wissen ist für den Konzeptioner ein Mittel, um Wandel zu erzeugen.*

Während Theorien in Wissenschaften dazu dienen, Modelle von der Welt zu erzeugen, dienen sie in einer Soziotechnologie dazu, die Realität zu verändern.

Allerdings stimmen Wissenschaftler und Soziotechnologen darin überein, dass von den Theorien, die sie verwenden, zumindest annähernd wahre Annahmen ableitbar sein müssen.

Im Fokus des Interesses des Konzeptioners mit soziotechnologischen Kompetenzen steht das für Interventionen verwertbare Wissen, das ihm von verschiedenen Wissenschaften zur Verfügung gestellt werden kann.

Dabei liegen die spezifischen Mechanismen im Zentrum, die hinter Kommunikations–Prozessen wirken.

Konzeptionstechnik setzt an Mechanismen an.

Das Wissen über Kommunikations–Mechanismen, deren Funktionsweise, deren Beeinflussbarkeit und Gestaltbarkeit ist die wesentliche Ressource, die Konzeptioner aus dem Feld empirischer Forschung beziehen sollten.

Anknüpfend an dieses Wissen entwickeln sie zukünftig ihre Werkzeuge und Maßnahmen–Pakete.

Kommunikation mit Hilfe einer neuen Soziotechnologie

Damit kommen wir zum Abschluss dieses Kapitels und fassen zusammen: Zukünftige Konzeptionslehre soll im Sinne eines strategischen Kommunikations–Managements arbeiten. Dazu wird Konzeptionstechnik auf die Wissensressourcen empirischer Wissenschaften zurückgreifen. Im Fokus stehen dabei die Mechanismen, welche gesellschaftliche Kommunikation kontrollieren.

Mit Hilfe des Wissens rund um diese Mechanismen können Konzeptioner in Zukunft eine wesentliche Rolle spielen, wenn es um die Gestaltung von sozialökonomischen Systemen, von Wirtschaftsprozessen und sozialen Prozessen und sozialen Bewegungen geht.

Wie gesehen erreichen Konzeptioner diese Kompetenz, indem sie ihr Vorgehen zur Soziotechnologie fortentwickeln.

Wie diese Fortentwicklung in ihren wesentlichen Grundzügen aussieht, diskutieren wir in den nächsten Kapiteln Schritt für Schritt.

Bevor wir allerdings mit dem vierten Kapitel starten, bietet sich den Lesern wiederum die Gelegenheit, eine kleine Aufgabenstellung zu bearbeiten.

Wir sind im Laufe dieses Kapitels auf das Stichwort »harte Fakten« gestoßen:

Versetzen Sie sich einmal in Ihren Beratungs– und Konzeptionsalltag. Wenn Sie an besonders erfolgreiche Konzeptionen denken, was waren die entscheidenden Fakten, an denen Sie ansetzten?

Schreiben Sie diese Fakten auf und analysieren in Ruhe:

- *Was ist das Besondere an diesen Tatbeständen?*
- *Tragen sie ein Merkmal, das sie möglicherweise »härter« und durchschlagskräftiger machte, als andere Fakten?*
- *Arbeiten Sie möglicherweise bereits mit einem ganzen Set solcher »harten Fakten«?*
- *Bildet dieses Set möglicherweise ein komplettes Gerüst, das Ihre Konzeptionen regelmäßig erfolgreich trägt?*

Quellenhinweise und Anmerkungen

1. Leipziger (2007) S. 54

2. Dörrbecker erhofft sich beispielsweise von empirischen Wissenschaften erfolgreiche Wirkungskontrolle der konzipierten Maßnahmen (Dörrbecker/Fissenewert [2003], S. 99).

   Ronald D. Smith schreibt zum Thema: »*Strategic Planning for Public Relations is about making such decisions — not by hunches or instinct, but by solid and informed reasoning that draws on the science of communication as well as its various art forms.*« (Smith, Ronald D.; *Strategic planning for public relations* [2005] S. 2).

3. Dörrbecker/Fissenewert (2003), S. 16

4. Bunge, Mario; *Scientific Research I; The Search for System*; Berlin, Heidelberg, New York 1967.

5. Ebenda: S. 24

6. Die inhaltliche und grafische Darstellung an dieser Stelle orientiert sich an Bunges Ausführungen – ebenda: S. 36.

   Vergleiche auch:

   Bunge, Mario; Rubén Ardila; *Philosophie der Psychologie (1990)* S. 36– 130

7. Gedankengang und Grafik orientiert sich wieder an Bunge:

   Bunge, *Mario Scientific Research I; The Search for System* (1967) S. 26

8. Vergleiche:

   - Bunge, Mario; *The Sociology–Philosophy Connection – with a foreword by Raymond Boudon*; New Brunswick, London 1999; S. 297–353
   - Bunge, Mario; *Political Philosophy. Facts, Fiction and Vision;* New Brunswick, London 2009, S. 313 – 350

*»Der Worte sind genug gewechselt,
Lasst mich nun endlich Taten sehn!«* (1)
Direktor in Goethes Faust

Kapitel 4

Zwischenschritt:

Die »Bausteine« zukünftiger Konzeptionstechnik

Die »Bausteine« zukünftiger Konzeptionstechnik

Blicken wir kurz zurück:

Die ersten drei Kapitel dienten dazu, uns neu zu orientieren und einen Ansatz zur Fortentwicklung der Konzeptionslehre zu finden.

Die anvisierte zukunftsträchtige Konzeption wird wesentlich über das heute praktizierte »aufgeklärte Laienvorgehen« hinausgehen müssen. Auf der Grundlage soliden Wissens über die kommunikative Realität ist Kommunikation strategisch zu gestalten. Es ist ein profundes Know–how erforderlich, um entsprechende Strategien zu entwickeln, diese in Unternehmen und Institutionen zu implementieren und zum Aufbau von Beziehungen zu unterschiedlichsten Zielgruppen zu nutzen.

Wie gesehen ist die fortentwickelte Konzeptionslehre mit einem technologischen Ansatz zu versehen. Diese Einsicht stellt das Fazit unserer ersten drei Kapitel dar.

Wie es weitergeht.

Wie geht es nun im Folgenden weiter?

Unser folgendes Programm besteht darin, Konzeptionstechnik nun tatsächlich grundlegend als soziotechnologischen Ansatz, als technologischen »Approach« zu entwickeln.

Dazu suchen wir die passenden »Schnittstellen« zu denjenigen empirischen Wissenschaften, deren Ergebnisse wir benötigen, um Kommunikation wirkungsvoll und auch verantwortlich zu gestalten.

Wir werden dabei zu zeigen haben, wie diese Schnittstellen grundsätzlich aussehen, wie sie funktionieren und wie sie genutzt werden können, um wissenschaftliche Kompetenz in die laufende Konzeptionsarbeit einfließen zu lassen.

Bis zum Ende des Buchs werden die verschiedenen Bausteine des zukünftigen Approachs ausgearbeitet vorliegen.

Um welche Bausteine wird es dabei im Einzelnen gehen?

Dazu ein paar Überlegungen:

Konzeptionstechnik ist praxisbezogen und zielt auf die Kontrolle und Gestaltung von unterschiedlichsten Kommunikationssystemen in unterschiedlichsten gesellschaftlichen Kontexten ab.

Die wesentlichen Bausteine einer Konzeptionslehre als Soziotechnologie sind folgendermaßen auszugestalten:

Bausteine der Konzeptionslehre

- *die Ziele des Konzeptionsansatzes Z_k*
- *das Konzeptions–Hintergrundwissen H_k*
- *die Methoden M_k der Konzeptionslehre*
- *das Konzeptions–Problemfeld P_k*

Bei der Ermittlung der *Ziele* des Konzeptions–Approachs Z_k werden wir uns an dem Gedanken orientieren, dass Kommunikationskonzeptionen grundsätzlich darauf abzielen, sozialökonomische Systeme zu erhalten, zu reparieren, zu verbessern, auszutauschen oder zu redesignen.

Das hier zu umreißende *Hintergrundwissen H_k* stellt den soliden Wissensbestand eines zukünftigen Konzeptioners dar. Zwar kann kein Konzeptioner das komplette Wissen rund um Kommunikationsprozesse persönlich präsent haben. Er hat aber über wesentliche Kenntnisse zu verfügen und sollte bedarfsweise – je nach Aufgabenstellung – relevantes, empirisch–wissenschaftliches Detailwissen mobilisieren können.

Die hier zu skizzierenden *Methoden M_k* des Konzeptioners sind Herangehensweisen, deren Wirksamkeit begründet und überprüft ist. Sie sollten Problemlösungsprozeduren beinhalten, die nicht einfach nur funktionieren. Sondern der Konzeptioner soll sich darüber hinaus auch klar sein, wie und warum diese Methoden unter bestimmten Bedingungen auf bestimmte Weise zu Ergebnissen führen. Nur so kann er sicher sein, dass eine *Methode M_{k1}* in der besonderen, gerade bestehenden *Einsatzsituation S_1* funktionieren kann, und dass es möglichst keine Faktoren gibt, die deren Wirkungen einschränken oder gar unwirksam machen.

Das *Problem– und Anwendungsfeld P_k* stellt das spezifische Verständnis des Konzeptioners dar, das er für die Bearbeitung der Fragen und Aufgaben im Umgang mit Kommunikationsprozessen in unterschiedlichsten Kommunikationssituationen und –konstellationen zu entwickeln hat, um erfolgreich arbeiten zu können.

Aus der Umgestaltung der Konzeptionslehre in eine Soziotechnologie ergibt sich allerdings nicht nur, dass für die Entwicklung von Konzeptionen eine Wissensbasis und methodische Grundausstattung zur Verfügung steht.

Sondern, wie mehrfach hervorgehoben, haben Technologien grundsätzlich moralisch-ethische Relevanz. Wie bei anderen Technologien hat der Auftraggeber im Bereich der Konzeptionstechnik seinen Nutzen vor Augen, den er zur Verfolgung seiner Ziele anstrebt. Andere Personen und Gruppen können durch Kommunikations-Maßnahmen Nachteile erfahren oder sogar durch hiermit bewirkte Risiken bedroht werden.

Die moralisch-ethische Dimension

Im Fall einer soziotechnologischen Konzeptionslehre hat diese moralisch-ethische Dimension, wie im Einzelnen zu zeigen sein wird, herausragende Bedeutung. Denn im Feld der Beeinflussung und Gestaltung von Kommunikation sind moralisch-ethische Bewertungen Zentralthemen.

Der richtige Umgang mit diesen Bewertungen stellt eine der Grundvoraussetzungen für die erfolgreiche Umsetzung von Kommunikationsmaßnahmen dar. Der Umgang mit Wertungen wird deshalb in einem eigenen Kapitel ausgiebig zu diskutieren sein.

Zwar wird diesem Thema im Bereich der Public Relations auch heute schon Bedeutung gegeben, wenn sich beispielsweise PR-Leute und PR-Agenturen auf moralische Kodizes berufen. Der Spielraum von Wertungen wird hier allerdings ausschließlich *negativ* bestimmt, indem sie sich zu einer so genannten deontologischen Ethik – einem Pflicht-Ethos – bekennen. Sie beteuern, durch PR-Maßnahmen sollen keine Menschenrechte beeinträchtigt werden. Das stellt aber in einer Demokratie nicht mehr als eine Selbstverständlichkeit dar und ist entsprechend eindeutig – etwa durch das bundesdeutsche Grundgesetz – definiert.

Wertungen und die Verwendung von Wertungen müssen aber in einer soziotechnologischen Konzeptionslehre weitergehend und *positiv* bestimmt werden. Denn Kommunikations-Konzeptionen gestalten grundlegend Verhaltensnormen in Unternehmen und Institutionen oder greifen sogar direkt in bestehende Moral-Kodizes ein, indem sie diese umgestalten, fortentwickeln oder Teile bestehender Kodizes außer Funktion setzen.

Das Eingreifen in Wertstrukturen hat vielfältige Folgen, deren Konsequenzen verantwortlich arbeitenden Konzeptionern bewusst sein sollten.

Sieben Fragen zur Gestaltung von Kommunikationsprozessen

An dieser Stelle werden wir uns nun das »Programm« der nächsten Kapitel im Detail ansehen:

Auf dem Weg zur Entwicklung der skizzierten Bausteine zukünftiger Konzeptionstechnik werden wir insgesamt sieben sehr grundsätzliche Fragen rund um das Thema Kommunikation und Gestaltung von Kommunikationsprozessen zu beantworten haben.

Die *erste Frage* lautet: *Frage 1*

Was ist der Gegenstand der Kommunikations–Konzeption?

Es geht bei dieser Frage sozusagen um die Grundstruktur der Welt und der gesellschaftlichen Realität, in der menschliche Kommunikation abläuft. Zur Bestimmung dieser Grundstruktur werden wir auf die Wissenschaftsphilosophie der empirischen Wissenschaft zurückgreifen. Mit Hilfe ihrer Ontologie werden wir abstecken, wie Kommunikation beschaffen ist und wie das Feld strukturiert ist, in dem sie auftritt.

Die *zweite* zu behandelnde *Frage* lautet: *Frage 2*

Was können wir über Kommunikation wissen?

Zur Beantwortung werden wir eine weitere Schnittstelle zur empirischen Wissenschaft installieren und festlegen, welche Erkenntnistheorie bzw. welche Epistemologie wir übernehmen müssen, um unsere neue Konzeptionstechnik zu realisieren. Es geht dabei darum, Standards festzulegen, anhand derer wir zukünftig die Zuverlässigkeit und Objektivität von Wissen über Kommunikation beurteilen können.

Die *dritte Frage* lautet: *Frage 3*

Welche Methoden stehen uns als Konzeptioner zur Verfügung, um gültiges Wissen zu erlangen?

Wir werden zur Beantwortung dieser Frage eine Schnittstelle zur Methodologie empirischer Wissenschaften installieren. Wir werden klären, welche Arten von Methoden und Vorgehensweisen grundsätzlich in Frage kommen, um Wissen über Kommunikations–Tatbestände zu ermitteln.

Frage 4 Die *vierte Frage* lautet:

Welche Möglichkeiten stehen Konzeptionern zur Verfügung, um Kommunikation in der Praxis zu gestalten?

Zur Beantwortung bauen wir eine Schnittstelle zur Praxeologie der empirischen Wissenschaften. Das heißt, wir schauen, welche Theorien des menschlichen Handelns und welche Konzepte menschlicher Kommunikation begründet und bewährt sind und inwieweit wir diese in unsere Konzeptionstechnik einbauen können.

Frage 5 Die *fünfte Frage* lautet:

Welchen ethisch–moralischen Regeln sind unsere Interventionen in Kommunikations–Strukturen unterworfen – wie haben wir mit wertendem Verhalten umzugehen?

Zur Beantwortung werden wir unter anderem eine Schnittstelle zur empirisch begründeten Axiologie installieren. Die Axiologie ist die Lehre von den moralischen Wertungen und verkörpert einen wichtigen Bereich ethischer Überlegungen.

Frage 6 Die *sechste Frage* lautet:

Wie werden wirkungsvolle Kommunikations–Strategien entwickelt – welche Standards gelten für die strategische Planung von öffentlichen Meinungen?

Wir werden hier zur Beantwortung eine Schnittstelle zu einer empirisch begründeten Strategielehre zu entwickeln haben und deren grundlegende Prämissen definieren.

Frage 7 Die *siebte Frage* fasst die übrigen sechs in gewisser Weise zusammen:

Wie sind die verschiedenen Schnittstellen zur empirischen Wissenschaft zu kombinieren, um eine integrierte moderne Konzeptionstechnik zu begründen?

Unsere Grundphilosophie

Nicht immer ist es uns bewusst, aber die Beschäftigung selbst mit den unscheinbarsten Tatbeständen setzt immer schon voraus, dass wir bestimmte Erwartungen haben und die Welt aus einer bestimmten Perspektive betrachten.

Wir sind selbst in unserem Alltagsleben bestimmt durch Weltanschauungen, ob religiöser oder eher philosophischer Natur.

Um diesem Umstand gerecht zu werden, soll hier – bevor die Arbeit an unserem Thema nun richtig startet – ganz deutlich zum Ausdruck gebracht werden, welche Grundphilosophie wir verfolgen werden:

Ideal des unvoreingenommenen Wissens

Und zwar ist es die Prämisse, dass wir bei all unserer Arbeit und unseren Überlegungen grundsätzlich dem Ideal des möglichst unvoreingenommenen Wissens über die Realität und den ihr zugrunde liegenden Gesetzmäßigkeiten verpflichtet sind.

Aus diesem Grund werden wir – wann immer möglich – auf Konzepte zurückzugreifen haben, die empirisch–wissenschaftlichen Standards verpflichtet sind.

Wir werden uns immer wieder mit den Befunden der Sozialwissenschaften zu beschäftigen haben. In diesem Wissenschaftsbereich hat mittlerweile auch an den deutschen Universitäten ein wesentlicher Wandel stattgefunden. Dozenten und Forscher haben damit begonnen, sich von dem – wie es der Sozialforscher Peter Atteslander nennt – »literarischen Verhältnis zur Gesellschaft« – zu lösen, das jahrzehntelang die Diskussion besonders in der Soziologie dominierte.[2]

Substantielle Kenntnisse als Basis

Es setzt sich endlich der Gedanke durch, dass wir über eine Gesellschaft wissen müssen, wie sie tatsächlich funktioniert, um sie verstehen zu können. Wir brauchen möglichst viele relevante substantielle Kenntnisse.

Der Orientierungspunkt unserer Arbeit hier ist deshalb das, was der österreichische Soziologe Max Haller in seinem Theoriebuch[3] als »Soziologie als Wirklichkeitswissenschaft« bezeichnet: Es gilt, Klarheit bei der Beurteilung der Qualität und Brauchbarkeit sozialwissenschaftlicher Theorien zu erreichen.[4] So wie in den Naturwissenschaften schon lange erreicht, sollen sich in den Sozialwissenschaften gerade die empirischen Vorgehensweisen durchsetzen, die unser Verständnis der sozialen Realität am besten befördern.

Stattdessen führten in der bundesdeutschen sozialphilosophischen Diskussion Autoren viele Jahre das große Wort, die keine Erklärungsansprüche erfüllen wollten und empirische Forschung als ideologisch anrüchig brandmarkten. So herrschte etwa in der Soziologie ein aus der sozialphilosophischen und politischen Ideologiediskussion herüber strahlender »empirieloser Theorismus«. (5) Deren häufig der so genannten »kritischen Theorie« oder dem »Strukturalismus« nahe stehenden Vertreter behaupteten, alle sozialen Fakten seien kulturell, spirituell oder symbolisch und müssten deshalb ausschließlich wie Texte interpretiert und nicht wie objektive Fakten erklärt werden.

Von den Vertretern dieses »Theorismus« wurden zwar zahlreiche Veröffentlichungen unter dem Etikett »Sozialwissenschaften« herausgebracht. Sie entwickelten allerdings keinerlei empirisch nutzbare sozialwissenschaftliche Schlüsselbegriffe, geschweige denn empirisch prüfbare Theorien. Statt Entwicklung empirisch–wissenschaftlicher Erklärungsansätze wurden schier endlose Ideologie–Diskussionen auf der Basis der Interpretation wissenschaftsferner und idealistisch–romantischer Literatur geboten.

Begründung durch empirisch gesichertes Wissen

Demgegenüber werden wir uns konsequent an die in den ersten Kapiteln erarbeitete Einsicht halten, dass Konzeptionen zukünftig durch empirisch gesichertes Wissen zu begründen sind. Der Einsatz empirisch bewährter Methodik wird ihr Übriges tun, die zukünftigen Leistungen von Konzeptionern laufend zu verbessern.

Passend zu dieser Haltung werden sich Konzeptioner zukünftig ein gesundes Misstrauen gegenüber Argumentationen zuzulegen haben, die darauf abzielen, den Wert gesicherten Wissens als Grundlage für bessere Kommunikationskonzepte zu leugnen.

Die hiermit vertretene Grundphilosophie der empirischen Wissenschaften ist nicht ohne gewisse Voraussetzungen zu haben.

So müssen wir voraussetzen, dass wir die Welt, auch die soziale Welt, tatsächlich erkennen können – vielleicht nicht vollständig, vielleicht nicht beliebig präzise, auch nie gänzlich irrtumsfrei aber eben doch annäherungsweise gut.

Daneben setzen wir weiterhin voraus, dass es zwischen Personen, die sich um eine gemeinsame Kommunikation bemühen, eine verlässliche Gemeinsamkeit ihres Erkennens und ein Mindestmaß an Intersubjektivität gibt.

Ohne ihr Gewissen übermäßig zu belasten, werden wohl die meisten Leser diesen Voraussetzungen zustimmen können.

Der Autor geht an dieser Stelle sogar noch einen Schritt weiter und nimmt an, dass die hier vorgeschlagene und vorgelegte Rekonstruktion der Konzeptionstechnik als Soziotechnologie ebenfalls korrekt, realitätskonform und insoweit im Großen und Ganzen richtig ist – wenn gewiss auch im einen oder anderen Punkt nicht perfekt, dabei aber stets diskutierbar und weiter verbesserbar.

Der Leser mag während des Lesens und abschließend nach der Lektüre von »Kommunikation« selbst beurteilen, inwieweit auch er dieser Voraussetzung zustimmen kann.

Nichts ist praktischer als eine gute Theorie.

Zum Schluss der Vorausschau noch ein paar Gedanken zu den voraussichtlichen Ergebnissen der einzelnen Kapitel:

Die nun folgenden Überlegungen und Analysen sind einerseits möglichst theoretisch. Allerdings ist bekanntlich nichts praktischer als eine gute Theorie, und entsprechend werden die einzelnen Kapitel deutliche praktische Konsequenzen für die Arbeit des Kommunikations-Konzeptioners haben. So werden sich Kapitel für Kapitel praxisrelevante Ergebnisse zeigen.

Laufend praxisrelevante Ergebnisse

Darüber hinaus werden zum Abschluss des Buchs eine ganze Reihe von Konzeptions-Werkzeugen und Interventions-Tools vorgestellt, die teilweise vom Autor bereits in anderen Veröffentlichungen detailliert beschrieben wurden. Der Leser wird dazu Hinweise auf Quellen und weiterführende Literatur erhalten, so dass er diese Werkzeuge für die eigene Praxis nutzen, übernehmen und ggf. fortentwickeln kann.

In den vorangegangenen Kapiteln wurden jeweils am Schluss kleine Übungen zur Vor- und Nachbereitung der vorgelegten Gedankengänge vorgeschlagen. Solche Übungsempfehlungen wird es auch im Folgenden geben.

Und auch an dieser Stelle gibt es einen Vorschlag zur Vertiefung des aktuellen Kapitels:

In diesem Kapitel wurde Zwischenbilanz gezogen. Wir haben uns noch einmal das bisherige Ergebnis angesehen und haben im Detail abgesteckt, wie es weitergeht. Wir haben definiert, wie wir die Idee von einer soziotechnologischen Konzeptionslehre mit empirisch–wissenschaftlicher Fundierung entwickeln wollen.

Sie werden beim Lesen nun gewisse Erwartungen entwickelt haben, was Ihnen die folgenden Gedankengänge an Einsichten und Anknüpfungspunkten bringen werden:

- *Nehmen Sie sich einmal ein paar Blätter Papier zur Hand oder öffnen Sie in Ihrer Textverarbeitung eine leere Datei oder – falls Sie damit arbeiten – starten Sie ein Mindmap und schreiben Sie spontan Ihre Erwartungen und Gedanken auf.*

Halten Sie Ihre Notizen griffbereit!

- *Speichern Sie dann ab, drucken Sie aus und legen Sie die Blätter zur Seite. Gegen Ende der Arbeit an der »Soziotechnologie Konzeptionstechnik« sollten Sie diese Blätter griffbereit haben.*

- *Wir werden dann wieder auf die Vorausschau dieses Kapitels zu sprechen kommen und sehen, inwieweit Ihre detaillierten Erwartungen erfüllt werden konnten.*

Quellenhinweise und Anmerkungen

1. Johann Wolfgang von Goethe, *Faust 1, Der Tragödie erster Teil, Tübingen 1808;* Vorspiel auf dem Theater – Direktor zur Lustigen Person; Zeile 214–5.

2. Vergleiche:

   Atteslander, Peter; *Methoden der empirischen Sozialforschung;* Berlin, Heidelberg, New York 2006 (11); S. 311.

3. Haller, Max; *Soziologische Theorie im systematisch-kritischen Vergleich (2006).*

4. Ebenda: S. 595–621

5. Vergleiche:

   Atteslander, Peter; *Methoden der empirischen Sozialforschung (2006)* S. 312

Teil II
Methodologische und empirisch–wissenschaftliche Grundlegung zukünftiger Konzeptionstechnik

»Nur Dinge sind real!«
(1)
Mario Bunge

Kapitel 5

Ontologie der Kommunikationstechnik 1:

Bestimmung von Struktur und Substanz menschlicher Kommunikation

Ontologie für Konzeptioner

Wie angekündigt starten wir unsere Rekonstruktion der Konzeptionslehre damit, eine erste Schnittstelle zu den empirischen Wissenschaften zu installieren. Und zwar »zapfen« wir deren bewährte Ontologie an. Das heißt, wir schauen uns an, mit welchem ontologischen Konzept die erfolgreichen Erfahrungswissenschaften arbeiten und was wir für unser Projekt daraus lernen und übernehmen können.

Soweit in Kurzform das »Briefing« für die Kapitel 5 und 6.

Wir steigen sofort ein. Dabei machen wir uns wie bereits in den ersten Kapiteln weiter die grundlegenden Analysen des Wissenschaftstheoretikers Mario Bunge zunutze, die wir systematisch in diesem und den folgenden Kapiteln auf unser Themenfeld anwenden werden.[2]

Tagtäglich werden wir mit Ontologien konfrontiert, selbst wenn manchem der Begriff gar nicht geläufig sein sollte. Kosmologien, wie Ontologien bisweilen auch genannt werden, sind allgegenwärtig – sie begegnen uns als Weltanschauungen hinter Parteiprogrammen, als »Mission–Statements« von Unternehmen, im Refrain des Kinderlieds, das unsere Töchter und Söhne zur Begrüßung morgens im Kindergarten singen, im Slogan eines Computer–Herstellers usw.

Ontologien sind Konzepte der menschlichen Existenz. Selbst hinter so kurzen werblichen Ausdrücken wie »Mach mal Pause!«[3] oder »Get the Power of Wind!«[4] wird in unseren Köpfen ein darin komprimiert abgespeicherter synoptischer Blick auf unsere Position in der Gesellschaft, in der Umwelt, auf unsere Werte, unsere Hoffnungen für die Zukunft usw. angesprochen und ins Bewusstsein gerufen.

Ontologien sind ständig präsent.

In unserem »Hinterkopf« wirkt ständig – wenn auch meist nicht bewusst – eine Vorstellung davon, was die fundamentalen Bestandteile und Strukturen unserer Welt sind. Wir haben einen steten merkwürdigen »inneren« Blick auf den »Konstruktionsplan« unseres Universums – auch wenn sich unsere Erkenntnisse zu diesem Plan im Laufe unseres Lebens ständig wandeln. Ob wir es wollen oder nicht: Als Menschen suchen wir einen philosophischen Zugang zur Welt – wir sind auf der Sinnsuche.

Da wir nun dabei sind, uns diesen philosophischen Blick bewusst zu machen, zu vergegenwärtigen und sozusagen beinahe schon die »letzten Fragen« nach dem Sinn der Existenz des Menschen zu berühren, spüren wir eine gewisse Schamhaftigkeit beim Umgang mit diesem Thema. Das war es wohl, das Freud bewegte, als er am 13. August 1937 in einem Brief an Marie Bonaparte schrieb: »Im Moment, da man nach Sinn und Wert des Lebens fragt, ist man krank [...]«.[5]

Wer nach den Hintergründen unserer Ontologien forscht, scheint nicht »ganz normal« zu sein – er lässt sich aus Sicht dieses Freud-Zitats auf einen »irren« Diskurs ein. Aber das Bedürfnis nach Klarheit über die von uns verwendeten Ontologien ist durchaus kein Krankheitssymptom.

Im Gegenteil:

Schauen wir genauer auf die Kosmologie, die wir insbesondere in unserer täglichen Arbeit bemühen, zeigt sich, wie verbesserungsbedürftig unser Denken und Vorgehen allzu oft ist. Die Vorstellungen, die uns bei unseren Sichtweisen, Schlussfolgerungen und Entscheidungen leiten, sind manches Mal von recht »verqueren« kosmologischen Ideen bestimmt.

Ontologien beeinflussen unsere Konzeptions-Arbeit.

Wir werden nun in der Folge die kosmologischen Entwürfe hinter den verbreiteten Ontologien zu analysieren haben, um zukünftig die für unser konzeptionelles Arbeiten typischen Theoriefehler und inkonsistente sowie unbegründbare Vorstellungen in Bezug auf unsere Untersuchungsgegenstände möglichst von vornherein zu vermeiden. Denn es sind Ontologien und die damit jeweils eng verknüpften Kommunikations-Konzepte, welche die Grundmuster unseres konzeptionellen Arbeitens liefern und unser Vorgehen von der ersten Überlegung an steuern.

Zehn ontologische »Patentrezepte« für erfolgreiche Konzeptionsentwicklung

Die Konsequenzen der unvermeidbaren ontologischen oder kosmologischen Vorurteile, die Einfluss auf unsere Konzeptionsarbeit nehmen, sind erheblich und uns dennoch meist nicht bewusst.

Kosmologien können skizzenhaft oder detailliert sein, nebulös oder klar. Sie können religiös gefärbt oder säkular sein, alltäglich oder wissenschaftlich, dürftig und dürr oder reichhaltig und ergiebig.

Jeder Mensch hat die eine oder andere »Lieblings«-Kosmologie in seinem Kopf, die er im Alltag eher unausgesprochen als bewusst und explizit verfolgt.

Er nutzt sie ständig und ist auf sie angewiesen, um konsistent durch seine individuelle Lebenswelt zu navigieren. Er findet darin seine Antworten auf Fragen wie:

- *Woraus besteht die Welt?*
- *Was hält die Dinge der Welt zusammen?*
- *Was ist das Wesen des menschlichen Geistes?*
- *Kann ich frei sein?*
- *Inwieweit bin ich für mein Tun selbst verantwortlich?*

Kosmologische Grundfragen des Konzeptions–Profis

So wichtig, wie diese Basis–Kosmologie für jedes Individuum ist, so wichtig ist die Kosmologie, die hinter der Arbeit an Kommunikations–Konzeptionen steckt. Diese Kosmologie hat Fragen zu beantworten wie:

- *Was ist Kommunikation?*
- *Wie wirkt Kommunikation?*
- *Wer kommuniziert – ausschließlich einzelne Akteure?*
- *Können Gruppen als Gruppen kommunizieren?*
- *Wie wirkt Kommunikation auf das Handeln von Einzelnen und Gruppen?*
- *Wie werden Informationen und Kommunikationsinhalte von Individuen verarbeitet?*
- *Inwieweit können sich Botschaften und Kommunikationsinhalte ohne das Zutun von einzelnen kommunizierenden Personen verbreiten?*
- *Welchen Einfluss übt die Gesellschaft auf die Kommunikation von Bürgern in unterschiedlichen sozialen Systemen aus?*
- *Welche Vorgehensweisen sind ethisch vertretbar, wenn es darum geht, Kommunikation zur Beeinflussung von Personen einzusetzen?*

Die hier zu erarbeitende Kosmologie der Konzeptionslehre soll einen Rahmen vorgeben, der diese Fragen bearbeiten und beantworten hilft. Erst so ist der Konzeptioner in der Lage, Fakten zu verarbeiten und zu einem sinnvollen Ganzen zusammenzufügen. Erst hierauf kann er seine Konzepte aufbauen und seine Maßnahmen aufeinander abstimmen.

Kosmologien geben Konzeptionern grundlegende Anleitung, indem sie helfen, Ziele zu formulieren, Hilfsmittel und Instrumentarien ausfindig zu machen, Pläne und Maßnahmen zu konstruieren und deren Erfolgsaussichten zu beurteilen.

Die Bandbreite denkbarer Kosmologien lässt sich anhand von zehn grundlegenden Ontologie–Typen darstellen, die sich variiert und kombiniert immer wieder beobachten lassen.[6]

Zehn kosmologische Lösungen

Kurzvorstellung der zehn kosmologischen Lösungen

Diese *zehn Grundtypen* werden hier zunächst einmal kurz vorgestellt und definiert. Im Anschluss werden sie eingehender dargestellt, indem ihre Relevanz für Konzeptionstechnik anhand von Beispielen diskutiert wird.

Die Ontologie des *Typs 1* ist der ***Holismus***, die Ganzheitslehre, die Vorstellung, die Identität von Individuen ergebe sich vollständig aus der Identität, dem Geist des Ganzen, des Staates, einer Gruppe oder einer sakralen Instanz (»Du bist Deutschland!«, »Wir sind Papst!« usw.).

Typ 2 ist der ***Hierarchismus***, der die Welt stets nach dem Prinzip des Oben und Unten gestaltet sieht und die Individuen auf übereinander angeordneten Schichten in einer gesellschaftlichen oder politischen Ordnung positioniert sieht (»Die da oben …« und »wir da unten«).

Typ 3 ist der ***Tychismus***, nach dessen Vorstellung die Welt durch Zufälle bestimmt ist. Deren Vertreter stellen sich beispielsweise die Wirtschaft als ein Kasino vor, in dem Individuen ihren Einsatz machen und deshalb die gewinnen, die etwas riskieren, bzw. die, die es verstehen, das Glück auf Kosten anderer geschickt zu beeinflussen.

Typ 4 ist der ***Dynamizismus***, der die Welt als dynamisches, in der Dimension der Zeit beschleunigt vor sich hinfließendes System sieht.

Typ 5 ist die ***Dialektik***. Dialektische Ontologien sehen die Welt als ein durch einen Konflikt–Mechanismus konstituiertes System.

Typ 6 ist der ***Atomismus***. Dieser Kosmologie zufolge besteht der Bauplan des Universums aus kleinsten, kontinuierlich verteilten Teilchen.

Typ 7 ist der ***Mechanismus***, der die Welt als mechanisches System, quasi als Maschine betrachtet.

Typ 8 ist der ***Sakralismus***. Die Vertreter dieser Ontologie sehen den Kosmos als Raum, in dem sich die Individuen höheren Mächten anvertrauen und diesen unterwerfen.

Typ 9 ist der ***Textualismus***. Deren Vertreter halten Text für das Wesen der Welt. Für sie stecken Strukturen, Code oder Diskurse als Wesen hinter der Welt. Dieser Code soll von besonders weisen Menschen entschlüsselt werden, die gebildet genug sind, die verborgene kosmische textuelle oder diskursive Ordnung und damit das Wesen der Welt zu verstehen.

Typ 10 ist der ***Systemismus***, der den Kosmos als System von Systemen sieht. Jedes System erscheint deren Vertretern als Subsystem eines anderen Systems. Die einzige Ausnahme hierin stellt das Universum dar, das System aller Systeme, für das kein Meta-System existiert, und in das alle anderen Systeme eingegliedert erscheinen.

Diskutieren wir nun diese Ontologie im Einzelnen und stellen den Bezug zur menschlichen Kommunikation her:

Typ 1: Holistische Kommunikation

Die Wirkung des Ganzen

Hier liegt der Fokus auf dem organischen Ganzen. Mancher Kommunikationsberater beschwört eine »ganzheitliche« oder »holistische« Kommunikation, eine vermeintlich authentische Kommunikation mit der »ganzen Persönlichkeit« und deren »Intuition«. Durch emphatisches Interagieren könne der Einzelne spontan die nicht analytisch hintergehbare ganzheitliche Identität beispielsweise des Unternehmens erfassen, in dem er arbeitet. Er verinnerliche und erfasse die Idee der Firma und ihrer einzigartigen Mission. Durch hingebungsvolle Identifikation entwickle sich das Individuum zum »ausführenden Organ« der Corporate Identity des Unternehmens-Ganzen, die er spontan und stimmig nach außen kommunizieren könne.

Typ 2: Hierarchische Kommunikation

Die Wirkung des Gefälles

Der sozialen Welt wird im Rahmen dieser weit verbreiteten Ontologie eine Pyramidenstruktur zugeschrieben. Individuen erscheinen pyramidenförmig auf Kompetenzebenen organisiert. Sie kommunizieren vorzugsweise auf ihren Zugehörigkeits-Ebenen mit anderen Akteuren derselben Hierarchieebene. Akteuren tiefer liegender Ebenen fehlt vermeintlich das Niveau, von ihrer niedrigen Ebene aus mit Vertretern höherer Ebenen in einen »standesgemäßen« Austausch zu treten. Und für Vertreter der höheren Ebenen ist es nicht »schicklich«, in einen zu vertrauensvollen Austausch mit Vertretern auf tiefer liegenden Ebenen zu treten.

Marketingabteilungen in Unternehmen differenzieren ihr Kundenportfolio hierarchisch: An der Basis, also unten, ordnen sie die Durchschnittskunden, die »Laufkundschaft« usw. mit niedrigem pro Kopf–Umsatz an. Darüber siedeln sie die Kunden und Ansprechpartner der umsatzstärkeren Kategorien an. Deshalb werden Konzeptioner angewiesen, Maßnahmen entsprechend pyramidenförmig an der Hierarchie der Kundenzielgruppen auszurichten.

Die Maßnahmen für umsatzstarke Dialoggruppen werden mit ansteigender Einstufung proportional exklusiver, direkter und kostenträchtiger. Es ergibt sich so eine Rangfolge von Kommunikationsmaßnahmen:

Maßnahmen zur Ansprache der Entscheider höchster Kategorie stehen ganz oben auf der Präferenzliste, die Maßnahmen für die Ansprechpartner unterhalb der Entscheiderebene werden sparsamer ausgestaltet.

Es herrscht die Überzeugung, dass sich die Wirkungskraft von Kommunikation von oben nach unten ausbreitet.

Typ 3: Tychistische Kommunikation

Die Kraft des Zufalls

Die tychistische Vorstellung besagt, dass Kommunikationswirkungen weitgehend von Strategie und Krafteinsatz unabhängig wirken. Wirkprinzip ist stattdessen Zufallskombinatorik bzw. Aleatorik.

Änderungen, Entwicklungen, große Würfe und Treffer basieren auf Zufällen, die gezielt »herauszufordern« sind. Kausalität, Zweckhaftigkeit und Vernunft sind hier zu vernachlässigende Konzepte.

Erfolg versprechend ist es, einfach in großer Zahl verschiedene – am besten innovative, d.h., bisher noch nicht systematisch auf Wirkung geprüfte Maßnahmen einfach auszuprobieren, im Feld einzusetzen in der Hoffnung, mit Hilfe der Maßnahme eine große Anzahl von Personen »anzutippen«. Dabei können angeblich gerade »kleine«, aber besonders kreative Dinge besonders »Großes« bewirken.

Tychistische Kommunikatoren kalkulieren auf Gerüchte, die sich wie Lauffeuer verbreiten sollen. Sie handhaben Kommunikationsmaßnahmen wie Schrotflinten und schießen am liebsten in »Wespennester«. Sie zitieren mit dem »Schmetterlingseffekt« gerne das oft falsch interpretierte Ergebnis einer theoretischen Wettersimulation, die per Computerprogramm vorrechnete, wie das Schlagen eines Schmetterlingsflügels in Tausenden von Kilometern Entfernung angeblich ein Unwetter verursachen kann.

Typ 4: Dynamizistische Kommunikation

Die Kraft des Trends

Das Grundprinzip der Welt und der Kommunikation ist gemäß dynamizistischer Vorstellung das Fließen. Kommunikation habe deshalb vermeintlich keine feste Substanz, sondern bestehe aus materielosen gebündelten Prozessen, aus Signalen, die sich ohne Kommunikationsträger bewegen können: Kommunikationsmaßnahmen basieren auf sich verselbständigenden Verbreitungsprozessen, »viralen« Prozessen, die sich in Form von Meinungstrends verselbständigen. Erfolgreiche Kommunikation besteht aus dem geschickten Handhaben und dem »Surfen« auf diesen Trends, dem Ausnutzen der steigenden Aufmerksamkeits–Welle im Publikum und dem rechtzeitigen Umsteigen auf die nächste Welle, wenn der aktuelle Trend an Fahrt verliert.

Typ 5: Dialektische Kommunikation

Die Kraft des Konflikts

Grundvorstellung der dialektischen Ontologie ist, dass die Welt und ihre Dynamik auf Gegensätzen und Konflikten basiert. Die Elemente liegen in einem ewigen Kampf miteinander. Kommunikation ist ein Kampf der Argumente, und Dialogakteure sind Gegner, die sich mit Hilfe ihrer Kommunikationsmaßnahmen gegenseitig in die Knie zu zwingen suchen. Erfolgreiche Kommunikation besteht aus der erfolgreichen, gegen die »Argumentations–Festungen« der »gegnerischen Einheiten« gerichteten Strategie. Der aufmerksame Kommunikator hat der These des Gegners stets die wirkungsvolle eigene Antithese entgegenzuhalten.

Typ 6: Atomistische Kommunikation

Die Wirkung der kleinsten Teile

Atomisten stellen sich den Kosmos und die Gesellschaft als einen gasförmigen Körper, als eine Wolke aus kleinen homogenen Partikeln vor. Die einzelnen Individuen haben keine individuelle Prägung, Eigenständigkeit oder andere

Strukturierung. Je nachdem, in welchem Kontext die Individuen auftreten, nehmen sie automatisch in diesem Umfeld verankerte Eigenschaften an, die ein Konzeptioner über so genannte Typologien ansprechen kann. Deshalb ist es nach Ansicht vieler Werber und PR–Leute möglich, mit einer Anzahl von lediglich drei bis zu zehn unterschiedlichen »Atom–Typen« die uniformen Merkmale und Verhaltensweisen von Individuen zu erfassen und schließlich zu manipulieren. Beispiele sind Typologien, welche die Konsumneigungen der »Atome« im Auge haben – üblich ist die Konstruktion von Typen wie »Heavy User«, »Innovationsfreudige«, »Genussfreudige«, »Wertkonservative« usw.

Atomistische Konzeptioner richten ihre Strategie nach Maßgabe dieser Typologien auf die gesellschaftliche »Wolke« aus und versuchen dadurch, vermeintlich typisches Verhalten von Konsumenten und Zielgruppen zum eigenen Vorteil zu beeinflussen.

Typ 7: Mechanistische Kommunikation

Die Kraft der Mechanik

Der mechanistische Kommunikator betrachtet die Welt und die Interaktion zwischen ihren Bestandteilen als eine Art Maschinerie. Der Konzeptioner, der das Konstruktionsprinzip einer »Kommunikationsmaschinerie« verstanden hat, kann jederzeit erstrebte Wirkungen erzielen, indem er seine Maschinenbedienung gemäß eines präzisen Bedienungsplans steuert. Die beispielsweise durch den »Konzeptions–Papst« Dörrbecker in Deutschland propagierte Kommunikations–Maschine gleicht einer Rakete.[7] PR–Leute können verschiedene »Brenn– und Verdichtungsstufen« der Kommunikation zum Einsatz bringen, das »Kommunikationsvehikel« Public Relations starten und nacheinander Stufe für Stufe dieser vermeintlich mächtigen Meinungsbeeinflussungs–Maschinerie zünden.

Typ 8: Sakralistische Kommunikation

Die Wirkung »höherer« Mächte

Für den sakralen Kommunikator sind der Kosmos und die Gesellschaft ein Raum der Unterwerfung unter unerforschliche höhere Mächte. Menschliches Handeln – so auch die menschliche Kommunikation – ist ein Akt der Unterwerfung unter eine hoch stehende Macht, etwa eine charismatische, eine intellektuelle oder gar göttliche Urgewalt.

Der einzelne Empfänger von Botschaften verhält sich angesichts dieser Macht mehr oder weniger passiv. Er unterwirft sich erleuchtet den Einsichten charismatischer Figuren, zu deren Inszenierung systematisch Medien genutzt werden. Sakralistische Kommunikatoren nutzen beispielsweise möglichst prominente Testimonials – säkulare »Heilige« – als ultimative Kommunikationsinstrumente (beispielsweise den deutschen »Fußballgott« Franz Beckenbauer: *»Ja, ist es den schon wieder Weihnachten?«* – oder Tennislegende Boris Becker: *»Ich bin schon drin!«*).

Typ 9: Textualistische Kommunikation

Die Macht des Wortes

Für den Textualisten ist die Welt und die Gesellschaft aus Informationen, aus schriftlichem oder gesprochenem Code konstruiert. Die soziale Wirklichkeit ist eine Wirklichkeit, die durch Texte konstituiert wird, welche unaufhörlich und unüberschaubar in den Medien präsentiert werden. Deshalb bemühen sich textualistische Konzeptioner vor allen Dingen darum, die Anliegen von Kunden-Unternehmen gegenüber Zielgruppen durch Text zu inszenieren. Für sie beginnt die »Existenz« einer Firma erst in dem Moment, in dem eine schriftliche Darstellung dieses Unternehmens Zielpersonen an die Hand gegeben werden kann und beispielsweise ein Unternehmensportrait auf eine Internet-Adresse hochgeladen wurde.

Typ 10: Systemische Kommunikation

Die Wirkung des Systems

Für den systemischen Kommunikatoren ist jedes Ding, ist jede Information ein System oder eine Komponente eines Systems. Kommunikation besteht aus einem Austausch-Prozess zwischen Systemen, Subsystemen und mit Systembestandteilen. Systemische Konzeptioner wollen Kommunikationssysteme ins Leben rufen, die den Fluss der Informationen zwischen ihrem Klienten und seinen Ansprechpartnern sicherstellen.

Die Ontologie einer sachlich begründeten Konzeptionstechnik

Jeder Konzeptioner hat die eben kurz portraitierten ontologischen Konzepte schon einmal in der einen oder anderen Variante und Kombination verwendet

– meist allerdings, ohne sich klar zu machen, dass er sich dabei uralter philosophischer Denkmuster bedient hat.

Nun geht es uns hier nicht um losgelöste philosophische Diskussion oder um grundsätzliche Ideologiekritik. Wir wollen aber deutlich sehen, welche Ontologie wir zu verwenden haben, wollen wir in Zukunft empirisch begründet besonders erfolgreiche Kommunikationskonzepte entwickeln. Um das zu erreichen, werden wir uns die gerade dargestellten Ontologien noch einmal vornehmen und schauen, was wir aus ihnen für unser Projekt »Rekonstruktion der Konzeptionstechnik« gegebenenfalls weiterverwenden können:

Typ 1: Holismus und die Emergenz

Für den *Holisten* dominiert überall die Wirkung des Ganzen. Alles ist nach seiner Vorstellung universell verknüpft. Im Bereich der Kommunikations–Beratung ist dieser Gedanke beispielsweise in Begriffen wie Corporate Communication, Corporate Identity, Corporate Design enthalten und Thema vieler Maßnahmenansätze. Die vereinheitlichte Kommunikation des Unternehmens als Ganzes, deren Inszenierung gegenüber von Zielgruppen als »ideale Identität« wird von den großen PR–Agenturen als »Königsdisziplin« ihrer Profession vermarktet.

Was ist von der dahinter steckenden holistischen Vorstellung zu halten?

Aus der Sicht der empirischen Wissenschaften, etwa den Naturwissenschaften, sind tatsächlich reale Sachverhalte zu beobachten, die zu ihrem Entstehen auf Ganzheiten angewiesen sind. Sowohl die Physik, die Chemie oder die Biologie zeigen übereinstimmend, dass neue Verhaltensweisen von Dingen auftreten können, wenn Materie aggregiert und sich spontan zu Einheiten verknüpft. Empirische Wissenschaftler sprechen in solchen Fällen davon, dass *Emergenz* auftritt.

Erste Annäherung an das Phänomen der Emergenz

Damit meinen sie den Umstand, dass sich, wenn vorher separierte Dinge zusammenkommen und aggregieren, spontan eine Einheit bilden kann, ein komplexes neues Ding, das über Eigenschaften verfügt, welche die einzelnen Bestandteile dieses neuen Ganzen als Einzelteile nicht besaßen. Diese neuen Eigenschaften werden als *emergente Eigenschaften* bezeichnet, der Prozess der Entstehung dieser Eigenschaften als Emergenz.

Genauso wie im Fall von sich bildenden Gesamtheiten Eigenschaften auftreten, die bei den einzelnen Komponenten nicht vorlagen, tritt *Submergenz* auf, der Verlust von Emergenz, wenn die Aggregation der Bestandteile des Ganzen aufgelöst wird und die Eigenschaften wieder verschwinden.

Emergenz tritt auch in sozialen Beziehungssystemen auf. Kommen einzelne Akteure in einer Situation zusammen, können sie spontan ein neues Beziehungssystem entstehen lassen. So können sich verschiedene Politiker zusammentun, eine neue Partei gründen und dadurch einen Einfluss auf die politische Diskussion verschiedenster Themen gewinnen, den sie als Einzelpersonen nie hätten erreichen können. Die kommunikative Macht dieser Partei ist eine emergente Eigenschaft, die verloren geht, submergiert, sollten sich die betreffenden Politiker zerstreiten.

Die Emergenz ist ein realer *Prozess*, der prinzipiell erfahrungswissenschaftlich zu untersuchen und zu erklären ist. Und an diesem Punkt, ist der Holismus zu kritisieren. Denn Holisten greifen das Emergenzphänomen auf, um zu behaupten, die Wirkung des Ganzen wäre nicht durch empirisch–wissenschaftliches Vorgehen analysierbar. Von einem empirisch–wissenschaftlichen Standpunkt aus ist dagegen nur dann von Emergenz auszugehen, wenn ein entsprechender Prozess auch tatsächlich nachweisbar – etwa zu beobachten oder messbar – ist.

Aus der holistischen Ontologie können wir also die Begriffe der *Emergenz* und *Submergenz* übernehmen. Allerdings stellen wir uns darunter *reale Prozesse* vor, deren Vorkommen, Bedingungen, zugrunde liegende Aggregationen, Verknüpfungen von Einheiten empirisch analysierbar sind.

Typ 2: Hierarchismus und die Ebenenstruktur der Welt

Die Ebenenstruktur der irdischen Existenz

Die empirischen Wissenschaften zeigen, dass der *Hierarchismus* insoweit richtig liegt, als das Universum und insbesondere unsere natürliche Umgebung keine flache, einfache Struktur hat, sondern eine Vielzahl von ontologischen Ebenen aufweist.

Die realen Dinge sind in Ebenen organisiert, bilden eine »kosmologische Leiter«. Wir können grob fünf Ebenen unterscheiden: die *physikalische, chemische, biologische, soziale und technologische Ebene.*

Häufig wird diese Leiter von oben herab betrachtet, sozusagen von der »Spitze« herab in Richtung der »Niederungen« des Seins. Wir aber schauen von unten her. Denn – wie eben gesehen – entstehen die Dinge auf der höheren Ebene jeweils aus den aggregierten Dingen auf der niedrigeren Ebene per Emergenz. Wir übernehmen die Sichtweise der empirischen Wissenschaft insoweit, als wir annehmen, dass ein System jeweils über Komponenten verfügt, die zu einer niedrigeren Systemebene gehören. Außerdem nehmen wir an, dass ein System auf einer bestimmten Ebene jeweils durch das spontane Zusammenwirken von Dingen oder Vorgängern auf der darunterliegenden Seinsebene entsteht.

Aus der Kommunikations-Beratung ist uns vertraut, dass Kommunikationsprozesse auf verschiedenen Ebenen verlaufen, von einer Ebene auf die nächste übergehen müssen, um letztlich auf breiter Basis für eine größere Zielgruppe wirksam zu werden.

Typ 3: Tychismus und der Zufall

Der *Tychismus* hat insoweit Recht, als dass Ereignisse durchaus zufällig sein können. Das bedeutet aber nicht, dass Ereignisse gesetzlos auftreten. Ereignisse können beispielsweise gemäß stochastischer oder probalistischer Gesetze mit einer gewissen Wahrscheinlichkeit auftreten oder auch unterbleiben.

Die Welt entfaltet sich durchgängig nach Gesetzen, die wir oft nur teilweise kennen. Ereignisse können wir deshalb nur begrenzt vorhersagen. Dadurch ist der Zufall manchmal eine Sache des Betrachters, der nicht über die genauen Hintergründe des gerade eintretenden Ereignisses verfügt.

Zufälle können den Naturgesetzen nichts anhaben.

Dass in diesem Sinne Zufälle vorkommen, deutet nicht darauf hin, dass die Determiniertheit unserer Welt sich zufällig auflösen könnte. Mario Bunge zeigt das anschaulich am Fall eines Computers, der zusammenbricht und dessen gesamter Datenbestand gelöscht wird. Diese kleine Case Story wollen wir hier für unsere Zwecke ein wenig ausschmücken:

Ein Rechner, hat im Netz das neueste Update des Betriebssystems gezogen, das bedauerlicherweise Bugs enthielt, auf die Programme auf der Festplatte »allergisch« reagieren. Der Computernutzer weiß zwar nicht sofort, was da passiert ist – ihm erscheint der Computerzusammenbruch als »zufällig«.

Auch wenn er es im Augenblick gegenüber Kollegen behaupten sollte (wir wollen übrigens hoffen, dass er irgendwo noch ein Backup seiner Platte verfügbar hat), ist es übrigens nicht wahr, dass die Welt des betroffenen Users durch den Computerunfall tatsächlich »zusammengebrochen« ist. Denn durch einen zufälligen Computerabsturz wird die deterministische Ordnung unserer Welt nicht aufgehoben. Der Computer wird sich also nicht etwa in einen rosa Elefanten verwandeln. Genauso wenig müssen wir übrigens befürchten, dass ein Schmetterling – auch wenn uns das mittels einer abstrakten Computersimulation suggeriert wird – in tausenden Kilometern Entfernung durch einen Flügelschlag »zufällig« einen Sturm auslösen wird.

Entsprechend gilt in der Kommunikationsberatung, dass es durchaus Zufälle gibt, die eine Rolle spielen. Ein zufälliges Ereignis kann dazu führen, dass eine aktuelle Pressemitteilung eines Unternehmens bundesweite Aufmerksamkeit gewinnt. Ein Pharmaunternehmen kann beispielsweise bekannt werden, weil zum Zeitpunkt der PR–begleiteten Markteinführung eines neuen Medikaments gegen Influenza eine Grippeepidemie ausbricht. Doch diese Aufmerksamkeit droht genauso schnell wieder zu verschwinden, wie die Wirkung des Zufallsereignisses »Ausbruch der Influenza« nachlässt.

Das Wesen von Zufällen ist deren Ungeplantheit. Das hat zur Folge, dass ein Konzeptioner zwar mögliche Zufälle und Trends zu berücksichtigen hat. Solide Maßnahmenkonzepte auf unvorhersehbare Zufallsereignisse aufbauen kann er aber offensichtlich nicht.

Typ 4: Dynamizismus und soziale Konventionen

Der kontinuierliche Wandel ist nicht zu stoppen.

Vom *Dynamizismus* lernen wir, dass alle Dinge sich in einem kontinuierlichen Prozess des Wandelns befinden. Veränderlichkeit ist das wesentliche Merkmal der Wirklichkeit. Reale, tatsächlich vorhandene, materielle Dinge ändern sich laufend. Dinge, die den Anschein machen, unverändert zu bestehen, müssen mit Aufwand in einem gleich erscheinenden Zustand erhalten werden – ihr Unverändertsein ist nur scheinbar.

Denken wir in diesem Zusammenhang etwa an das Corporate Design eines Unternehmens:

Damit der äußere Auftritt eines Unternehmens oder eines Produkts als unverändert und damit ständig wiedererkennbar erscheinen kann, muss eine erhebliche Initiative ergriffen werden: Es sind zahlreiche Regeln zur Handhabung des betreffenden Artworks (Logos, Signets usw.) festzulegen und allen mit dessen Verwendung betrauten Personen zu erläutern und einzuschärfen. Die Ausführung von Layouts muss mit großem Arbeitsaufwand kontrolliert und gegebenenfalls korrigiert werden.

»Unveränderlichkeit« in Kommunikationsprozessen ist offenbar mit erheblichem Kraftaufwand verbunden. Denn materielle Dinge sind wandelbar. Dazu kommt, dass sie dem Prinzip der Gesetzmäßigkeit unterworfen sind. Veränderungen und Prozesse lassen sich grundsätzlich mit Hilfe von Gesetzen beschreiben. In sozialen Systemen kommen zu diesen materiellen Gesetzen weitere Gesetzmäßigkeiten, die als soziale Konventionen, als moralisch oder juristisch definierte Verhaltensregeln auftreten.

Typ 5: Dialektik und die konfliktreiche gesellschaftliche Kommunikation

Von der *dialektischen Ontologie* können wir lernen, indem wir ihr Misstrauen gegenüber gesellschaftlichen Zuständen des Gleichgewichts, des Equilibriums und des sozialen Friedens übernehmen. Hinter der harmonisch wirkenden Oberfläche stecken oft Macht- und Existenzkämpfe, die Kooperation und Zusammenleben in Bereichen der Gesellschaft schwierig machen. Dialektik weist uns an, solche Widersprüchlichkeiten in der Struktur von Systemen zu suchen und aufzudecken.

Widersprüche sind wichtige– Ausgangspunkte.

Solche Widersprüchlichkeiten sind besonders für uns als Konzeptioner wichtige Ausgangspunkte. Häufig hat es unser Klient in der Öffentlichkeit mit Konkurrenten zu tun, denen gegenüber wir mit Maßnahmen Gegenpositionen beziehen sollen. Oder der Klient hat es mit Widerspruch zu tun, der aus der Öffentlichkeit in Form von Kritik an Emissionen aus seinen Produktionsanlagen, an Mitarbeiterentlassungen usw. aufkommt.

Besonders konfliktträchtig sind die allgegenwärtigen Massenmedien, die häufig für die Herstellung von Öffentlichkeit verantwortlich sind. Die Medien sind geradezu besessen von Dialektik – sie legen es darauf an, täglich vor allem neue Konflikte ausfindig zu machen, um über diese zu berichten. Denn Konflikte haben die Eigenart, besonders wirkungsvoll Aufmerksamkeit zu schaffen und dabei Medienkonsumenten anzuziehen.

Trotz dieser durchaus berechtigten Konzentration auf Konflikte und auf die Dialektik in Kommunikationsprozessen dürfen wir allerdings nicht ignorieren, dass die Gesellschaft keineswegs ausschließlich als Kampfplatz zu betrachten ist. Der Kampf ist bestenfalls die eine Seite unserer gesellschaftlichen Existenz. Wir sollten nicht übersehen, dass Konsens und harmonische Beziehungen wesentlich sind, um beispielsweise Vertrauen für neue Meinungen zu erzeugen. Ohne Harmonie in sozialen Beziehungen gäbe es in einer Gesellschaft keine Kommunikation.

Typ 6: Atomismus und die Analyse der Kommunikationssituation

Komponenten sind wesentlich für das Ganze.

Vom *Atomismus* lernen wir, dass der Kosmos aus Subsystemen zusammengesetzt ist, die wiederum aus kleineren Einheiten gebildet werden. Dinge kombinieren sich, um komplexe Dinge zu bilden. Um Dinge zu verstehen, müssen wir ihre Zusammensetzung und ihre Komponenten analysieren. Allerdings liefert diese Analyse der Bestandteile keine vollständige Erklärung. Denn das Verständnis der Komponenten reicht nicht hin, um das Ganze zu verstehen.

Das Leben einer Gruppe und die Kommunikation der Individuen lässt Beziehungen, Gebräuche und Regeln entstehen, die über die Eigenschaften der Einzeldinge hinausgehen. So haben Kommunikationssysteme Eigenschaften und bewirken Ergebnisse, die wir keinem der einzelnen beteiligten Akteure zuschreiben können.

Interaktionen transzendieren in diesem Sinne die Fähigkeiten einzelner Gesprächspartner. Entwickeln wir als Konzeptioner eine Maßnahme, die beispielsweise die Kommunikation mit Journalisten einbezieht, dann entwerfen wir kein Konzept zur Interaktion mit einem »atomisierten« Individuum. Wir berücksichtigen demgegenüber stets, welche Lesergruppe der betreffende Journalist bei seiner Arbeit im Auge hat, für welche Redaktion mit welcher Interessenlage er arbeitet, für welchen Verlag mit welchem wirtschaftlichen Interesse an Anzeigenschaltungen usw. Wir entwerfen also eigentlich automatisch eine Interaktion mit ganzen Gruppen von Personen.

Typ 7: Mechanistische Philosophie und die Kommunikations-Mechanismen

Von der *mechanistischen Philosophie* lernen wir, dass es nicht ausreicht, eine Sache zu beschreiben, um sie zu verstehen. Wir müssen wissen, was sie »ans Laufen« bringt, aufgrund welcher Mechanismen sie funktioniert. Für eine angemessene Erklärung benötigen wir Wissen über Funktions- und Wirkweisen, die allerdings im seltensten Fall mechanisch-technischer Natur sind.

Ohne Mechanismen-Wissen keine Erklärungen

Erklärungen in Physik, Chemie, Biologie und in den Sozialwissenschaften beschreiben elementare Wirkweisen und Reaktionsmuster. Wir nennen sie hier und im Folgenden »Mechanismen«. Offenbar ist es eine Grundbedingung für erfolgreiches konzeptionelles Arbeiten, ein solides Wissen über empirisch belegte »Kommunikationsmechanismen« zu haben.

Typ 8: Sakralismus und die Nutzung von Charisma

Vom *Sakralismus* lernen wir, dass es im Zusammenleben der menschlichen Spezies Mechanismen gibt, die auf der Verehrung von charismatischen Institutionen und Personen beruhen. Zwar basiert ihre Wirkung auf der Ansprache von »außeralltäglichen« Bewusstseinslagen und insbesondere emotional gefärbten Motivationen. Sie ist aber dennoch begrenzt und außerdem vollständig diesseitig-empirisch und rational zu analysieren und zu erklären.

Die Wirkung von Begeisterung ist labil.

Im Bereich der Kommunikation tritt der Sakralismus beispielsweise bei der Nutzung der »Begeisterung« der Bevölkerung für gewisse prominente Personen auf. Hierbei wird das persönliche Charisma von Individuen eingesetzt, um Kommunikationsergebnisse für Produkte oder Dienstleistungen zu erzielen.

Gerade in letzter Zeit hat sich etwa im Bereich der Werbung für Markenartikel gezeigt, wie risikoreich die Nutzung dieses »geborgten« sakralen Werts ist. Durch persönliche Verfehlungen oder einfach durch einzelne unbedachte Äußerungen kann die veränderte Medienwirkung eines charismatischen Prominenten einer mit dieser verbundenen »Markenidentität« schweren Schaden zufügen.

Typ 9: Textualismus und die Wirkung von Kommunikationsmedien

Vom *Textualismus* lernen wir, dass Texte und Diskurse eine große Bedeutung bei der Entwicklung und Verfeinerung wissenschaftlicher Theorien und technologischer Ansätze haben.

Letztlich ist ein Kommunikationskonzept auch ein Text. Doch sein Wert und der Wert der darin entworfenen Konstrukte erweist sich nur, wenn aufgrund des Konzeptes Maßnahmen organisiert werden können, die wirkungsvoll auf Kommunikationsmechanismen zurückgreifen und gewünschte Wandlungen in sozialen Systemen bewirken.

Papier ist geduldig.

Wir haben sozusagen als Konzeptioner die Bibliothek und unseren Schreibtisch hinter uns zu lassen und den Realismus unserer Konzepte im Kommunikations-Alltag zu beweisen. Daraus ergibt sich etwa für die PR-Praxis, dass die bloße Entwicklung von Texten – z. B. in Form von Image-Broschüren oder Pressemitteilungen – nicht die Erfüllung des Kommunikationsauftrags darstellt. Diese besteht demgegenüber darin, sicherzustellen, dass die Inhalte der Medien tatsächlich bei den konkreten Zielpersonen ankommen und Wirkungen erzielen, indem sie Verständnis bewirken sowie Überzeugungen, Einstellungen und Verhalten ändern.

Der Druck einer Broschüre oder einer Presseerklärung ist nur einer von vielen vorbereitenden und begleitenden Schritten bei der Bewältigung der Aufgaben im Rahmen der Arbeit für einen PR-Auftraggeber.

Typ 10: Systemismus und die Synthese der Ontologien

Die System-Perspektive bietet eine kosmologische Synthese.

Die *systemische Kosmologie* stellt in gewisser Weise eine Synthese aller betrachteten Ontologien dar und ist deshalb für uns eine interessante Basis-Kosmologie.[8]

Schauen wir uns diese grundlegende Kosmologie einmal genauer an und versuchen wir, von hier aus unser eigenes ontologisches Konzept aufzubauen:

Systemismus: Basis-Ontologie empirischer Wissenschaften

Der *Systemismus* nimmt an, dass alle konkreten, realen Dinge Systeme oder Komponenten eines Systems sind.

Wichtiges Merkmal des Systemismus ist, dass er zwei andere weit verbreitete Ontologien miteinander verknüpft und zu einer Einheit bündelt: Er verbindet den *Holismus* mit dem *Atomismus*.

Systemismus verbindet Holismus und Atomismus.

Der *Holismus* ist eine der ältesten Kosmologien überhaupt. Er betrachtet die Welt wie bereits gesehen als eine Einheit, deren Teile organisch verschmolzen und dem Ganzen komplett untergeordnet sind. Beispiele für holistische Konzepte sind die Vorstellungen vom kollektiven Gedächtnis, des Willens eines Volkes, Kultur einer Gesellschaft usw.
Diese Ontologie tritt häufig zusammen mit einer typischen Erkenntnistheorie, nämlich mit dem *Intuitionismus* auf.

Der *Intuitionismus* nimmt an, dass das Ganze nur durch Empathie, durch Nacherleben und ganzheitliche Sinnes- oder Denkerfahrung zu begreifen ist. So nehmen häufig Intellektuelle die Fähigkeit für sich in Anspruch, zur intuitiven Erfassung der Realität lediglich eine Bibliothek und einen Schreibtisch, also keinerlei empirische Datenerhebung zu benötigen.

Sie nehmen weiterhin an, die detaillierte Analyse eines Ganzen, die Zerteilung eines gesellschaftlichen Prozesses in verschiedene Wirkfaktoren würde in der Anschauung das eigentlich Reale, das Organische zur Auflösung bringen – es sozusagen »zerstören« –, statt es intuitiv korrekt zu »verstehen«.

Diese antianalytische, gegen die Nutzung empirischer Sozialforschung gerichtete Grundhaltung ist die »schädliche« Variante des Holismus, die wir nicht akzeptieren können.

Denn allein die Analyse des Ganzen in seine interagierenden Teile ermöglicht es, zu beschreiben, was die Einzelteile zusammenhält, in welche Prozesse sie involviert sind, welche Mechanismen zwischen ihnen wirken, was ihren Zusammenhalt gefährden könnte und wie dieser gegebenenfalls verbessert werden könnte.

Der *Atomismus* ist wie oben gesehen ebenfalls eine der klassischen Kosmologien. Ihm erscheint die Welt als Kollektion von Atomen, als Fülle von Kombinationen kleinster Teilchen. Der Atomismus ist wahrscheinlich die erste »naturalistische« Weltsicht, das heißt, der erste Ansatz, der die Welt umfassend und rational erklärte, ohne auf göttliche, übernatürliche Wirkung zurückzugreifen. Stattdessen weist er auf die Wirkweise und die Kräfte von nicht sinnlich wahrnehmbaren materiellen Entitäten hin, die theoretisch erschlossen werden müssen. Ganz ähnlich beziehen sich die modernen empirischen Wissenschaften auf Entitäten, die nicht wahrnehmbar sind, sondern stattdessen im Rahmen von speziellen Versuchen und Messmethoden nachgewiesen werden müssen.

Atomismus in sozialwissenschaftlichen Theorien

Der Atomismus hat einen starken Einfluss auf die Sozialwissenschaften. So steckt das atomistische Grundkonzept etwa im Feld der Ökonomie in der Neoklassischen Wirtschaftstheorie, im Bereich der Soziologie etwa in der einflussreichen Rational Choice–Theorie.
Beide erklären soziale Fakten, soziales Handeln, Interaktionen aufgrund einer Bottom–up–Strategie vom Einzelakteur ausgehend »von unten nach oben«.

Sie starten beim Individuum und seinen Wertungen und Entscheidungen. Den einzelnen Akteur sehen sie dabei als prinzipiell bindungslos, in einem sozialen Vakuum existierend. Der soziale Kontext, sozusagen das Ganze, in dem sich der Einzelne bewegt und verhält, wird ausgeblendet, zumindest als Faktor nicht mitberücksichtigt oder analysiert.

Entsprechend ist für Moral– und Handlungstheorien, die vom Atomismus geprägt sind, typisch – wie etwa im Fall des ökonomischen Liberalismus oder der Moralphilosophie Kants –, dass ihre theoretischen Fiktionen beim abstrakten, isolierten, auf sich selbst gestellten Individuum starten.

Hinter dem Atomismus steckt ein Stück Wahrheit. Schauen wir dazu in die Naturwissenschaft:

Es gibt tatsächlich physikalische Atome. Allerdings können diese nicht losgelöst von subatomaren Feldern bestehen. Entsprechend existieren tatsächlich soziale Atome und Kommunikations–Atome, – wir sprechen eher von Einzelpersonen und einzelnen Akteuren.

Doch alle diese Atome existieren nie wirklich isoliert. Sie sind unlösbar Bestandteile von Subsystemen, Systemen und Supersystemen, die letztlich wiederum Bestandteile des Gesamtsystems »Universum« sind.

Das gilt für das freie Elektron, das Photon, die isolierte Zelle, die für sich betrachtete Person, die Wirtschaft, die Nation usw. Sie sind jeweils für sich und isoliert betrachtet realitätsferne Idealisierungen und Fiktionen.

Basisbegriffe der systemistischen Ontologie

Ein angemessenes Verständnis der *systemistischen Ontologie* setzt voraus, den *Systembegriff* und die damit verknüpften Konzepte ausreichend zu kennen.

Der hier und im Weiteren verwendete Systembegriff ist eng verbunden mit den weiteren Begriffen *Komposition, Umgebung, Struktur, Mechanismus* sowie *Sub- und Supersystem.* Die methodologischen Hintergründe dieses Begriffsfelds werden in den nächsten Kapiteln ausführlich erläutert.

Hier gibt es vorab schon jeweils kurze Definitionen.[9]

Systemtheoretische Grundbegriffe

*Die »**Komposition**« eines Systems bezeichnet die Zusammensetzung, die Auswahl der System-Bestandteile.*

*Die »**Umgebung**« eines Systems bezeichnet die Auswahl der Dinge, die auf die Komponenten, Bestandteile des Systems wirken, bzw. die Dinge, auf die es selber seinerseits Wirkungen ausübt.*

*Die »**Struktur**« eines Systems bezeichnet die Kollektion der Relationen – Verbindungen und Verknüpfungen – zwischen den Komponenten im Inneren des Systems sowie die Relation dieser Komponenten zu Entitäten in der Umgebung des Systems.*

*Die erste Gruppe von Relationen bildet die so genannte »**Endostruktur**« **(Innenstruktur)**, die zweite die »**Exostruktur**« **(Außenstruktur)**.*

*Die »**Gesamtstruktur eines Systems**« besteht aus der Verbindung dieser beiden Beziehungs-Sets. Wichtig ist an dieser Stelle diese Erläuterung: **Jede Struktur ist die Struktur von etwas, also die Eigenschaft von einem Ding.** Es gibt keine an sich existierenden Strukturen oder Beziehungen, losgelöste Beziehungsmuster, sondern nur die realen Dinge, die strukturiert sind und Beziehungen eingehen, die konkrete Eigenschaften haben.*

*Die »**Mechanismen**« eines Systems bezeichnen den Bestand an Prozessen, die das System formen, seine spezifischen Funktionen ermöglichen, also die Prozesse bewirken, die es transformieren und seine Wandlungen bewirken.*

*Ein Ding ist ein »**Subsystem**« eines anderen, wenn es selbst wiederum ein System ist und seine Komposition und Struktur in der Komposition und Struktur des übergeordneten Systems enthalten sind. Umgekehrt ist das übergeordnete*

*System das »**Supersystem**« dieses Subsystems. In Bezug auf das Supersystem Universum sind alle darin befindlichen Systeme damit Subsysteme.*

Aufgrund dieser Basisbegriffe lässt sich nun ein realistisches Modell eines konkreten Systems definieren. Ein System *S* ist eine Entität, die folgendermaßen als Quadrupel beschreibbar ist:

Das ZUSM-Modell wird vorgestellt.

System = Z_S, U_S, S_S, M_S
(»Modell eines konkreten System« = »Zusammensetzung von S, Umgebung von S, Struktur von S, Mechanismen von S«)

Mit Hilfe dieses Modells zeichnet sich deutlich ab, welche Mängel die beiden nichtsystemischen Ontologien Holismus und Atomismus haben:

Der *Holismus oder Kollektivismus* betrachtet jedes System als eine nicht hintergehbare Ganzheit. Er verneint die Möglichkeit der Analyse von Systemen in Komposition, Umgebung, Struktur sowie Mechanismen und meidet empirische Untersuchungen seiner Grundannahmen.

Der *Atomismus* – etwa in Form des Rational Choice–Ansatzes der Soziologie – legt keine empirischen Belege für viele seiner Grundannahmen vor, etwa zu seinen Annahmen in Bezug auf die Motivation individuellen Handelns. Er weist die Existenz von Systemen, sowie die Analyse von deren Komponenten, Umgebungen, Strukturen und Mechanismen zurück. Den Begriff der Emergenz lehnt er ebenfalls ab.

Systemismus verbindet Individualismus und Kollektivismus.

Systemismus vermeidet Beschränkungen.

Der Systemismus stellt somit die empirisch–wissenschaftliche Alternativ–Ontologie dar, welche die Einschränkungen von atomistischem Individualismus und kollektivistischem Holismus vermeidet. Er greift zur Erklärung der Realität sowohl auf die Betrachtung konkreter Individuen als auch empirisch belegbarer Wirkungen des Ganzen, des Systems zurück. Er untersucht gezielt den Zusammenhang des Handelns des einzelnen Akteurs und der ihn umgebenden Sozialstruktur. Dazu postuliert der Systemismus, dass jede Entität, jedes Ding ein System oder ein Bestandteil eines solchen ist.

In gewisser Weise können wir nun behaupten, dass die systemistische Ontologie die »Wahrheiten« von beiden erhält und verträglich macht – sowohl die realistische Grundeinsicht des sozialen Atomismus – des Individualismus – als auch die des sozialen Holismus – des Kollektivismus.

So übernimmt der Systemismus vom Individualismus die wichtige Idee, dass Individuen eigenständige Kräfte sind, während der Kollektivismus sie als dynamische Einheiten ausblendet.

Das Individuum ist die Primärkraft des Sozialen.

Das *Individuum* ist aus systemischer Sicht nämlich das aktive Element, die *Primärkraft des Sozialen*, das wesentliche Antriebsaggregat und die materielle Basis der Gesellschaft. Wenn sich nicht die einzelnen Mitglieder engagieren und mit ihrer Initiative zusammenwirken, gibt es keine Gruppe oder Kollektiv.

Daraus ergibt sich, dass es das korrekte Sprechen und Denken erforderlich macht, typische holistisch–kollektivistische Redeweisen aufzugeben und dagegen besser von Individuen zu sprechen, die sich in einer systemischen Umgebung befinden. Dazu Beispiele:

Statt abstrakt zu behaupten, dass *»die Gesellschaft abweichendes Verhalten negativ sanktioniert bzw. bestraft«*, sollten wir konkret werden und sagen, dass *»die Mitglieder des sozialen Systems ‹Gesellschaft› andere Individuen bestrafen, die sich abweichend verhalten«*. Diese Aussage spricht die Individualität des Akteurs genauso an wie die sozialen Tatbestände »Gesellschaft« und »Abweichung«.

Weiteres Beispiel:

Statt zu sagen, *»Firma A setzt ihre Botschaft im Meinungsmarkt durch«*, werden systemisch geschulte Konzeptioner motiviert, konkret auf die Realität einzugehen und zu sagen: *»Die Mitarbeiter der PR–Abteilung übermitteln die mit den Managern des Unternehmens A zusammen erarbeiteten Leitsätze mit Hilfe des Kommunikationsinstruments K an Ansprechpartner verschiedener Institutionen im Sozialsystem S, um im Anschluss im persönlichen Gespräch mit diesen sicherzustellen, dass die Leitsätze von diesen Personen bestmöglich verstanden und Vorbehalte sowie Missverständnisse weitgehend ausgeräumt werden.«*

So wird deutlich, dass beispielsweise im Feld der Unternehmenskommunikation nicht die »Firma« die eigentliche Aktivkraft oder sogar der Kommunikator ist. Auch die »Zielgruppe an sich« ist nicht der Adressat der Botschaft, sondern jeweils individuelle Akteure und Gesprächspartner als Gruppen–Angehörige, die als reale Aktivkräfte auftreten und wirkliche Prozesse in sozialen Strukturen anstoßen.

Um es noch einmal auf den Punkt zu bringen:

Die Nutzung des Systemismus als ontologischen Standpunkt gibt uns die Möglichkeit, das Beste aus den Welten von Individualismus/Atomismus und Kollektivismus/Holismus zu nutzen. Dadurch können wir ausreichend klären, was in einem vorliegenden Praxisfall auf der einen Seite individuellen Mitgliedern eines sozialen Systems, eines Kommmunikationssystems, und auf der anderen den sie umschließenden sozialen Strukturen zuzurechnen ist.

Fortschritt durch systemistische Ontologie

Der Systemismus motiviert die detaillierte Analyse von Prozessen.

Durch die Entscheidung für eine systemistische Ontologie haben wir offenbar für unser Projekt bereits einen wesentlichen Fortschritt erzielt. Denn die Einsicht, dass die Welt ein System von Systemen ist, leitet uns automatisch zur empirischen Analyse aller wesentlichen Bestandteile und Prozesse hinter Kommunikations–Tatbeständen. Mit dem Systemismus lösen wir uns von der einseitigen Sichtweise des Individualismus, der die Losgelöstheit und den Eigennutz des Einzelnen derartig überakzentuiert, dass er die Bedeutung der Gruppe und die Wirkung von dessen Strukturen aus dem Blick verliert.

Der Systemist überwindet dadurch auch die einseitige Moral des *sozialen Individualismus*, die formuliert werden kann als: »*Was gut ist für das Individuum, ist auch gut für die Gesellschaft!*«. Diese Moral steckt zum Beispiel in der neoliberalen Ökonomie, die von dem Dogma ausgeht, dass die konsequente und unbeeinflusste Verfolgung individuellen Eigennutzes – also der zügellose Hedonismus – automatisch den größten Gemeinnutzen bewirkt.

Gleichzeitig vermeidet der Systemist eine einseitige *kollektivistische Sichtweise*. – Kollektivistische Holisten betonen derartig die Bedeutung der Heteronomie, der Abhängigkeiten, Pflichten, des Altruismus und der Konformität in einer Gesellschaft, dass der Einzelne darin verloren geht. Die kollektivistische Moral heißt: »*Was gut für die Gesellschaft ist, ist auch gut für den Einzelnen!*«. Diese Moral steckt beispielsweise im Bereich der Ökonomie in der Betonung von Staatslenkung und Favorisierung der Planwirtschaft als ökonomisches Modell.

Auch im Bereich der Politik sind die beiden eindimensionalen Ontologien verbreitet.

Den Individualismus finden wir im »laissez faire, laissez allez« des Liberalismus, den Kollektivismus finden wir in den verschiedenen Versionen autoritärer Konzeptionen der Staatsgewalt.

Der Systemismus ist demgegenüber mehrdimensional aufgestellt. Der Systemist geht davon aus, dass das Individuum die Grundlage von Kommunikation bildet, indem es mit seinen Umgebungen interagiert. Kommunikation setzt stets als Interaktionsträger den individuellen Akteur voraus. Ohne diesen macht der Begriff »Kommunikation« keinen Sinn.

Der Systemismus betont darüber hinaus die Interdependenz von individueller Existenz auf der einen Seite und den emergenten kollektiven Strukturen, die auf den Einzelnen zurückwirken, auf der anderen Seite.

Der Systemismus betont Interdependenzen.

So kann der Systemismus Autonomie der Individuen mit Abhängigkeit vom Ganzen, Unabhängigkeit mit Kooperation, Eigennutz und Hedonismus mit Altruismus, Rechte mit Pflichten kombinieren. Die systemische Moral heißt deshalb: *»Was für den sozial orientierten Einzelnen gut ist, ist gut für die gerecht verteilende Gesellschaft!«* Das wirtschaftliche Konzept des Systemismus heißt deshalb »soziale Marktwirtschaft«; das politische Konzept heißt »Demokratie«.

Kritik am Systemismus

Bevor wir nun weiter in Details der ontologischen Grundlegung unserer Konzeptionstechnik gehen, werden wir zunächst noch auf Missverständnisse einzugehen haben, die im Zusammenhang mit dem Konzept des Systemismus im Umlauf sind:

Es ist seit Jahrzehnten in der wissenschaftstheoretischen Diskussion üblich, Systemtheorien anhand von Merkmalen zu kritisieren, die allerdings auf den hier vorgestellten Systemismus nicht zutreffen.

Systemismus hat korrekt verstanden nichts gemein mit den so genannten »Systemtheorien«, die mit einer wolkigen und schwammigen Vorstellung des System–Gedankens arbeiten und dazu typischerweise Metaphern einseitig aus dem Bereich der Biologie beziehen. Die entsprechenden Systemtheoretiker sprechen typischerweise vom System als »organischem Ganzen«.

Richtig ist, dass alle Organismen Systeme sind. Allerdings wollen wir uns klar vor Augen halten, dass nicht umgekehrt gilt, dass alle Systeme Organismen sind. Wir können gemäß unserem Systemismus Atome, Festkörper genauso wie Kommunikationsabteilungen, PR–Agenturen, Konzerne als Systeme analysieren. Diese Gebilde sind zwar Systeme aber keine Organismen. Organismen sind lebendige Entitäten, Unternehmen nicht.

Weiterhin hat unser Systemismus nichts mit den unhaltbaren Systemtheorien zu tun, die auf einem Gleichgewichtskonzept basieren. Diese verbinden den Begriff des Systems mit der Vorstellung eines »Equilibriums« und definieren dieses Gleichgewicht als integrales Merkmal des Systemischen. Diesen Systemtheorien wird deshalb zu Recht vorgeworfen, Konflikte sowie Wandel zu übersehen und stattdessen apriorische Harmonie und Ausgeglichenheit zu postulieren.

Ein realistischer Systemismus räumt demgegenüber Konflikten und Veränderungen einen breiten Raum ein. Die Verwendung des Systemkonzepts und der damit zusammenhängenden Begrifflichkeit hat im Gegenteil gerade den Vorteil, die verschiedenen Formen von Konflikten und Umwälzungen analysierbar zu machen. Gleichzeitig ermöglicht dieses Systemkonzept, die Rolle von Kooperation und Zusammenhalt – etwa im Rahmen von Kommunikationsprozessen – zu betrachten.

Holistische Systemtheorien verstellen Zugang zur Realität.

Wie diese Beispiele deutlich machen, ist längst nicht jede »Systemlehre« für die Verwendung in unserer Konzeptionstechnik zu gebrauchen. Das trifft insbesondere auf die Systemtheorien zu, die in der Vergangenheit in der Sozialphilosophie verbreitet waren – etwa auf die systemische »Grand Theory« des amerikanischen Soziologen Talcott Parsons und ganz besonders auf die an Parsons› Werk anknüpfende, in Deutschland stark rezipierte »Allgemeine Systemtheorie« Niklas Luhmanns zu. Diese holistisch–kollektivistischen Ansätze wurden von ihren Autoren jenseits aller empirischen Überprüf– und Anwendbarkeit konstruiert.

Vom Systemismus zum Materialismus

Es geht nun weiter bei einem Punkt, der dem aufmerksamen Leser gewiss aufgefallen ist:

Einige der oben beschriebenen Kosmologien wie der Tychismus, Holismus, die Dialektik aber auch der eben genauer betrachtete Systemismus beschäftigen sich nicht mit dem »Stoff«, dem »Material« aus dem die Welt aufgebaut ist. Sie fokussieren stattdessen auf die *Strukturen der Welt* und sind in diesem Sinne als *»strukturell«* zu bezeichnen.

Wenn wir wie angedeutet im Folgenden für die Konzeptionstechnik einen Systemismus übernehmen wollen, müssen wir deshalb die *»strukturelle« System–Ontologie* mit einem *»materialen« Konzept* ergänzen. Das heißt, wir müssen noch die Frage beantworten, aus welchem »Stoff«, aus welchem »Material« die Welt und insbesondere Kommunikation besteht.

Wir fragen uns also:

Realistischer Materialismus gesucht

Mit welchem »Materialismus« wollen wir in Zukunft arbeiten, wenn wir Kommunikationskonzepte entwerfen?

Zur Beantwortung dieser Frage greifen wir wiederum auf die wissenschaftstheoretischen Analysen von Mario Bunge zurück:[10]
Bunge stellt besonders heraus, dass die empirisch wissenschaftliche Ontologie sich in diesem Punkt deutlich von einem Idealismus unterscheidet, also von der Auffassung, es gäbe neben der materiellen Welt selbständig existierende immaterielle Objekte wie Ideen oder andere spirituelle Entitäten.

Offenbar sind empirische Forscher *Materialisten*, indem sie nur real existierenden, materiellen Dingen *Wirklichkeit* zusprechen.

Ideen und andere abstrakte Objekte wie Fiktionen, Konzepte und so weiter interpretieren sie als Konstrukte, die wir nur mit Hilfe von materiellen, uns zum Denken befähigenden Organen – nämlich unseren Gehirnen – entwickeln und erdenken können.

Dieses strikte materielle Konzept mag für den einen oder anderen Leser im ersten Augenblick einen gewissen Schock verursachen. Doch seine Vorteile sind überzeugend:

- *Zum Ersten ist diese Weltsicht im höchsten Maß realistisch – Fiktionen wird grundsätzlich keine Existenz zugeschrieben.*

- *Zum Zweiten stellt sie kompromisslos fest, dass es lediglich eine einzige Wirklichkeit, nämlich die materielle Welt gibt. Wir können es uns also sparen, über Zweit- oder Drittwelt und deren transzendente, spirituelle »Bevölkerung« zu spekulieren. Vorstellungen von idealen Gedankenkonstrukten wie »Welt der Ideen« oder »Welt der Bewusstseinsinhalte« können wir als irreale Konstrukte ablegen.*

Wie dieser Materialismus der empirischen Wissenschaften im Einzelnen zu verstehen ist und welche Konsequenzen er für unsere Arbeit mit Kommunikation, Kommunikationssystemen und -prozessen hat, werden wir bald im Einzelnen erarbeiten.

Zunächst ist es aber wichtig, den Begriff umgehend von einseitigen Interpretationen abzugrenzen, die weithin im Umlauf sind.

Empirischer Materialismus hat nichts mit der »materialistisch-egoistischen« Ethik zu tun.

Der hier verwendete Begriff des Materialismus hat nichts zu tun mit der so genannten *»materialistisch-egoistischen« Ethik*, die wir ansprechen, wenn wir von jemandem sagen, er würde stets auf seinen »materiellen Vorteil« schauen. Damit ist gemeint, jemand verfolge konsequent egoistische Motive, um seinen eigenen Vorteil – häufig auf Kosten des Wohls und der Gefühle anderer – zu mehren. Egoismus und Hedonismus sind, wie oben schon angesprochen, die »Domänen« eines individualistischen Atomismus, der sich beispielsweise in der neoliberalen ökonomischen Theorie verbirgt. Die Verfolgung des in diesem Sinne »materiellen« Vorteils soll vermeintlich den höchsten allgemeinen Nutzen automatisch erzeugen, was empirisch eindeutig widerlegt werden konnte.

Eine weitere – dabei sehr folgenreiche – Interpretation des Materialismus-Begriffs hat Karl Marx mit seinem berühmten *»historischen Materialismus«* geliefert. Nach seiner Vorstellung sind die Kultur der Gesellschaft und das Bewusstsein der Individuen einseitig durch die materiell-ökonomische Basis einer Gesellschaft bestimmt.

Der Materialismus empirischer Wissenschaften definiert demgegenüber ein grundsätzlich umfassenderes Konzept, bei dem ökonomische Mechanismen nur einen Teil der Kräfte in einer Gesellschaft darstellen, die Prozesse in sozialen Systemen nach sich ziehen und dadurch Strukturen gestalten.

Das Konzept des »wissenschaftlichen Materialismus«

Nachdem wir den Begriff des Materialismus durch die Abgrenzung von der materialistisch-egoistischen Ethik und dem historischen Materialismus lediglich »negativ« bestimmt haben, entwickeln wir das materialistische Konzept der empirischen Wissenschaften nun »positiv« und erläutern Details:

Der erste Punkt liegt auf der Hand und wurde schon angesprochen:

Da Ideen keine real existierenden Dinge, sondern Konstrukte sind, ist der Materialismus der empirischen Wissenschaften ein *fiktionalistischer oder konstruktivistischer Materialismus.*

Wie gesehen ist es die Grundthese des Materialismus, dass nur Stoffliches und Materielles real existiert. Diese Annahme verbinden empirische Wissenschaftler mit ihrer *systemischen Ontologie* und gelangen dadurch zu einer *integrierten Kosmologie*:

Systemistisch–emergentistischer Materialismus

Der Materialismus wird mittels des Systemismus um die Einsicht ergänzt, dass es auf den verschiedenen Systemebenen des Kosmos *Emergenz–Erscheinungen* gibt. Empirische Wissenschaftler nehmen in diesem Zusammenhang an, dass es reale Emergenzphänomene gibt, die empirisch–wissenschaftlich erforscht werden können. Ihr Materialismus ist also ein *systemistisch–emergentistischer Materialismus.*

Indem empirische Wissenschaftler davon ausgehen, dass es materielle Strukturen gibt, die Emergenzphänomene sind, stellen sie fest, dass es auf der Welt Eigenschaften von Dingen gibt, die nicht auf physikalische Tatbestände reduzierbar sind. Halten wir an dieser Stelle also fest:

Der Materialismus empirischer Wissenschaften ist kein Physikalismus.

Dieser Aspekt, dass Materialismus mit dem Konzept der Emergenz in den empirischen Wissenschaften verbunden werden kann, ist für uns als Konzeptioner besonders wichtig. Denn gerade das Erklären von Emergenz–Phänomenen ist wesentlich, um Kommunikation empirisch angemessen betrachten zu können.

Schauen wir uns das einmal genauer an:

Wie oben gesehen entwickeln Systeme auf einer höheren Ebene Eigenschaften qualitativer Neuheit, das heißt, auf dieser Ebene treten neue Eigenschaften auf, die ihren Komponenten auf niedrigeren Ebenen fehlen.

Aus diesem Grund können Systeme höherer Ebene nicht auf Bestandteile oder Systeme niedrigerer Ebenen reduziert werden. Der Versuch, die Prozesse auf einer höheren Ebene auf die Prozesse auf der Ebene darunter zu reduzieren, verbietet sich also. Das ist der Grund dafür, dass wir beispielsweise den Vorgang des Kommunizierens zwischen zwei Personen nicht auf die physiologischen Vorgänge in den einzelnen Hirnen der beteiligten Gesprächspartner reduzieren können.

Die Stichhaltigkeit der Argumente, welche die Diskussionspartner zur Überzeugung einsetzen, lässt sich nicht auf Vorgänge an den Synapsen der Hirne der beiden Gesprächspartner reduzieren und durch sie erklären.

Wissen–schaftlicher Materialismus vermeidet einseitigen Reduktionismus.

Genau in diesem Sinne ist der Materialismus kein Physikalismus, reduziert emergente Phänomene nicht auf physiologische Vorgänge. Wir können deshalb auch sagen, der Materialismus der empirischen Wissenschaften ist *kein einseitiger Reduktionismus.*

Durch diese Verbindung von Systemismus und Emergentismus im Materialismus der empirischen Wissenschaft wird eine Ontologie geformt, die durch einen umfassenden Pluralismus von Dingen und Prozessen gekennzeichnet ist.

Wir werden durch diesen Materialismus nicht nur angeleitet, eine Vielfalt von Dingen und gesetzmäßig strukturierten Prozessen rund um das Phänomen der menschlichen Kommunikation zu beobachten. Wir betrachten darüber hinaus pluralistisch auch eine Vielzahl von Systemebenen, von Supersystemen und darunter wirkenden Subsystemen, um Kommunikationsvorgänge in der Gesellschaft zu erklären.

Dennoch ist dieser Materialismus gleichzeitig mit einem »sparsamen« *Monismus* verknüpft. Denn er erkennt die Existenz nur einer einzigen Art von Substanz an, nämlich die der Materie – nur sie besitzt reale Eigenschaften und das Merkmal der ständigen Veränderung.

Materie ist die Substanz, aus der die Welt und schließlich das gesamte Universum aufgebaut ist. Demgegenüber sind ewige, unveränderliche Entitäten, an sich existierende Ideen, Neben– und Zusatzwelten usw. Konstrukte ohne jegliche reale Existenz.

Der Materialismus der empirischen Wissenschaften ist also *monistisch.*

Dynamisch–evolutionistischer Materialismus

Jedes reale materielle Ding ist aus Sicht empirischer Wissenschaften veränderlich – was andeutet, dass die materialistische Ontologie *dynamisch und evolutionistisch* ist.

Ständig entstehen neue und neuartige Systeme, während alte vergehen. Die Wandlungen der realen Dinge ergeben sich beispielsweise aufgrund von Erfindungen, Entdeckungen und Innovationen. Die Prozesse, die bei Wandlungen und Evolutionsschritten auftreten, sind durch Mechanismen bewirkt, die sich empirisch untersuchen lassen und erklärbar sind. Festzuhalten ist, dass diese Ontologie Dialektik zurückweist, also das Dogma, dass dem Werden von Dingen irgendwelche ideal–abstrakten existentiellen Widersprüche zugrunde liegen, die unanalysierbar und unfassbar das Schicksal der Welt und Gesellschaft bewirken.

Deterministischer Materialismus

Der empirisch–wissenschaftliche Materialismus ist außerdem *deterministisch*, denn er behauptet, dass alle Ereignisse und Prozesse gesetzmäßig auftreten. Sie können nicht aus dem Nichts entstehen und sich auch nicht ins Nichts auflösen.

Dieser Determinismus ist nicht ausschließlich kausal, denn es gibt gemäß dieser Ontologie sowohl spontan auftretende Ereignisse – wie beispielsweise spontane atomare Zerfallsprozesse oder spontanes menschliches Handeln –, als auch nach Zufallsgesetzen auftretende Ereignisse.

Trotz des Auftretens solcher Spontaneität und Zufälligkeit von Ereignissen ist die Welt keineswegs im Sinne eines *Indeterminismus* »chaotisch«. Anders als in der beliebten Automobilwerbung eines japanischen Herstellers ist in der Wirklichkeit »nicht alles möglich«. Spontaneität und Zufälligkeit tritt lediglich in einem durch empirische Gesetzmäßigkeiten begrenzten Rahmen auf.

Wissenschaftlicher Materialismus erklärt Kommunikation.

Empirische Wissenschaftler verhalten sich wie Materialisten.

Wir werden nun im Weiteren davon ausgehen, dass sich Forscher in den Wirklichkeitswissenschaften, also in den Natur– und Sozialwissenschaften, ausschließlich mit materiellen Forschungsgegenständen beschäftigen. Als Hilfsmittel nutzen sie Begriffe, Theorien und Konstukte – etwa die Logik und die Mathematik.

Beziehen wir die Einsichten der letzten Seiten wieder auf die Konzeptionstechnik:

Wir haben gesehen, dass sich empirische Wissenschaftler wie Materialisten verhalten. Entsprechend gehen wir von nun an davon aus, dass sich auch Konzeptioner ebenfalls wie Materialisten verhalten sollten, wenn sie systematisch auf empirisches Forschungs-Know-how zurückgreifen und eine Soziotechnologie realisieren wollen.

In unserem Arbeitsalltag sind wir heute – selbst bei großer intellektueller Selbstdisziplin – noch gewohnt, mit recht schwammigen Vorstellungen und Begriffen zu operieren, ohne dazu tiefsinnige Überlegungen anzustellen. Doch als Konzeptioner im Sinne einer »materialistischen« Soziotechnologie werden wir uns zukünftig daran gewöhnen, die uns begegnenden Dinge und Vorgehensweisen zu hinterfragen, statt uns mit Mythen und irrealen Ideengebäuden zufrieden zu geben.

Im Folgenden werden wir als Bezeichnung der für uns als Konzeptioner verbindlichen systemistischen, emergentistischen, dynamischen und deterministischen materialistischen Ontologie den Ausdruck *»wissenschaftlicher Materialismus«* übernehmen.
Wissenschaftliche Materialisten nehmen an, dass nur konkrete oder materielle Objekte real existieren. Manche solcher realen Dinge sind mit Hilfe unserer Sinnesorgane beobachtbar und mit unseren Händen greifbar.

Darüber hinaus gibt es allerdings materielle Dinge, die unbeobachtbar und in der Sprache des Alltags »nicht greifbar«, aber dennoch empirisch-wissenschaftlich nachweisbar sind, wie Elektronen und Magnetfelder.

Auch wir Konzeptioner haben laufend mit solchen Dingen und Strukturen zu tun, die sinnlich nicht erfassbar und in diesem Sinne nicht wahrnehmbar sind – etwa mit Gesellschaften, Kommunikationssystemen, Werten und Normen usw.

Sind Informationen reale Dinge?

Wie sieht es nun beispielsweise mit der »Greifbarkeit« von Interaktionen oder Informationen aus? Inwieweit können wir sagen, dass diese real sind?

Schauen wir uns das an:

Vertreter von Informationstheorien und der so genannten Kybernetik behaupten in diesem Zusammenhang, Informationen hätten einen eigenen ontologischen Stellenwert. Sie nehmen an, Informationen stellten eine »immaterielle Substanz« dar. Damit übernehmen sie eine Redeweise idealistischer Ontologien, die aus der Perspektive des wissenschaftlichen Materialismus streng zurückgewiesen werden muss. Informationen sind stattdessen aus materieller Sicht lediglich »Eigenschaften« von Dingen.

Eine Information ist weder eine besondere Substanz noch eine frei schwebende Entität. Sie ist nichts anderes als Struktur, damit eine Eigenschaft von

Dingen und nicht etwa selbst wiederum ein realer Gegenstand. Denn wie gesehen gibt es in der Realität keine Strukturen an sich, sondern nur strukturierte materielle Dinge.

Die materialistische Konzeption von Kommunikation

Wie können wir nun vor diesem Hintergrund Kommunikation verstehen, wo wir doch bestreiten müssen, dass es so etwas wie einen substantiellen geistigen Informations–Gehalt von kognitiven Prozessen oder kulturellen Artefakten gibt? Inwieweit können wir etwa davon sprechen, dass in der Kommunikation ein »Informations– oder Meinungsaustausch« stattfindet?

Ein so genannter »Informationsaustausch« hat keine Ähnlichkeit mit dem realen Austausch von Dingen, etwa dem Austausch von Waren oder Produkten. Denn hier gelangen Dinge von einem Geschäftspartner zum anderen. Der eine Partner übergibt dem anderen eine Menge Geld, die er von seinem Konto abhebt. Im Austausch erhält er ein Gut, vielleicht einen PKW. Der eine verliert sozusagen eine Sache an den Geschäftspartner und gewinnt dafür eine andere.

Beim »Informationsaustausch« wird in diesem Sinne gar nichts ausgetauscht. Stattdessen werden Eigenschaften abgeglichen. Erfolgreiche Kommunikation besteht darin, dass in den Gehirnen der interagierenden Individuen jeweils ähnliche Prozesse konstruiert und rekonstruiert werden.

Der eine gibt zwar eine »Information weiter«, die korrespondierende Hirnstruktur bleibt ihm aber erhalten. Während sein Gesprächspartner durch die Kommunikation die Hirnstruktur eines bestimmten Areals in gewissem Umfang durch seine eigene Hirnstruktur spiegelt, behält der Informationsgeber die Information weiterhin auch bei sich.

Hier wird nichts getauscht, sondern stattdessen etwas zur Spiegelung freigegeben. Erfolgreiche Kommunikation besteht darin, dass in den Gehirnen der interagierenden Individuen ausreichend ähnliche Prozesse ablaufen.

Sind diese Prozesse in den beiden Gehirnen zu unterschiedlich, werden sich die Gesprächspartner missverstehen. Laufen gar keine äquivalenten Prozesse ab, dann verstehen sie sich überhaupt nicht.

Verständigungsprobleme sind also Spiegelungsprobleme. Bestünde Kommunikation in der Übertragung immaterieller Gehalte, gäbe es keine Probleme des Miss– oder Nichtverstehens, außer in Fällen von technischen Störungen in einem der beteiligten Kommunikationskanäle.

Wir halten fest, dass es keine unabhängig existierenden immateriellen Inhalte kognitiver Prozesse, von Kommunikationsmedien und kulturellen Artefakten gibt.

Eine ungelesene Pressemitteilung beispielsweise ist nicht mehr als ein partiell mittels Druckfarbe geschwärztes Stück Papier. Nur wenn ein Leser dieses materielle Objekt und seine Schwärzungseigenschaften wahrnimmt, aufgrund des Spiegelungsprozesses, den wir gemeinhin »Lesen« nennen, in seinem Gehirn Prozesse des Nachdenkens, Nachschöpfens, Rekonstruierens oder Nachdenkens startet, dann entsteht bei ihm ein aktiver, ein emotionaler – möglicherweise auch ästhetischer – Gedankeninhalt aufgrund von korrespondierend strukturierter Hirnprozesse.

Informationen sind Eigenschaften von Dingen.

Also: Abstrakte Objekte wie Informationen oder Nachrichten sind Fiktionen und keine realen Gegenstände. Wir tun nur so, als hätten solche Konstrukte als Schöpfungen unseres menschlichen Hirns reale Existenz. Als wären sie unabhängige Dinge, die eine Existenz außerhalb unserer Gehirnprozesse und außerhalb der sozialen Umstände unserer Existenz einnehmen könnten.

Da Konstrukte Fiktionen sind, sind sie keine Bestandteile der realen Welt, auch wenn sie in unseren Vorstellungen von dieser Welt eine große Rolle spielen. Fiktionen haben den ontologischen Status von Eigenschaften oder – wie wir auch sagen können von Strukturen. Eigenschaften schweben nicht frei in der Luft, sondern sind stets Eigenschaften von etwas Materiellem, sozusagen einer Substanz, die sie als Attribut trägt.

Es gibt in der realen Welt keine frei herumschwebenden Eigenschaften oder Strukturen. Nur Dinge sind real. Zwar scheint es unserem Sprachverständnis zu widersprechen, wenn jemand sagt, Eigenschaften seien nicht real. Aber tatsächlich: Eigenschaften haben keine eigenständige Existenz losgelöst vom materiellen Gegenstand. Eine Eigenschaft A ist real genau dann, wenn es mindestens einen Gegenstand gibt, der A als Strukturmerkmal besitzt.

Ontologische Leitsätze der Konzeptionstechnik

Damit schließen wir die ontologischen Diskussionen dieses Kapitels ab.

Bevor wir zu einer Übung zur Vertiefung der vorgestellten Gedankengänge kommen, werden wir die wesentlichen Ergebnisse als ontologische Leitsätze der Konzeptionstechnik rekapitulieren und festhalten.

Diese Leitsätze für die Ontologie der Konzeptionslehre orientieren sich konsequent am wissenschaftlichen Materialismus.[11]

Ontologie der Konzeptionslehre: 10 Leitsätze

Zehn ontologische Leitsätze

1. ***Die Welt** existiert aus sich selbst heraus, ob wir sie erforschen oder nicht.*

2. *Die Welt besteht ausschließlich aus Dingen – also aus **konkreten, materiellen Dingen**.*

3. ***Formen, Strukturen** sind **Eigenschaften von Dingen** und keine aus sich selbst heraus existierenden Dinge.*

4. *Die **Dinge** gruppieren sich zu Systemen: Jedes Ding ist entweder ein **System** oder **Bestandteil eines Systems**.*

5. *Alle realen **Dinge verändern sich**.*

6. ***Nichts** entsteht aus dem Nichts – kein Ding verschwindet ins Nichts.*

7. ***Alle Dinge gehorchen Gesetzen**, alles ist somit determiniert, und es gibt keine Wunder.*

8. *Es gibt verschiedene Arten von Gesetzen. Es gibt unter anderem **kausale, stochastische Gesetze** und **Mischungen** von ihnen.*

9. *Die realen Dinge treten in unterschiedlichen **Organisationsebenen** auf. Es gibt jeweils eine **physikalische, chemische, biologische, gesellschaftliche und eine technologische Ebene**. Zwischen diesen Ebenen kommen **Verbindungen** vor, wie das Auftreten etwa der biosozialen Ebene zeigt. Weiterhin können sich Ebenen weiter **verzweigen**, wie dies am Auftreten der sozioökonomischen Ebene zu beobachten ist.*

10. *Alle Systeme verfügen über Eigenschaften, die den Komponenten fehlen und als **emergente Eigenschaften** bezeichnet werden.*

Nach dem intensiven Fluss der Gedanken in diesem Kapitel wird der Leser begierig sein, die vorgestellten Überlegungen zu prüfen und auszuprobieren.

Der Übungsvorschlag dieses Kapitels bezieht sich auf die in der ersten Hälfte des Kapitels vorgestellten zehn ontologischen Grundkonzepte:

- *Blättern Sie dazu bitte noch einmal zurück!*
- *Nehmen Sie sich nun einen Zettel und notieren sich die Bezeichnungen für diese Basiskosmologien. Vergegenwärtigen Sie sich kurz das jeweilige Denkmodell, das hier zum Tragen kommt!*
- *Wenn Ihnen diese Modelle klar vor Augen stehen, nehmen Sie sich einmal die eine oder andere Konzeption zur Hand, die Sie in der letzten Zeit entwickelt oder mitentwickelt haben!*
- *Welche der zehn Ontologien erkennen Sie wieder? Machen Sie sich in Ihrem Konzeptausdruck Notizen!*
- *Stellen Sie sich nun einen imaginären Gesprächspartner vor, der wie Sie die kosmologischen Modelle vor Augen hat und dem Sie Ihre Konzeption überzeugend präsentieren wollen!*
- *Wie würden Sie jetzt insbesondere die Herleitung der Problemlösung darstellen und die Hauptmaßnahmen Ihrer Konzeption begründen?*

Quellenhinweise und Anmerkungen

1. Bunge, Mario; Martin Mahner; *Über die Natur der Dinge. Materialismus und Wissenschaft;* Stuttgart, Leipzig 2004; S. 22

2. Vergleiche:

   Bunge, Mario; *Philosophy in Crisis. The Need for Reconstruction;* Amherst, New York 2001

3. »*Mach mal Pause*« war der Slogan eines bekannten amerikanischen Erfrischungsgetränks zu Zeiten des westdeutschen Wirtschaftswunders. Deutsche Menschen sehnten sich während der anstrengenden Zeit des Neuaufbaus der Nachkriegszeit nach einer Phase des Verschnaufens. Die Agentur »*Die Werbe*« in Essen münzte dies um in die Idee der kleinen Pause für eine anregende, sprudelnde Erfrischung.

4. »*Get the power of wind!*« war der Claim eines führenden deutschen Unternehmens der internationalen Windturbinen–Industrie, als Anfang dieses Jahrhunderts Windparks weltweit zu boomen begannen. Das Interesse von Investoren an Unternehmensanteilen der Aktiengesellschaft sollte auf „grüne" Anlagemöglichkeiten gelenkt werden.

5. Freud, Sigmund, Brief an Marie Bonaparte vom 13, August 1937; in: Freud, Sigmund, *Briefe 1873 – 1939;* Frankfurt am Main, 1960, S. 429.

   Vergleiche:

   Kanitscheider, Bernulf; *Entzauberte Welt. Über den Sinn des Lebens in uns Selbst – Eine Streitschrift;* Stuttgart 2008; S. 7

6. Bunge, Mario; *Philosophy in Crisis (2001)* S. 27–47

7. Dörrbecker, Klaus; Renée Fissenewert (2003) S. 262–6.

   Vergleiche:

   Fissenewert, Renée; Stephanie Schmidt (2004) S. 10–1

8. Siehe:

   Bunge, Mario; *Philosophy in Crisis (2001)* S. 40 –43

9. Vergleiche:

   - Bunge, Mario; *Finding Philosophy in Social Science;* New Haven/London 1996, S.270–4
   - Bunge, Mario; *Social Science under Debate. A Philosophical Perspective;* Toronto, Buffalo, London 1998, S. 105 – 7
   - Bunge, Mario; *Philosophical Dictionary (2003)* S. 39
   - Bunge, Mario; Martin Mahner; *Philosophische Grundlagen der Biologie;* Berlin, Heidelberg, New York 2000, S. 27–31
   - Bunge, Mario; Martin Mahner; *Über die Natur der Dinge (2004)* S. 72–8

10. Siehe:

   - Bunge, Mario; *Finding Philosophy in Social Science (1996)* S.298–304
   - Bunge, Mario; *Social Science under Debate (1998)* S. 223–5
   - Bunge, Mario; *Philosophy in Crisis (2001)* S. 49 –78
   - Bunge, Mario; Martin Mahner; *Über die Natur der Dinge (2004)* S. 164–9
   - Bunge, Mario; *Chasing Reality. Strife over realism;* Toronto, Buffalo, London 2006, S. 26–7

11. Vergleiche:

   - Bunge, Mario; Rubén Ardila; *Philosophie der Psychologie (1990)* S. 28
   - Bunge, Mario; Martin Mahner; *Philosophische Grundlagen der Biologie (2000)* S. 3 –48

Quellen und Anmerkungen

»Every science studies systems of some kind, whether natural – chemical, biological, or social – or artificial – technical –. Moreover most sciences study nothing but systems.« (1)

Mario Bunge

Kapitel 6

Ontologie der Kommunikationstechnik 2: Systemische Grundbegriffe und Grundannahmen

Auf dem Weg zu einer »Konzeptions-Kosmologie«

Im letzten Kapitel haben wir uns intensiv mit grundlegenden Denkweisen in den empirischen Wissenschaften auseinandergesetzt. Mit Blick auf unser Projekt der Neuausrichtung der Konzeptionslehre wurde uns dabei bewusst, dass wir in Zukunft wesentlich präziser über Kommunikationsprozesse zu denken und zu sprechen haben. Dazu brauchen wir Klarheit über die von uns verwendeten Basis-Philosophien. Ohne Klarheit über die von uns als Konzeptioner genutzten kosmologischen Vorstellungen besteht die Gefahr, mit unseren Kommunikationskonzepten laufend die Realität zu verfehlen und dadurch mit unseren Maßnahmen zu scheitern.

Vor diesem Hintergrund haben wir die beispielhaften ontologischen Entwürfe hinter den erfolgreichen empirischen Wissenschaften analysiert. Wir haben gesehen, dass sich Wissenschaftler heute die Welt durchgängig systemisch strukturiert vorstellen und dass sie durch diesen Systemismus einseitige atomistische oder holistische Perspektiven vermeiden.

Was die »Stofflichkeit« der Welt angeht, verfolgen empirische Forscher die Grundannahme, dass Ideen und Konstrukte keine realen Dinge sind und deshalb keine Existenzqualität besitzen. Die Substanz der Welt ist materiell. Es gibt keine »Nebenwelt« aus nicht-stofflichen Entitäten.

Diese beiden ontologischen Grundkonzepte – den Systemismus und Materialismus – haben wir bereits auf unser Thema Konzeptionstechnik angewendet und uns vor Augen geführt, welche Konsequenzen sie für unser Sprechen über Kommunikation haben.

An diesem Punkt werden wir nun anzusetzen haben. Bevor wir im nächsten Kapitel zum Thema Methodologie der zukünftigen Konzeptionslehre übergehen, werden wir in diesem Kapitel noch einige wesentliche Schlussfolgerungen aus der ontologischen Position der empirischen Wissenschaften diskutieren. Das Ergebnis unserer Überlegungen wird ein praktikabler Katalog ontologischer Begriffe und Definitionen sein, sozusagen die Kurzform einer »Konzeptions-Kosmologie«, mit der wir in der Folge arbeiten können.

Katalog ontologischer Grundkonzepte

Zunächst sei in diesem Zusammenhang noch einmal auf einen entscheidenden Punkt hingewiesen:

Um eine Soziotechnologie wie die Kommunikationslehre sinnvoll betreiben zu können, ist mit dem üblichen naiven und fehlleitenden Idealismus, der Ideen, Botschaften, Symbolen usw. eine Art eigene, eine »spirituelle« Seinsqualität zuschreibt, konsequent abzuschließen. Unsere zukünftige Position ist die des *emergentistischen Materialismus*.[2]

Damit uns das dahinter steckende Konzept vertrauter wird, schauen wir uns einige kurze Erläuterungen an.

Weitere Erläuterungen zum Emergenz-Begriff

Zur Erinnerung:

Empirische Forscher bauen auf Emergenz.

Empirische Forscher ergänzen den Materialismus mit dem wichtigen Konzept der *Emergenz*. Die richtige Interpretation von Emergenz ist wesentlich, um die wichtigsten Mechanismen zu verstehen, die in der Gesellschaft, dem »Arbeitsfeld« des Konzeptioners, wirken und zu berücksichtigen sind.

Wir werden im Weiteren sehen, dass beispielsweise Meinungsbildungs-Prozesse ohne das Konzept von Emergenz nicht adäquat erklärt werden können.

Aus der Perspektive des wissenschaftlichen Materialismus ist die Gesellschaft kein formloser Haufen, kein bloßes Aggregat voneinander unabhängiger Individuen. Es ist stattdessen ein System gebildet aus ineinander geschachtelten Subsystemen wie Freundschaften, Familien, Unternehmen, deren Abteilungen, aus religiösen Gemeinschaften, aus politischen Parteien, aus Vereinen usw.

Dabei wird jedes soziale System durch spezielle soziale Beziehungen und durch Kommunikationsprozesse zusammengehalten. Wichtiger Aspekt ist, dass diese sozialen Systeme materielle Dinge sind. Ihre Bestandteile sind durchweg materieller Natur: Sie bestehen aus Individuen und deren Organismen. Alles, was aus materiellen Komponenten besteht, ist offenbar selbst materiell.

Wichtig ist, dabei nicht aus den Augen zu verlieren: Soziale Systeme haben emergente – also »superphysikalische« oder »superbiologische« – materielle Eigenschaften wie Mitteilsamkeit, Kreativität, Produktivität, Fleiß, Eifer usw., damit Merkmale, die nicht mit physikalischen oder biologischen Eigenschaften einzelner Systemkomponenten identisch sind. Das heißt, soziale Systeme verfügen über Eigenschaften, die materiell sind, ohne dass sie deshalb eine physische oder biologische Qualität haben, und somit etwa von Neurophysiologen auf physiologische Vorgänge im menschlichen Gehirn rückführbar wären.

Soziale Systeme – zu denen auch Kommunikationssysteme gehören – haben materielle Eigenschaften, die erst dann entstehen – anders ausgedrückt: emergieren –, wenn Individuen zusammenkommen, die sich aufeinander beziehen, und miteinander agieren. Es wird deshalb davon gesprochen, diese »emergenten« Eigenschaften wären »eigenen Ursprungs« – lateinisch »sui generis« –, um anzuzeigen, dass sie nicht auf die Eigenschaften der individuellen Komponenten der darunterliegenden Systemebenen rückführbar sind. Sie sind stattdessen Strukturen und Eigenschaften, die als »Produkte« des Zusammenwirkens dieser Komponenten entstehen. Genau das ist mit der Aussage gemeint, der *wissenschaftliche Materialismus* sei ein *emergentistischer* und gerade kein *reduktionistischer Materialismus.*

Emergenz ist eine ontologische Kategorie.

Da diese Vorstellung von der Emergenz und der emergenten Eigenschaften für manchen Leser verwirrend sein könnte, vergegenwärtigen wir uns hier ein paar weitere Details:

Mit der Emergenz entsteht Neues.

»Emergenz« bezeichnet die Entstehung qualitativer Neuheit. Wichtig ist dabei zu verstehen, dass der Begriff ausdrücklich als *ontologische* Kategorie verwendet wird.

Was bedeutet das?

Das bedeutet, dass emergente Eigenschaften real sind – sie sind nichts anderes als Strukturen realer Dinge. Wir definieren Emergenz also »ontologisch«, mit anderen Worten wir definieren sie als »Seins–Qualität«. Hiermit distanzieren wir uns deutlich von der im Holismus üblichen *erkenntnistheoretischen Definition* von Emergenz. Denn Holisten verwenden den Begriff »emergente Eigenschaft« im Sinne von, »Qualität, die nicht aus der Kenntnis der Eigenschaften der Teile vorhergesagt oder erklärt werden kann« – also als eine besondere »erkenntnistheoretische Qualität«.

Wir weisen diese holistische Deutung des Begriffs zurück, weil »Emergenz« ein *Phänomen in der realen Welt* und damit ein *»Wissenstatbestand«* ist.

An diesen Punkt knüpfen viele Kritiker holistischer Systemtheorien und des holistischen Emergenz-Begriffs an. Sie werfen Theoretikern wie Niklas Luhmann und Talcott Parsons begründeterweise vor, mit »emergenten« Eigenschaften prinzipiell unerklärbare Systemeigenschaften zu konstruieren. Die Annahme, dass »Emergenz« vorliegt, würde so verstanden zu einer Glaubenssache und wäre kein Tatbestand, über den wir substanzielles Wissen haben könnten.

Tatsächlich ist es für ein emergentes Merkmal eines Systems irrelevant, ob wir es voraussagen, erklären können oder nicht.

Noch einmal anders gesagt:

Es ist offenbar für das Vorliegen von Emergenz, die sich als qualitative Neuheit bemerkbar macht, vollständig irrelevant, ob wir sie vorhersagen und erklären können. Auf unsere Erklärungs-Kompetenz nimmt das Auftreten von Emergenz sozusagen keine Rücksicht.

Dazu ein konkretes Beispiel:

Emergenz-Phänomen »Leben«

Unser Körper bleibt lebendig, auch wenn niemand dessen Lebendigkeit mit Blick auf seine biologisch-chemischen Komponenten vollständig erklären, geschweige denn, voraussagen kann, wann er voraussichtlich seine Lebendigkeit aufgeben wird und wir dereinst mit unserem Sterben beginnen. – Unser Körper ist nicht weniger lebendig, nur weil die wesentliche Eigenschaft des Lebendigseins von Human-Biologen heute erst unvollkommen erklärt werden kann.

Noch einmal:

Es gibt Lebendiges auf der Welt, obwohl Wissenschaftler bis heute nur ahnen, wie diese zu den biologisch-physikalischen Eigenschaften von aggregierten Zellen hinzutretende Eigenschaft tatsächlich auf der Erde auftreten konnte und laufend weiter zustande kommt.

Wir sehen:

Unerklärte Emergenz und unerklärte Neuartigkeit einer Eigenschaft ist nicht weniger real, bloß weil sie beim gegenwärtigen Stand unseres Wissens unerklärt und unvorhergesagt ist.

Genau diese Konstellation ist gemeint, wenn wir sagen, dass Emergenz eine ontologische, also eine seinsgemäße Kategorie ist, die nicht mit Hilfe erkenntnistheoretischer Begriffe definiert wird. – Philosophisch gesprochen: *Erklären ist nicht die Bedingung des Seins.*

Die weitverbreitete, fehlleitende erkenntnistheoretische Definition der Emergenz als *prinzipiell unerklärbare Qualität* hat dazu geführt, dass der Begriff häufig für irrational gehalten wird. Wie im Fall der Lebendigkeit gesehen, tut es dem tatsächlichen Vorliegen einer Eigenschaft keinen Abbruch, wenn wir sie im Augenblick noch nicht vollständig erklären oder experimentell nachvollziehen, beispielsweise simulieren können.

Wir halten fest:

Emergenz ist real.

Wir benutzen den Begriff »emergent« für eine reale Eigenschaft, die erst bei einem Aggregat von Systemkomponenten auftaucht und nicht bereits als Merkmal der einzelnen Komponenten des Aggregats auftritt.

Übrigens:

Auch wenn es uns im Fall der Lebendigkeit noch an Wissen fehlt, so gibt es doch viele emergente Eigenschaften, die heute bereits aufgrund empirisch–wissenschaftlicher Erkenntnisse über Zusammensetzung, Struktur und Mechanismen von Systemen erklärt und vorhergesagt werden können. Mit solchen Eigenschaften etwa von Kommunikationssystemen werden wir uns in den folgenden Kapiteln ausgiebig zu beschäftigen haben.

Schließen wir unsere Diskussion des Emergenz–Begriffs an dieser Stelle mit einem kurzen Fazit ab:

Zwar sind nicht alle emergenten Eigenschaften von Systemen sofort für den Beobachter erklärbar. Dennoch ist es für unsere Ontologie äußerst sinnvoll und nützlich, mit dem Emergenzbegriff zu arbeiten.[3]

Empirische Wissenschaftler beispielsweise beschäftigen sich unerschütterlich gerade mit der heute noch unerklärten Lebendigkeit, weil sie felsenfest von der grundsätzlichen Erklärbarkeit dieser in Tier- und Pflanzenwelt auftretenden emergenten Eigenschaft überzeugt sind. Ihr Ehrgeiz, zu einer befriedigenden Erklärung zu kommen, treibt sie laufend zu immer neuen Einsichten beispielsweise über Hintergründe von Gesundheit, Krankheiten und Tod des Menschen.

Grundwissen Gesellschaftsstruktur

Nach dieser Klärung der »Emergenz« als einem unserer zukünftigen Schlüsselkonzepte geht es nun in diesem Kapitel weiter um den Aufbau einer Be-

grifflichkeit, auf die wir im Rahmen unserer Konzeptionstechnik ständig zurückgreifen werden.
Grundsätzlich gilt für alle Begriffe, die hier zum Einsatz kommen sollen, dass sie mit unserer materialistischen Grunddoktrin kompatibel zu sein haben. Diese Grunddoktrin besagt, dass die Realität ausschließlich aus materiellen und konkreten Dingen besteht. Wie im letzten Kapitel bereits diskutiert, hat diese Haltung nichts mit einem moralischen Materialismus, einem Bekenntnis zur Gier oder zu einem Hedonismus zu tun.

Der hier vertretene Materialismus ist ein emergentistischer Materialismus, der sich deutlich von einer reduktionistischen Haltung des Naturalismus unterscheidet, deren Vertreter davon ausgehen, alle Dinge seien grundsätzlich nichts anderes als physische Gegenstände.

Laut emergentistischem Materialismus haben reale Dinge durchaus nicht bloß eine physische Natur. Sie existieren stattdessen auf übereinander liegenden Organisationsebenen und entwickeln vielfältige Systemeigenschaften. Statt uns bei der Betrachtung der Welt nur auf die Analyse der physikalischen Eigenschaften zu beschränken, leitet uns das Emergenz–Postulat des Materialismus an, jeweils auf unterschiedlichen System–Ebenen nach Emergenz–Prozessen zu suchen. Diese Prozesse begegnen uns auf diesen Ebenen beispielsweise in Form des Aggregierens von Entitäten, des Auftretens neuer Eigenschaften, sowie in Form innovativer Entwicklungen und evolutionärer Wandlungen, die wiederum Systeme neuer Arten entstehen lassen können.
[4] Folgende *Seins–Ebenen* können grundsätzlich unterschieden werden:

Übersicht über Seins–Ebenen

- *die **physikalische Ebene** – die Gruppe aller physikalischen Dinge und Systeme*
- *die **chemische Ebene** – die Gruppe aller chemischen Systeme, in denen chemische Reaktionen erfolgen*
- *die **biologische Ebene**, die Ebene aller biologischen Systeme und Organismen*
- *die **soziale Ebene**, die Gruppe aller sozialen Systeme*

Je nach Betrachtungsperspektive können darüber hinaus weitere Seins–Ebenen relevant sein. Beispielsweise können einzelne Ebenen weiter in Unterebenen differenziert werden.

So wie unterschiedliche Seins–Ebenen differenziert werden können, auf denen Dinge als Systeme oder Komponenten von Systemen auftreten, können auch unterschiedliche System–Arten unterschieden werden.

Übersicht über System–Arten

Für die weiteren Überlegungen werden wir auf folgende Basisdifferenzierung zurückgreifen:[5]

- ***natürliche Systeme***
  Ein natürliches System ist ein System, dessen Komponenten und Verbindungen sämtlich zur Natur gehören, also nicht von Menschen gemacht sind.
  Beispiele: Atome, Moleküle, Zellen, Netzwerke von Flüssen oder Nervensysteme
- ***soziale Systeme***
  Ein soziales System ist ein System, dessen Komponenten zum einen Lebewesen zum anderen Artefakte, nicht lebende, unbeseelte Dinge wie Werkzeuge u.ä. umfasst. Die meisten Sozialsysteme bilden sich nicht spontan, sondern entstehen künstlich, sind also organisiert, wie Schulen oder Unternehmen. Alle Sozialsysteme nutzen zur Realisierung von Interaktionen semiotische Systeme (s.u.).
- ***technische Systeme***
  Ein technisches System ist ein System, das von Menschen mit technischem Wissen erstellt wurde.
  Beispiele: Maschinen, Rundfunk, Internet usw.
- ***semiotische Systeme***
  Ein semiotisches System ist aus künstlichen Zeichen aufgebaut, etwa aus Symbolen, Wörtern, Grammatiken, Musiknoten usw.
  Beispiele: Baupläne, Sprachen, Partituren usw.
- ***konzeptionelle Systeme***
  Ein konzeptionelles System ist aus Konstrukten und Verwendungsregeln aufgebaut.
  Beispiele: Klassifikationen, Hypothesen, Theorien, Gesetze, Kommunikations–Konzepte usw.

Systeme lassen sich weiter in Supersysteme und Subsysteme differenzieren. So ist die Gesellschaft gewissermaßen ein Supersystem, das über einen Bestand an Subsystemen verfügt, die sich vier Basis–Subsystemen zuordnen lassen:[6]

Gesellschaftliche Subsysteme

- *Im Rahmen der Gesellschaft haben wir es zum Ersten mit dem Subsystem zu tun, das rund um die Befriedigung schwerpunktmäßig sozialer Bedürfnisse entsteht, das* ***Gemeinschaftssystem (G)****.*
- *Weiterhin können wir als Subsysteme das* ***Wirtschaftssystem (W)****,*
- *das* ***Politische System (P)***
- *und das* ***Kultursystem (K)*** *unterscheiden.*

Diese Subsysteme sind weitestgehend eigenständige Systeme. Sie bilden die gesellschaftlichen Hauptsysteme, die sich miteinander intensiv austauschen. Sie bilden wichtige Schwerpunkte der gesellschaftlichen Existenz ihrer Mitglieder.

Dabei kann jedes dieser vier Subsysteme soziale Prozesse in Gang setzen. Das heißt, von jedem dieser gesellschaftlichen Bereiche kann sozialer Wandel ausgehen, der sich jeweils in den übrigen Subsystemen im Rahmen weiterer Prozesse auswirkt. Schließlich können diese Prozesse auch auf die Umgebungen des »Übersystems« Gesellschaft fortwirken.[7]

Es gibt kein gesellschaftliches Subsystem, das grundsätzlich die Position eines »ersten Bewegers« innehätte, also der bevorzugte Auslöser von Wandel oder Innovationen wäre.

Wandel kann in jedem der vier Subsysteme ausgelöst werden,

Faktoren des Wandels

- *also durch* ***kulturelle Inventionen*** *– Erfindungen, neue Ideologien usw. –,*
- *durch* ***politische Entwicklungen*** *– Durchsetzung einer neuen Sozialgesetzgebung, politische Bewegungen usw. –,*
- *durch* ***ökonomische Entwicklungen*** *– Verknappung von Ressourcen, Durchsetzung neuer Produktionsverfahren usw. –*
- *oder durch* ***sozial/gemeinschaftliche Entwicklungen*** *– zunehmende Scheidungszahlen, zurückgehende Geburtenzahlen usw. –.*

Also ist auch die Kultur einer Gesellschaft durchaus in der Lage – etwa durch kulturelle Innovation – revolutionäre Prozesse in den übrigen gesellschaftlichen Subsystemen auszulösen. Dieses Faktum ist geeignet, um die Besonderheit unserer materialistischen Betrachtungsweise von Sozialsystemen aufzuzeigen.

Die Kultur einer Gesellschaft ist kein spiritueller Bestand von überweltlichen Entitäten. Kulturgüter bilden keine eigenständige substantielle Zweitwelt, wie es bei manchen Autoren idealistischer Prägung erscheint. Das Kultursystem ist nichts anderes als ein System aus Personen und Artefakten wie Gemälden, Büchern, Computern, Landkarten, statistischen Tabellen usw., die durch Beziehungen einzelner, an Informationen und Bildung interessierter Individuen zusammengehalten werden.

»Ent–mystifizierung« von Kultur

Diese materialistische Konzeption entmystifiziert Kultur.

Bücher, Musik–CDs, Gemälde usw., die beispielsweise von einem Sammler gehortet unzugänglich in einem Keller einer Villa verschwinden, haben kulturell keinerlei Wert. Denn sie befinden sich außerhalb der Reichweite von menschlichen Gehirnen, die allein über das Vermögen verfügen, kulturelle Inhalte real werden zu lassen – zum Beispiel zu bewerten und zu genießen.

Außerdem folgt daraus, dass Kultur allein dadurch gefördert werden kann, dass Individuen die Freiheit gegeben wird, mit ihren talentierten Gehirnen, kulturelle Artefakte zu entwickeln. Mittel dazu sind ebenfalls materiell: Sie bestehen darin, Bücher, Zeitschriften, Computer, Zeichengeräte, Musikinstrumente zugänglich zu machen, deren Nutzung anzuleiten und zu unterstützen.

Die reale Basis der Gesellschaft ist also aus materieller Sicht stets der individuelle Akteur, selbst wenn Sozialsysteme emergente Strukturen hervorbringen, die uns als »Kulturgüter« begegnen. Kultur basiert stets auf mindestens einem Akteur, der den kulturellen Inhalt in seinem Gehirn vergegenwärtigt, also in seinem Hirn–Neuronen–Geflecht »materialisiert«.

Kommunikationssysteme

Diese konsequent materialistische Sichtweise ist weiterhin auf diejenigen Sozialsysteme anzuwenden, die als Kommunikationssysteme im Brennpunkt unseres Interesses liegen:

Wenn zwei oder mehr Dinge – entweder einseitig oder wechselseitig – miteinander kommunizieren, konstituieren sie ein Kommunikationssystem. Genau betrachtet ist ein Kommunikationssystem dadurch charakterisiert, dass es ein konkretes materielles System ist,

- *das aus Lebewesen einer einzigen oder verschiedener Spezies zusammengesetzt ist (Erläuterung für den Fall, dass Sie rätseln, wie Sie mit anderen »Spezies« kommunizieren können: Indem Sie beispielsweise Ihr Haustier mit in Ihre Familiengespräche einbeziehen. Eher unwahrscheinlich ist allerdings der Fall, dass Sie irgendwann einmal das Glück haben könnten, bei einem Spaziergang auf einen außerirdischen Gesprächspartner – etwa einen Klingonen – zu stoßen.)*
- *sowie aus nicht-lebenden Dingen (Mobiltelefone, Computer, Flipcharts usw.) besteht,*
- *das sich in einer natürlichen oder sozialen Umgebung befindet,*
- *deren Struktur Signale der einen oder anderen Art beinhaltet – zum Beispiel visuelle, akustische, elektromagnetische, chemische (RNA, DNA o.ä.) Signale umfasst –*
- *und deren Weitergabe über Kommunikationskanäle typischerweise durch Verzerrungen und Störungen gefährdet ist.*

Grund-Definitionen systemischer Konzeptionstechnik

Nach den Vorüberlegungen der letzten beiden Kapitel sind wir nun in der Lage, unsere bisherigen Einsichten zusammenzufassen und so zu formulieren, dass wir sie möglichst leicht nutzen und wieder aufgreifen können.[8]

1. Soziales System

Ein *soziales System* ist ein konkretes System bestehend aus Lebewesen,

- *die sich eine Umgebung teilen,*
- *die durch ihre Handlungen direkt oder indirekt auf die anderen Mitglieder des Systems einwirken,*
- *die in mancher Hinsicht miteinander kooperieren und in anderer miteinander konkurrieren.*

2. Ein menschliches soziales System

Ein *menschliches soziales System* ist ein Sozialsystem, das aus Menschen zusammengesetzt ist, die auf ihre eigenen Handlungen und die Handlungen von anderen angewiesen sind, um ihre Bedürfnisse zu befriedigen und um Wünsche oder Sehnsüchte zu erfüllen.

Beispiele:

- *Familien und formale Organisationen sind Sozialsysteme. Dagegen sind ethnische Bevölkerungsgruppen, Massenaufläufe auf öffentlichen Plätzen, Hörerschaften eines Senders keine Sozialsysteme. Es sei denn, die betreffenden Individuen würden sich organisieren, um auf koordinierte Weise zu handeln.*

3. Selbstorganisation und formale Organisation

Ein *menschliches Sozialsystem*

- *entsteht* ***natürlich*** *oder* ***spontan****, wenn es selbstorganisiert gebildet wird, das heißt, wenn es sich durch die spontane Beziehungsaufnahme und freie Assoziation von Individuen bildet*

- *entsteht* ***künstlich*** *oder* ***formal*** *und stellt damit eine formale Organisation dar, wenn es anhand von expliziten Konzepten, Plänen und Regeln gebildet wird.*

4. Gesellschaft

Eine *menschliche Gesellschaft* ist ein System aus vier Haupt–Subsystemen:

- *einem* ***Gemeinschaftssystem****, gebildet aus Netzwerken, die sich aufgrund von Sexualbeziehungen, Verwandtschaftsbeziehungen, Freundschaften, gemeinsamen Interessen usw. bilden*

- *einem* ***Wirtschaftssystem*** *oder ökonomischem System, gebildet aus Netzwerken, die sich rund um Wirtschaftsbeziehungen bilden und sich beim Herstellen, Anbieten und Konsumieren von Produkten und Dienstleistungen engagieren*

- *einem* ***Politischen System****, gebildet aus Netzwerken, deren spezifische Funktion es ist, Gemeingüter und soziale Aktivitäten zu kontrollieren*

- *einem* ***Kultursystem****, gebildet aus Netzwerken, deren Mitglieder in kulturellen und moralischen Aktivitäten engagiert sind, wie Lernen und Lehren, Informieren und Dokumentieren, Entdecken und Erfinden, Gestalten und Planen, Singen und Tanzen, Beraten und Heilen, Anbeten oder Verehren, Debattieren usw.*

5. Supergesellschaft

»*Supergesellschaft*« bezeichnet ein System verbundener menschlicher Gesellschaften. Beispiele sind die frühere UdSSR und die Europäische Union.

6. Weltsystem

»*Weltsystem*« bezeichnet die Supergesellschaft, zusammengesetzt aus allen menschlichen Gesellschaften. Initiiert wurde dieses System durch die Landung von Kolumbus in Amerika am 12.10.1492 und wurde im Laufe des 19. Jahrhunderts im Rahmen von Kolonialismus und Imperialismus konsolidiert.

Der *Integrations-Prozess* dieses Systems war häufig gewalttätig und ist längst nicht abgeschlossen. Heute wird er als »Globalisierung« bezeichnet.

Weiterhin gibt es in diesem Weltsystem Gewaltanwendung, Täter und Opfer. Allerdings ist heute dabei physische Gewalt weniger im Spiel, eher die Ausübung von ökonomischer Macht.

7. Sozialprozess

Ein *menschlicher Sozialprozess* (eine soziale Aktivität) ist eine Aktivität, an der mindestens zwei miteinander agierende Personen teilhaben:

- *Das Schließen von Freundschaften oder Feindschaften, Heirat und Scheidung, das Aufziehen von Kindern, gemeinsames Diskutieren sind Beispiele für soziale Prozesse.*
- *Entsprechendes gilt für das Austauschen von Gütern, von Informationen, das Organisieren und Führen von Kommunikations–Kampagnen, von Kriegen usw.*

Soziale Prozesse treten in unterschiedlichsten Größenordnungen auf. Einige beziehen lediglich wenige Personen mit ein, während andere ganze Nationen oder die ganze Welt einbeziehen.

8. Soziale Bewegung

Eine *soziale Bewegung* ist ein gelenkter, nicht spontaner sozialer Prozess, der zumindest in einem Sozialsystem auftritt und Personen in Bann zieht, die ursprünglich nicht zu der Bewegung gehörten:

Beispiele sind:

- *soziale und weltanschauliche Reformbewegungen, kulturelle Strömungen wie Renaissance, die Aufklärung, Gegenaufklärung, Liberalismus, Sozialismus sowie politische Bewegungen wie Faschismus, Bürgerbewegungen usw.*

9. Invention

Eine soziale Invention besteht aus dem gezielten Aufbau eines neuartigen Sozialsystems oder in der drastischen Neuorganisierung und Umstrukturierung bestehender Sozialsysteme.

Beispiele sind:

- *die Ehe, Sklaverei, Bürokratie, organisierte Religion, Fließbandproduktion, öffentliche Riten und Zeremonien: Schützenfeste und Kindstaufen, Arbeitsstreiks und -niederlegungen, Werbung, Marketing, Öffentlichkeitsarbeit usw.*

10. Kommunikation

Kommunikation ist ein sozialer Prozess, der soziales Handeln und die Bildung von Sozialsystemen begleitet und Individuen voraussetzt, die eine Interaktionsbeziehung miteinander eingehen. Sie besteht aus der Übertragung und Spiegelung kognitiv bedeutungsvoller Signale oder Botschaften.

Bedeutungsvolle Signale sind Signale, die Formen von Wissen mit einbeziehen, wie beispielsweise Daten, Annahmen, Fragen, Anweisungen und Befehle.

11. Strategische Kommunikation

Tritt dieser Prozess nicht spontan, sondern organisiert auf, sprechen wir von einem gestalteten Kommunikationsprozess. Folgt die Gestaltung des Kommunikationsprozesses einer Strategie, sprechen wir von einem *strategischen Kommunikationsprozess.*

Strategische Kommunikation hat eine große Bedeutung bei der Gestaltung sozialer Systeme und Bewegungen. Sie dient als Übertragungs- und Vermittlungsinstrument. Durch Aktivitäten wie Informieren, Motivieren, Herstellen und Erhalten von Kontakten fungiert sie als direktes Instrument der sozialen Intervention.

12. Kommunikationssystem

Wenn zwei oder mehr Dinge kommunizieren – entweder in eine Richtung oder wechselseitig – so bilden sie ein *Kommunikationssystem.*
Ein Kommunikationssystem kann als konkretes materielles System beschrieben werden, das sich zusammensetzt aus:

- *Lebewesen derselben Spezies*
- *oder unterschiedlicher Spezies*
- *als auch nichtlebendiger Dinge aus der natürlichen oder sozialen Umgebung – als da wären Dinge, deren Strukturen Signale in der einen oder anderen Art enthalten: visuelle, akustische, elektromagnetische, chemische Signale usw.*

Die Ausbreitung der Signale innerhalb eines Kommunikationssystems wird typischerweise durch unkontrollierte, zufällige Änderungen in den Kommunikationskanälen beeinflusst und häufig gestört.

Nachrichteningenieure, Soziolinguisten, Linguisten, Kommunikationswissenschaftler, Psychologen, sowie Soziotechnologen wie etwa Konzeptioner untersuchen, gestalten, erhalten und reparieren Kommunikationssysteme.

Basisannahmen systemischer Konzeptionstechnik

Nachdem wir über einen Bestand an Basisbegriffen für die Grundlegung unserer Konzeptionslehre verfügen, werden wir nun die Gedankengänge, die bisher im Rahmen des vorliegenden Buchs verstreut auftraten, zu einem Set von Basisannahmen zusammenfassen und wichtige Schlussfolgerungen daraus ziehen[9].

Diese Basisannahmen sind Postulate, Grundhypothesen und keine selbstverständlichen Wahrheiten. Auch wenn sie jetzt hier aufgelistet werden und im Rahmen der weiteren inhaltlichen Diskussion aufrechterhalten werden, bleiben sie grundsätzlich kritisier- und hinterfragbar.

Basisannahme 1:

»Jeder Mensch gehört zu mindestens einem Sozialsystem.«

Ableitung 1

»So etwas wie eine vollständig randständige Person gibt es nicht.«

Sogar autistische Patienten, Einsiedler und Sträflinge haben gewisse, wenn auch möglicherweise schwache Bindungen zu Individuen, die vollständig in Sozialsysteme integriert sind.

Basisannahme 2:

»Sozialsysteme werden durch verschiedenerlei Bindungen zusammengehalten: durch sozial-gemeinschaftliche, ökonomische, politische und kulturelle Verbindungen.«

Ableitung 2:

»Soziale Trennungen und Diskriminierung jeglicher Art (sexuelle, ethnische, ökonomische, politische, religiöse, moralische usw.) schwächen den sozialen Zusammenhalt in einem Sozialsystem.«

Erläuterung:

Es ist falsch, einen Typ von sozialen Bindungen zu privilegieren, so wie es im Rahmen einiger sozialwissenschaftlicher Theorien üblich ist. Alle sozialen Bindungen sind relevant und miteinander verwickelt.

Um eine Kommunikationssituation zu klären, ist es deshalb wichtig, sowohl sozial/gemeinschaftliche, politische, ökonomische und kulturelle Aspekte parallel zu betrachten.

Es reicht nicht hin, sich etwa auf sozial–gemeinschaftliche oder auf Produktionsbeziehungen zu konzentrieren, wie es Marxisten oder Ökonomen praktizieren, oder auf politische Beziehungen, wie in politologischen Ansätzen üblich, oder auf Kommunikationsbeziehungen wie in manchen sozial–philosophischen Ansätzen (symbolischer Interaktionismus, Hermeneutik). Allerdings ist richtig, dass in bestimmten Situationen eine dieser Beziehungen einen relativen Vorrang vor anderen haben kann und einen dominierenden Einfluss übernimmt.

Basisannahme 3:

> *»Durch die Zugehörigkeit zu einer ganzen Auswahl an Sozialsystemen wird jede Person in Bezug auf ihre Überzeugungen, Vorlieben, Haltungen, Erwartungen, Entscheidungen und Handlungen einerseits sozial geprägt. Andererseits ist sie gleichzeitig selbstbestimmt und durch individuelle Motive bewegt.«*

Ableitung 3:

> *»Menschen sind weder vollständig autonom noch komplett unfrei:*
> *Wir sind teils frei teils unfrei.«*

Unsere Autonomie basiert zum großen Teil auf der Macht, über die wir persönlich verfügen. Die Machtlosen unter unseren Mitmenschen bekommen offenbar keine Gelegenheit, ihren freien Willen auszuüben.

Basisannahme 4:

> *»Jedes Sozialsystem hat eine spezifische Funktion, das heisst, es verfügt über einen besonderen Prozess oder eine Aktivität, über die kein anderes Sozialsystem verfügt.«*

Damit soll nicht gesagt werden, dass Sozialsysteme eigenständig über Ziele, Intentionen oder Funktionsweisen verfügten. Das Auftreten von Zielen und Intentionen setzt Personen mit intakten menschlichen Gehirnen voraus.

Außerdem behauptet dieses Postulat auch nicht, dass die Funktionen eines Systems stets positive oder nützliche Wirkungen für die Systemkomponenten haben – geschweige denn für die Gesellschaft als Ganzes. Das Gegenteil ist häufig der Fall – die Untersuchung von Systemen zeigt häufig den Bedarf an, diese zu verändern.

Basisannahme 5:

> *»Wandlungen und damit zusammenhängende Änderungen in Sozialsystemen gehen zurück auf:*
> - *Änderungen in seinen Komponenten*
> - *Interaktionen zwischen seinen Komponenten*
> - *oder deren Interaktionen mit Dingen in den Umgebungen des betreffenden Systems«*

Systemische Wandlungen werden also bewirkt durch individuelles Handeln, durch soziale Interaktionen oder durch Wandlungen und geänderte Prozesse in der Systemumgebung.

Basisannahme 6:

> *»Alle Mitglieder sozialer Systeme kooperieren in der einen oder anderen Beziehung miteinander, während sie in anderen Feldern miteinander konkurrieren.«*

Kein System irgendeiner Art könnte entstehen oder erhalten bleiben, wenn es nicht ein gewisses Maß an Kooperation – entweder stillschweigend oder absichtsvoll in Absprache – gäbe. Wenn ein System einmal einen stabilen Zustand erreicht hat – also ein gewisses Maß an Kooperation ausgeprägt ist –, neigen ihre Mitglieder intern und extern dazu, miteinander um knappe Güter, Ressourcen – angefangen bei der Nahrung bis um Liebe und Zuwendung – zu konkurrieren.

Basisannahme 7:

> *»Damit Systeme stabil bleiben oder in einer stabilen Lage verharren, ist es notwendig, dass die interne Kooperation stärker ist als der interne Konflikt.«*

Basisannahme 8:

> *»Konkurrenz stimuliert Initiative und Innovationen, Kooperation stärkt Effizienz und Kontinuität eines Systems und stützt den sozialen Zusammenhalt und die individuelle Verantwortlichkeit.«*

Basisannahme 9:

> *»Ein Sozialsystem entsteht (emergiert) – ob spontan oder geplant – nur dann, wenn seine Existenz einen Beitrag zur Befriedigung der Bedürfnisse oder der Wünsche einiger seiner Mitglieder leistet.«*

Wenn die Bedürfnisse und Wünsche, die den Aufbau eines Sozialsystems motivieren, entweder imaginär oder zu klein sind, wird das System zu einer Last für seine Mitglieder, die sich schließlich verweigern, sich zurückziehen und es schließlich auflösen.

Basisannahme 10:

> *»Ein soziales System löst sich spontan oder geplant auf, wenn es zukünftig keinen Nutzen für seine Mitglieder hat oder Konflikte stärker sind als die kooperativen Bindungen.«*

Basisannahme 11:

»Die Effizienz eines Sozialsystems verbessert sich durch Wettbewerb so lange, wie dieser so weit begrenzt ist, dass er die Bindungen, die das System zusammenhält, nicht zersetzen kann.«

Ableitung 4:

»Alle Sozialsysteme stagnieren oder gehen zugrunde, wenn ihre Mitglieder aufhören, zu konkurrieren oder zu kooperieren.«

Eine Mischung aus Wettbewerb und Kooperation hat eine gute soziale Gesundheit zur Folge.

Basisannahme 12:

»Von sozialen Inventionen haben manche Mitglieder eines sozialen Systems Nutzen, während diese Erfindungen anderen manches Mal schaden.«

Ableitung 5:

»Jeder sozialen Invention wird passiv oder aktiv von denen Widerstand entgegengebracht, die – fälschlich oder begründetermaßen – annehmen, dass sie durch diese Schaden nehmen werden.«

Um Schaden und Konflikt zu begrenzen, der durch soziale Inventionen entsteht, ist es wünschenswert, dass

- *(1) alle Betroffenen bei deren Umsetzung involviert und beteiligt werden und*
- *dass (2) bei der Gestaltung, Planung und Umsetzung Experten hinzugezogen werden, die auf empirisch wissenschaftliches Wissen zurückgreifen.*

Damit ist die Annahme verbunden, dass die beste Sozialordnung Demokratie *(1)* mit Soziotechnologie *(2)* verknüpft.

Übergang zur Epistemologie der Konzeptionstechnik

Mit dieser Liste unserer zukünftigen Grundsätze schließen wir jetzt die Diskussion des Ontologie–Themas ab:

Wie angekündigt haben wir uns auf den Weg gemacht, für die Konzeptionstechnik »Schnittstellen« zum Know–how empirischer Wissenschaften zu setzen.

Schnittstelle »Wissenschaftlicher Materialismus«

Die erste Schnittstelle ist sozusagen eingebaut – sie heißt *wissenschaftlicher Materialismus* und stellt den ersten Komplex unseres fundamentalen Konzeptions–Hintergrundwissens dar und zwar den allgemeinsten, bestehend aus unseren zukünftigen ontologischen Grundannahmen.

Bevor wir im nächsten Kapitel unser Wissen weiter komplettieren, folgt nun wie gewohnt eine Aufgabe zur Vertiefung der Ergebnisse des vorliegenden Kapitels:

In den gängigen Konzeptionslehren wird der materiellen Basis von Kommunikationsmaßnahmen kaum Beachtung geschenkt. Hier werden Personengruppen zu »Meinungsführern« erklärt, die angeblich als »Relaisstationen« fungieren. Dass bei solchen Formulierungen Vorstellungen aus Kosmologien verwendet werden, die nicht auf die Realität menschlicher Interaktionen passen, ist nach unserer Gedankenarbeit der letzten beiden Kapitel allzu deutlich.

Menschliche Hirne und ihre Träger geben Signale nicht mir–nichts–dir–nichts an andere Personen weiter. Wie in diesem Kapitel noch einmal betont, ist die reale Basis jeder Kommunikation das interagierende Individuum, das letztlich das einzige Wesen und die Grundinstanz ist, die Verantwortung dafür übernimmt, dass Kommunikation gelingt. Gelungene Kommunikation kann lediglich sichergestellt werden, wenn im Rahmen einer Kommunikations–Maßnahme Inhalte tatsächlich wie gewünscht bei den Individuen ankommen und in ihrem Hirn tatsächlich verarbeitet werden.

Das Denken des Einzelnen für eine Botschaft zu gewinnen, stellt offenbar eine große Herausforderung dar. Soziale Mechanismen müssen fachmännisch für diese schwierige Kontaktaufnahme mit Gesprächspartnern genutzt werden.

Schauen Sie dazu einmal Ihre letzten Konzeptionen durch:

- *Wie sind Sie hier vorgegangen, um mit Ihren Themen bei Zielpersonen anzukommen?*
- *Wie haben Sie sichergestellt, dass Botschaften wie gewünscht tatsächlich Gegenstand des Denkens Ihrer Kommunikationspartner wurden?*
- *Können Sie anhand der Ergebnisse umgesetzter Konzeptionen ablesen, welche Vorgehensweisen gut und welche schlechter gewirkt haben?*
- *Welche Mechanismen vermuten Sie hinter der Wirksamkeit erfolgreicher Maßnahmen?*

Quellenhinweise und Anmerkungen

1. Bunge, Mario; *Treatise on Basic Philosophy Volume 4; Ontology II (A World of Systems);* Dordrecht, Boston, London 1979; S. 1

2. Vergleiche:

- Bunge, Mario; *Finding Philosophy in Social Science (1996)* S. 44; 299
- Bunge, Mario; *Social Science under Debate (1998)* S. 224–5
- Bunge, Mario; *Philosophy in Crisis (2001)* S. 76–8
- Bunge, Mario; *Philosophical Dictionary (2003)* S. 83
- Bunge, Mario; Martin Mahner; *Über die Natur der Dinge (2004)* S. 4; 89; 153–7
- Bunge, Mario; *Chasing Reality. Strife over Realism (2006)* S. 27

3. Vergleiche:

- Bunge, Mario; *Finding Philosophy in Social Science (1996)* S. 20, 24, 45–6, 248–9, 251, 255
- Bunge, Mario; *Social Science under Debate (1998),* S. 72–3, 132,143, 311
- Bunge, Mario; *Philosophy in Crisis (2001)* S. 30, 56, 72–6,88
- Bunge, Mario; *Philosophical Dictionary (2003)* S. 83
- Bunge, Mario; *Chasing Reality. Strife over Realism (2006)* S. 14, 78, 92, 120, 224, 248, 290
- Bunge, Mario; Rubén Ardila; *Philosophie der Psychologie (1990)* S. 9, 17–8, 68, 152–4
- Bunge, Mario; Martin Mahner; *Philosophische Grundlagen der Biologie (2000)* S. 31–4
- Bunge, Mario; Martin Mahner; *Über die Natur der Dinge (2004)* S. 78–83, 148, 153–7

4. Vergleiche:
Bunge, Mario; Martin Mahner; *Über die Natur der Dinge (2004)* S. 84–9

5. Vergleiche:
Bunge, Mario; *Finding Philosophy in Social Science (1996)* S. 264–81

6. Vergleiche:
Bunge, Mario; Martin Mahner; *Über die Natur der Dinge (2004)* S. 164–9

7. Vergleiche:
Bunge, Mario; *Philosophy in Crisis (2001)* S. 103–6

8. Vergleiche:
Ebenda: S. 106–9

9. Vergleiche:
Ebenda: S. 109–116

»But epistemology is still immature: a sign that it has a long way to go.« (1)

Mario Bunge

Kapitel 7

Epistemologie der Konzeptionstechnik:

Quellen unseres Wissens

Sozialwissenschaften, Sozialforschung und Soziotechnologie

Unserem Vorgehen zur Fortentwicklung der Konzeptionstechnik liegt die Einsicht zugrunde, dass es eine typische Arbeitsteilung zwischen den Sozialwissenschaften wie Soziologie, Ökonomie, Politologie usw. auf der einen Seite und den Soziotechnologien wie Managementlehre, Betriebswirtschaftslehre, Städteplanung, Politikberatung, Kommunikations-Konzeption usw. auf der anderen Seite gibt.

Die Sozialwissenschaften übernehmen es, Wissen zu produzieren, indem sie soziale Fakten untersuchen, erklären und manches Mal auch vorhersagen. Demgegenüber sollen Soziotechnologien dieses sozialwissenschaftliche Wissen nutzen, um gesellschaftlich relevante Aufgabenstellungen zu bearbeiten:

- *das Management von Finanzkrisen,*
- *von Absatzflauten,*
- *von Produktionsrückgängen,*
- *von Kinderarmut,*
- *die fehlende Integration von ausländischen Mitbürgern,*
- *von Informationsdefiziten in Bezug auf gesundheitspolitische Reformen* usw.

Beziehung von Wissenschaft und Technologie

Die Positionen der Sozialwissenschaften auf der einen Seite und der Soziotechnologien auf der anderen Seite scheinen schwer vereinbar zu sein:

- ***hier:*** *die Suche nach Wahrheit,*
- ***dort:*** *das Streben nach Effektivität und Effizienz,*

oder anders ausgedrückt:

- ***hier:*** *forscherische Neutralität,*
- ***dort:*** *Interessengeleitetheit.*

Trotz der in dieser Konstellation liegenden Gegensätzlichkeit sind die beiden Felder nicht voneinander isoliert oder ohne Austausch. Denn viele der von den Sozialwissenschaften erforschten Themen gehen auf Fragestellungen zurück, die sich im Arbeitsfeld von Soziotechnologien herauskristallisiert haben.

Genauso fußen umgekehrt technologische Lösungen in Politik und Wirtschaft auf Forschungsergebnissen und auf Wissen, das im Bereich der Sozialwissenschaften erarbeitet wurde.

Im aktuellen Kapitel, das unmittelbar an die ontologischen Grundlagen anknüpft, die wir in den vorherigen Kapiteln erarbeitet haben, wenden wir uns der so genannten Erkenntnislehre zu.[2]

Die Erkenntnislehre untersucht unter anderem die Kriterien nach denen Sozialwissenschaften arbeiten, wenn sie empirisch gültiges Wissen »produzieren«, das wir beispielsweise für unsere künftige Arbeit an der Gestaltung von Kommunikationssystemen nutzen können.

Uns soll es hier darum gehen zu verstehen, was das Kennzeichen gültigen Wissens ist.

Merkmale gültigen Wissens

Wir erschließen dieses Thema am schnellsten, wenn wir unmittelbar wieder auf die ontologischen Einsichten zurückkommen, die wir uns in den letzten Kapiteln vergegenwärtigt haben.

Denn, wenn wir fragen, wie sozialwissenschaftliche Studien zu erfolgen haben, um zu gültigen Erkenntnissen zu kommen, müssen wir erst einmal klären, was überhaupt erkannt werden soll. Uns geht es um das Forschungsobjekt der Sozialwissenschaften, also um die »soziale Welt«.

Wir suchen Kriterien, unter denen zum einen die Struktur und zum anderen die Substanz der sozialen Welt betrachtet werden muss, um zu gültigem Wissen zu kommen. Zunächst müssen wir uns demnach fragen:

Was ist überhaupt die Struktur der sozialen Welt – was ist ihre Substanz?

Die Struktur der sozialen Welt

Starten wir mit der Struktur der sozialen Welt:[3]

Mit Blick auf die Struktur der Welt gibt es drei grundsätzlich unterschiedliche Positionen: Wir können entweder einen *Atomismus*, einen *Holismus* oder einen *Systemismus* favorisieren.

Siehe dazu die folgende Grafik:

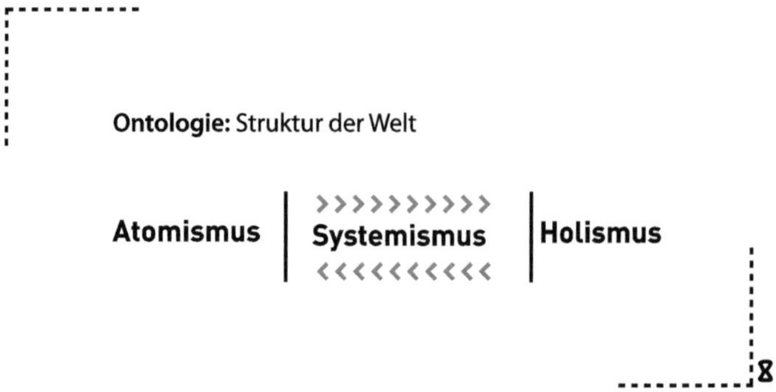

Struktur der sozialen Welt

Auf die Betrachtung der sozialen Welt übertragen können wir an diesen unterschiedlichen Positionen orientiert entweder einen *Individualismus*, einen *Kollektivismus* oder einen *Systemismus* verfolgen.

Das bedeutet nichts anderes, als dass wir entweder annehmen, die Gesellschaft bestände aus einem Aggregat von Individuen (Atomismus/Individualismus), aus einem nicht zu analysierenden Block (Holismus/Kollektivismus) oder aus Systemen, welche durch die Beziehungen von Individuen gebildet werden (Systemismus).

Dazu blicken wir auf die nächste Grafik:

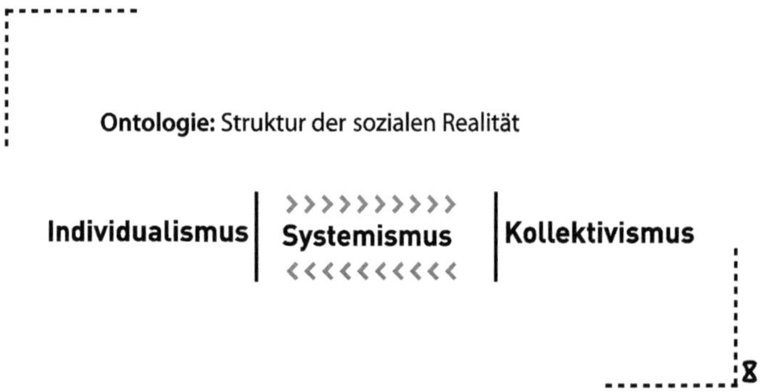

Damit haben wir bereits eine erste erkenntnistheoretische Einsicht gewonnen, die entscheidende Konsequenzen hat. Denn ein *individualistischer Sozialforscher* fokussiert in seinen Studien auf die Rolle des einzelnen Akteurs und versucht, Strukturen der sozialen Welt vom Individuum ausgehend zu erklären – also sozusagen von unten nach oben, *»bottom-up«*. Er ignoriert soziale Systeme.

Ein *kollektivistischer Sozialforscher* hat vor allem das Ganze im Auge und betrachtet den einzelnen Akteur als bloßes Produkt des Einflusses des Kollektivs – er betrachtet die soziale Welt sozusagen von oben nach unten, *»top-down«*. Er ignoriert den individuellen Akteur als sozialen Faktor.

Verbindung von »bottom-up« und »top-down«

Ein *systemischer Sozialforscher* hat dagegen das in soziale Strukturen eingebettete aktive Individuum vor Augen und forscht deshalb in beiden Richtungen, um ein komplettes Bild der Realität zu bekommen – sowohl von unten nach oben und von oben nach unten, *»bottom-up und top-down«*.

Wir werden als Konzeptioner in Bezug auf die Betrachtung der Struktur der sozialen Welt die Haltung der empirischen Wissenschaften übernehmen:

Empirische Sozialwissenschaftler sind Systemisten und erforschen deshalb die systemische Struktur der sozialen Welt und die darin ablaufenden Prozesse.

Die Substanz der sozialen Welt

Eine weitere Konsequenz für die Erkenntnislehre sozialwissenschaftlicher Forschung ergibt sich aus dem zweiten Merkmal der oben diskutierten Ontologie, nämlich aus deren Antwort auf die Frage, aus welchem »Stoff« die Welt besteht.[4]

Neben dem gerade betrachteten »Trilemma« um die »Struktur der Welt« gibt es offenbar ein weiteres Trilemma – das der »Substanz der Welt«:

Es gibt drei grundlegende ontologische Substanz-Konzepte: den Idealismus, den Reduktionismus und den *wissenschaftlichen* oder *emergentistischen Materialismus*.

Siehe dazu die Grafik auf der folgenden Seite.

Idealistische Interpretationen von Gesellschaft und Kommunikation

Für die Position des *Idealismus* ist in diesem Zusammenhang charakteristisch, dass er Ideen eine Existenz unabhängig von der Materie zuspricht, welche er sich auf eine höhere Seinsebene platziert vorstellt.

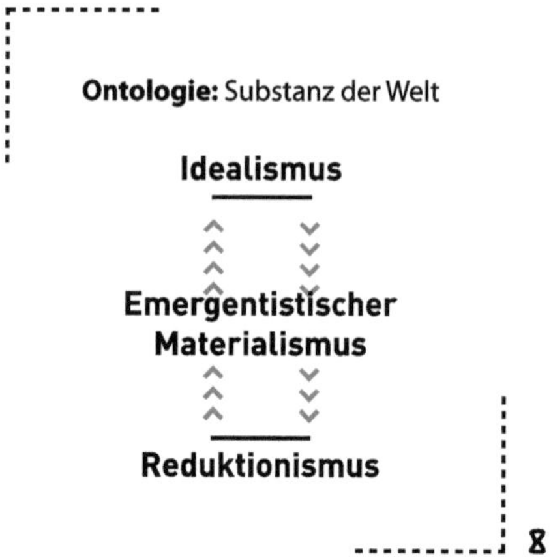

Als Gegenposition zum Idealismus tritt der *Reduktionismus* auf, der sowohl Ideen als auch Materie vollständig auf naturalistisch-physikalische Entitäten zurückzuführen sucht.

Die einzige empirisch haltbare Position stellt das Konzept des *emergentistischen* oder *wissenschaftlichen Materialismus* dar, der annimmt, dass Ideen in den neuronalen Systemen menschlicher Hirne als reale Strukturen auftreten, indem sie hier emergieren.

Idealismus in Sozialphilosophie und Philosophie konserviert

Nachdem der Idealismus bereits im siebzehnten Jahrhundert aus den Naturwissenschaften verdrängt werden konnte, hält er sich weiter hartnäckig in der Theologie, in einigen Theorien der Psychologie und der Sozialphilosophie. Hier behauptet er mehr oder weniger verklausuliert, dass soziale Tatbestände entweder Ideen oder Verkörperungen von Ideen sind.

Sozialwissenschaftler, die sich an den Prinzipien der empirischen Wissenschaften orientieren, verwerfen solche Vorstellungen. Sie vertreten einen wissenschaftlichen Materialismus und betrachten die soziale Welt, indem sie soziale Fakten, zum Beispiel Zustände oder Änderungen von Zuständen konkreter Dinge, von Personen, Sozialsystemen oder Kommunikationssystemen untersuchen.

Beispiele für idealistische Ansätze im Bereich der Sozialphilosophie sind unter anderem

- *die Annahme, dass es so etwas wie das »**Wesen**« oder den »**Spirit**« einer **Volksgemeinschaft** gibt*
- *die bereits erwähnten **holistischen Systemtheorien** von Talcott Parsons und Niklas Luhmann*
- *die sogenannten »**strukturalistischen**« **Theorien**, die annehmen, dass Gesellschaften vor allem aus kulturellem Code bestehen und deshalb hermeneutisch, also per Literatur- und Sprachanalyse, zu untersuchen sind*
- *die **konstruktivistischen Sozialtheorien**, die annehmen, dass es keine theoriefreie Realität geben kann und somit unsere soziale Existenz eine soziale Konstruktion ist*

Idealistisch orientierte Sozialtheoretiker schauen schwerpunktmäßig auf Ideen und blenden in ihren Analysen die physische und ökonomische Umgebung aus. So unterschätzen sie den Einfluss von Produktionsfaktoren, von persönlichen Bedürfnissen und Interessen.

Idealistische Sozialtheoretiker vernachlässigen Empirie.

Sie interpretieren gesellschaftliche Entwicklungen häufig anhand der Äußerungen prominenter Vertreter politischer oder wirtschaftlicher Eliten, schauen auf die Persönlichkeit von politischen und ökonomischen »Führern« und blenden die sozialen Netzwerke, die dahinter stehen, großflächig aus.

Solche Sozialtheoretiker neigen dazu, sich ihr Bild von der sozialen Welt allein per Bücherstudium hinter verschlossenen Studierzimmertüren zu bilden. Sie ignorieren empirische Forschung und nehmen selber auch keine empirischen Untersuchungen vor.

Empiristische reduktionistische Interpretationen von Gesellschaft und Kommunikation

Die zweite einseitige Interpretation der sozialen Welt liefert der *Reduktionismus*, der soziale Strukturen und soziales Handeln naturalistisch interpretiert. Er reduziert alle sozialen Tatbestände auf naturalistische Dinge, indem er sich bei seinen Erklärungen ausschließlich in Theorien der Physik, der Chemie, der Biologie usw. umsieht.

Demgegenüber untersuchen wissenschaftliche Materialisten gesellschaftliche Tatbestände umfassend, indem sie die Umgebung von Sozialsystemen, die biologischen, demografischen und ökonomischen Bedingungen und Beziehungsaspekte erforschen. Sie beobachten Lebensumstände der Bevölkerung, sammeln gezielt Prüfgegenstände und amtliche Statistiken, führen Interviews, werten Daten systematisch aus usw.

Im Zuge dieses Vorgehens untersuchen wissenschaftliche Materialisten auch die Rolle von Ideen im sozialen Leben. Sie betrachten diese Ideen als reale Strukturen, die als Prozesse in neuronalen Systemen menschlicher Hirne materialisiert sind und dadurch wirksam werden.

Kultursysteme analysieren sie als Sozialsysteme, die aus konkreten Menschen bestehen, welche miteinander kommunizieren und Artefakte austauschen.

Grunddisziplinen der Erkenntnistheorie: Epistemologie und Methodologie

Nach dieser ersten Orientierung im Feld der Erkenntnistheorie werden wir unsere ersten Ergebnisse nun vertiefen.

Unser Ziel ist, eine erkenntnistheoretische Grundposition herauszuarbeiten, die wir für unsere zukünftige Konzeptionstechnik nutzen können.

Zum Start unserer vertiefenden Betrachtungen eine notwendige Begriffsklärung:

Hintergrund der Erkenntnistheorie

Was heißt eigentlich »Erkenntnistheorie«?[5]

Erkenntnistheorie ist die Disziplin, die sich mit Erkenntnis und Wissen im Allgemeinen befasst – sowohl mit Alltagserkenntnis als auch mit wissenschaftlicher Erkenntnis.

Sie hat einen *beschreibenden* und einen *vorschreibenden* Aspekt.

Damit ist gemeint, dass sie auf der *einen Seite beschreibt*, was unser Erkenntnisvermögen sozusagen »leistet«. Erkenntnistheorie beantwortet dazu Fragen wie:

- *Wie erkennen wir?*
- *Was trägt der Erkennende zur Erkenntnis bei?*

Dieses Feld der Erkenntnistheorie werden wir im Folgenden »Epistemologie« (von griechisch »epistéme«: *Erkenntnis, Wissen, Wissenschaft* + »lógos«: *Wissenschaft, Lehre)* nennen.

Diese Epistemologie ist das Schwerpunktthema des gegenwärtigen Kapitels.

Erkenntnistheorie hat auf der *anderen Seite einen vorschreibenden Aspekt,* indem sie die Standards erforscht, die definieren, wie wir mittels unseres menschlichen Erkenntnisvermögens vorzugehen haben, um verlässliches Wissen zu erreichen. Dieses Feld der Erkenntnistheorie wird als *»Methodologie«* bezeichnet und uns als Schwerpunktthema im folgenden Kapitel, in Kapitel 8 beschäftigen.

Im aktuellen Kapitel konzentrieren wir uns im Weiteren wie angedeutet auf die Epistemologie und analysieren, wie unser Wissen über unseren Gegenstandsbereich Kommunikation zustande kommt.

»Virales Wissen« und Memetik

Die Vorstellung vom »Wissen an sich«

Was ist Wissen?

»Gibt es »das Wissen« überhaupt?«[6]

Antwort ist:

»Nein, es gibt kein Wissen an sich!«

Wir wollen an diesem Punkt mit unserer epistemologischen Diskussion ansetzen:

Wir sind in unserer täglichen Arbeit gewohnt, unser Wissen und Know-how unabhängig von erkenntnistheoretischen und methodologischen Erwägungen zu beurteilen.

Das führt manchmal zu fatalen Fehldeutungen.

Beispielsweise tun wir oft so, als läge uns Wissen unabhängig von einem erkennenden Subjekt vor, was offenbar eine unrealistische Abstraktion darstellt. Denn nur einzelne Menschen, Personen, können Wissen und Meinungen haben.

Meist ist diese Abstraktion unverfänglich und hat für unser Überlegen und Arbeiten keine negativen Auswirkungen. Zumindest so lange wir die materialistische Einsicht in unserem Hinterkopf bewahren:

Es gibt kein Wissen an sich!

Wie wichtig diese Einsicht tatsächlich ist und wie wichtig epistemologisch begründetes Denken für unsere Konzeptionstechnik ist, schauen wir uns zum Einstieg an einem konkreten Beispiel an:

Wissensverbreitung als »virale Epidemie«

Im Augenblick »grassiert« im Bereich der Kommunikationsberatung – beispielsweise in den Feldern Marketing, Verkaufsförderung aber auch den PR – eine Erkenntnistheorie, die von verschiedenen Autoren unter dem Motto »Wissen ist wie eine virale Epidemie!« mit großem Echo vertreten wird.

Als Beispiel nehmen wir uns einmal Sascha Langners Buch *»Viral Marketing«* vor, das sich unter Kommunikationsberatern großer Beliebtheit erfreut.[7]

Schauen wir uns das von ihm vertretene erkenntnistheoretische Paradigma im Einzelnen an. Er schreibt in seinem Vorwort:[8]

> *»Was viele Menschen [...] nicht wissen, ist, dass ihre unternehmensbezogenen Gespräche zum Teil von außen beeinflusst und gesteuert werden können. Denn Mundpropaganda lässt sich gezielt auslösen [...] Dieses Werk ist eine systematische Zusammenstellung von Wissen zum gezielten Auslösen von Mundpropaganda.«*

Was meint Langner mit *»Mundpropaganda«*?

Der Autor ist ein Anhänger der sogenannten *»Memetik«* und bezieht sich auf einen Ausdruck, den der Engländer Richard Dawkins geprägt hat.

»Mem« ist ein Synonym für »Idee«. In Analogie zu den Genen werden Meme bzw. Ideen als sich selbst vervielfältigende Entitäten aufgefasst, die Gehirne angeblich wie parasitäre »Wissens–Viren« befallen und unbewusst von Hirn zu Hirn weitergegeben werden.

Entsprechend beschreibt Langner in seinem Buch, wie sich angeblich Wissen und Propaganda in selbständig existierende Wesenheiten verwandeln, die Hirne unbemerkt befallen:[9]

> *»Ein Mem ist eine kleine Informationseinheit, die jedoch so ‹infizierend› ist, dass sie Menschen dazu bewegt, sie weiterzugeben. So wie sich Gene als Träger des Erbguts im evolutionären Prozess von Körper zu Körper übertragen, so verbreitet sich ein Mem beim Übergang auf psychologischer/kommunikativer Ebene von Gehirn zu Gehirn. Meme – beispielsweise Ideen, Moden oder Schlagworte*

– nutzen dabei gezielt das Individuum mit seinen zwischenmenschlichen Beziehungen als Wirt, um sich effektiv weiterzuverbreiten.«

Diese Memetik basiert auf idealistischer Dogmatik und ist nicht mit empirischer Forschung etwa der Sozialwissenschaften oder der Psychologie zu vereinbaren.

Es gibt kein Wissen an sich, also keine »Informations–Entitäten«, die sich als »Meme« – als von Materie ungestützte Ideen – durch soziale Systeme bewegen könnten.

»Meme« gehören in die Welt der Märchen, überzeugen vielleicht Fans der bekannten Harry Potter–Filme, die daran gewöhnt sind, dass Artefakte wie Gemälde an Wänden und Fotos in Zeitungen ein Eigenleben führen und mit den Betrachtern kommunizieren können. Als Kommunikations–Berater und Konzeptioner außerhalb von Kinoleinwänden können wir allerdings nicht auf »virale Botschaften« zählen.

Virales Marketing ohne reale Basis

Wir müssen unsere Kommunikationsarbeit materiell planen und oft unter Mühen ins Werk setzen. Ein sich selbst durch Kommunikationskanäle verbreitendes »Virales Marketing« ist nicht mehr als ein »Hirngespinst«.

Plastische Hirne als materielle Grundlage jeden Wissens

Zurück in die materiale Realität, zurück zum Prozess des menschlichen Erkennens und Erlangens von Wissen:

Offenbar treten Erkenntnisprozesse nur in Organismen auf, die über ein entwickeltes, komplexes Nervensystem verfügen. Die verbreitete Vorstellung, dass es so etwas wie ein immaterielles und von seiner Umgebung isoliertes Erkenntnissubjekt gäbe, ist komplett aufzugeben.

Sie ist durch die Einsicht zu ersetzen, dass erkennende Geschöpfe Wesen sind, die mit komplexen Gehirnen ausgestattet sind.

Wir werden deshalb hier die Basisannahme einer wissenschaftlich–materialistischen Epistemologie übernehmen:[10]

Erkenntnistheoretische Basisannahme 1:

> *»Erkenntnisprozesse finden nur in Nervensystemen statt, zum Beispiel in menschlichen Nervensystemen.«*

Erkenntnis setzt arbeitsfähige Gehirne voraus.

Ein Erkenntnis– oder Lernprozess besteht aus Veränderungen der Verknüpfungen in neuronalen Systemen. Das ist eine Grundeinsicht der Forschung der Neurophysiologie, die in den letzten Jahrzehnten bereits große Fortschritte erreicht hat. Schwierig ist es vor dem Hintergrund solcher Forschungsergebnisse häufig, in anderen Wissensfeldern Schritt zu halten und korrekte Schlussfolgerungen für die eigenen Gegenstandsbereiche vorzunehmen.

Für die Epistemologie sind mit Blick auf neurophysiologische Erkenntnisse viele Konsequenzen zu ziehen, die insbesondere mit der von den Forschern ermittelten *Plastizität* des menschlichen Hirns zu tun haben.

Schauen wir uns das einmal genauer an:

Die Verschaltung von Neuronen und neuronalen Systemen ist entweder variabel oder konstant. In diesem Zusammenhang wird der Begriff der *Konnektivität* verwendet. Konnektivität eines neuronalen Systems meint die Art und Weise der Verknüpfungen zwischen den Neuronen und den neuronalen Systemen innerhalb eines Gehirns. Da Verschaltungen variabel oder konstant sein können, sprechen wir also von variabler oder konstanter Konnektivität.

Nun können wir folgende Definition für den Begriff der Plastizität übernehmen:[11]

Erkenntnistheoretische Definition:

> *»Ein neuronales System ist plastisch genau dann, wenn seine Konnektivität lebenslang variabel ist. Andernfalls, das heißt, wenn seine Konnektivität entweder von Anfang an oder von einem bestimmten Entwicklungsstadium an konstant ist, ist es fest verschaltet.«*

Unsere neuronalen Systeme sind variabel konnektiv.

Zum Verständnis der Bedeutung der Plastizität sei an dieser Stelle auf Folgendes hingewiesen:

Verfügt ein Lebewesen über plastische neuronale Verknüpfungen, so deutet dies darauf hin, dass es entsprechend auch über ein plastisches Verhaltensrepertoire verfügt, das heißt, dass es sich in unterschiedlichen Situationen unterschiedlich verhalten kann.

Umgekehrtes gilt offenbar nicht:

Es gibt Lebewesen, die durch unterschiedliche Außenreize angeregt unterschiedliche Verhaltensweisen zeigen. Diese können aber durch fest verschaltete neuronale Systeme bedingt, sozusagen »vorprogrammiert« sein. *Verhaltensplastizität* entspricht also nicht neuronaler Plastizität.

Die Ausstattung mit Nervensystemen und darüber hinaus mit neuronaler Plastizität ist in der Natur ungleich verteilt.

Dazu übernehmen wir eine zweite Basisannahme:[12]

Erkenntnistheoretische Basisannahme 2:

> *»Alle Tiere mit Nervensystemen besitzen fest verschaltete neuronale Systeme. Einige besitzen außerdem plastische neuronale Systeme.«*

Fest verschaltete und plastische Systeme

Die Plastizität des neuronalen Systems eines Lebewesens hat direkte Konsequenzen für dessen Erkenntnisfähigkeit. Nur Wesen, die über plastische neuronale Systeme verfügen, sind in der Lage zu erkennen, Wissen zu erwerben und zu lernen.

Dazu eine weitere Basisannahme:

Erkenntnistheoretische Basisannahme 3:

> *»Lernen ist die spezifische Aktivität, mit anderen Worten: die Funktion, einiger plastischer neuronaler Systeme.«*

Plastische Hirne ermöglichen Lernen.

Es gibt kein Wissen losgelöst von einem Erkenntnisprozess, der in einem Nervensystem stattfindet.

Dieser Tatbestand steht wie gesehen im Widerspruch zur idealistischen Tradition, die dem Wissen, wie an den Beispielen »Memetik« und »Virales Marketing« gesehen, ein eigenständiges Sein zuspricht. Ähnliche unhaltbare Vorstellungen finden sich in den Konzepten der Ideen bei Platon, aber auch in der Drei-Welten-Theorie Poppers.

Popper teilt im Rahmen seiner Lehre das Universum in drei unterschiedliche Welten. In die Welt eins der physischen Gegenstände, die Welt zwei der Bewusstseinsinhalte und die Welt drei, die Welt der geistigen und kulturellen Gehalte, die nach Poppers Ansicht vom Einzelbewusstsein unabhängig existieren können, z. B. als Inhalte von Büchern, Theorien und Ideen.

Wie gesehen ist die reale und wirkliche Welt der empirischen Wissenschaft im Vergleich dazu recht »schlank« und ohne »doppelten und dreifachen Boden«.

Ohne Gehirne keine Ideen

Wir halten deshalb fest, dass es, genauso, wie es keine Bewegung ohne bewegte Dinge, kein Lächeln ohne Gesicht, auch keine Ideen ohne denkende Gehirne gibt.[13]

Für theoretische Betrachtungen mag es zwar durchaus erhellend sein, manchmal von den real denkenden Wesen und den Hintergrundbedingungen ihres Denkens zu abstrahieren, sich also Denkinhalte separiert und »an sich« vorzustellen. Das ist allerdings nur harmlos, so lange wir uns bewusst sind, dass wir es mit einer Fiktion zu tun haben – also so lange wir ihnen nicht »geistiges« Leben zusprechen und beginnen, sie zu »verdinglichen«, mit anderen Worten: sie zu »reifizieren«.

Der Mythos des subjektunabhängigen Wissens

Auch gegen die Epistemologie des wissenschaftlichen Materialismus werden Einwände vorgebracht. Zum Beispiel in Form der Frage:

Wie kann es denn sein, dass wir untereinander Informationen austauschen, wenn es so etwas wie einen Inhalt kognitiver Prozesse nicht gibt?

Die zweifelnden Frager verweisen darauf, dass dieser Inhalt auf andere Gehirne übertragen und kommuniziert würde, zum Beispiel externalisiert als Artefakt, beispielsweise als Schrift oder als Videoband, als Datei auf einer DVD usw.

Wissenschaftliche Materialisten beharren aber darauf, dass es in der Realität solche austauschbaren Inhalte gar nicht gibt und dass es daher in diesem Sinne zu keiner »Übertragung« von Inhalten kommen kann.

Warum?

Wir folgen zur Beantwortung einer anschaulichen Erläuterung von Mario Bunge:[14]

In der Frühgeschichte des Menschen gab es keine Instrumentarien zum Aufzeichnen von Sprache. Wissen trat nur in einzelnen Hirnen auf. Nach der Erfindung des Zeichnens, des Malens, Bildhauens und insbesondere des Schreibens konnte Wissen in Form kultureller Artefakte »kodiert« sichtbar gemacht und unter den Zeitgenossen präsentiert werden. Dadurch wurde das Weitergeben und Teilen von Wissen zwischen Personen begünstigt.

Wie Wissen »geteilt« wird ...

Das »Teilen« von Wissen bestand offenbar darin, dass Einzelne anhand des von anderen geschaffenen Artefakts in ihrem eigenen Hirn durch Interpretieren und Entziffern von Symbolen einen neuronalen Prozess in ihrer eigenen Hirnstruktur bewirkten, der dem Denkprozess während des Herstellens des Artefakts weitgehend entsprach. Dieser Vorgang war der Ausgangspunkt der fehlleitenden Vorstellung vom subjektunabhängigen »Inhalt« des Wissens.

Wie kam es im Einzelnen zu diesem Mythos, der uns stets von Neuem gefangen zu nehmen droht?

Dazu betrachte ich mich als Autor einmal selber:

Wenn ich die geplanten 17 Kapitel dieses Buchs fertig geschrieben habe, erst ein Stapel Manuskript–Papier vor mir liegt, danach der Umbruch fertig wird, sich irgendwann die ersten gedruckten Buch–Exemplare vor mir stapeln, dann scheinen meine Überlegungen ein »Eigenleben« bekommen zu haben.

Ich kann das Buch in die Hand nehmen, an Kollegen zur Begutachtung schicken, in ein Bücherregal stellen, kann es in einer Buchhandlung besuchen gehen und schauen, wie es ihm da ergeht.

Ich kann das Buch in gewisser Weise als unabhängige Existenz betrachten.

Das gilt aber nicht für dessen Inhalt. Denn der »Inhalt« des Buchs besteht allein darin, dass jemand darin liest und in seinem Gehirn ein Prozess einsetzt, den der Leser als Vorgang des Begreifens und Erkennens erlebt.
Als Autor verfalle ich offenbar einer Illusion, wenn ich mir vorstelle, es existierten rund um mein Buch drei unterschiedliche Sachverhalte:

- *der neuronale und motorische Prozess des Schreibens*
- *das kulturelle Artefakt (bedrucktes, gebundenes Papier)*
- *das Wissen, das darin verschlüsselt ist*

Denn der dritte Punkt basiert auf einer Fiktion – und genau hierauf beruht der Mythos:

Der neuronal–motorische Prozess während des Schreibens ist real, genauso wie das physisch vorhandene Buch.

Das verschlüsselte, an sich seiende Wissen gibt es allerdings nicht. Was stattdessen auftreten sollte, ist, dass

- *Leser, die das Buch zur Hand nehmen, über ihre Wahrnehmungsorgane die von mir geschriebenen Buchstaben erfassen,*
- *woraufhin hoffentlich in ihren Gehirnen neuronale Prozesse ablaufen,*
- *die denen weitestgehend korrespondieren, die während des Schreibvorgangs bei mir auftraten.*

Der Mythos des verschlüsselten Wissens

Der Mythos besteht darin, anzunehmen, dass die von den Gehirnen losgelöst vorgestellten Gedankengänge mit einem Eigenleben versehen sind.

Da Gedanken und Ideen im Gegensatz zu Organismen weder lebendig sind, noch eine eigenständige Existenz haben, sollte klar sein, dass Ideen sich nicht selbst replizieren können.

Genau so wenig kommt es vor, dass sich Gedanken selbständig fortentwickeln und »reifen«, auch wenn es oft so formuliert wird.

Wir haben diesen Wissens–Mythos deshalb besonders ausführlich diskutiert, weil er gerade uns Konzeptionern als epistemologisches Problem häufig den Blick auf unsere Aufgabenstellung verstellt:

Oft diskutieren wir in aller Ausführlichkeit mit unserem Klienten über Ideen, Botschaften, Meinungen und Wissen, das an bestimmte Personen weiterzugeben ist.

Dabei drohen wir, uns zum einen in inhaltliche Aspekte zu verlieren, wie Fragen des Sprachstils, der Rhetorik usw. Zum anderen werden wir durch »technische« Aspekte abgelenkt, wenn es darum geht, Medien wie Presseinformationen, Broschüren, Internet–Sites fachgerecht zu gestalten.

Angesichts dieser inhaltlichen und technischen Aspekte droht der Hauptaspekt der Kommunikation aus dem Blick zu geraten:

Dieser Aspekt besteht darin, bei der Gestaltung etwa eines Kommunikationsmediums und seiner anschließenden Verwendung sicherzustellen, dass dieses Medium epistemologisch sicher funktioniert.

Das heißt, es ist sicherzustellen, dass in den Gehirnen der Vertreter der sogenannten »Zielgruppe«, die wir im Auftrag unseres Klienten zu erreichen haben, der von uns gewünschte neuronale Prozess tatsächlich bewirkt wird. Unsere Arbeit ist nämlich nur erfolgreich, wenn sich Wirkungen tatsächlich in den Gehirnen der anzusprechenden Personen abspielen und diese Personen sich dadurch wie gewünscht bestimmte Informationen und Meinungen bewusst machen.

Erst wenn wir uns vollständig klar darüber sind, dass es kein Wissen und keine Informationen an sich gibt, sind wir uns wirklich und vollständig über die Schwierigkeit dieser Kommunikations–Aufgabe bewusst. Denn es ist nicht einfach, stets die genau passenden Mechanismen ausfindig zu machen und zu nutzen, die in einer besonderen Situation und bei individuellen Personen Hirnprozesse und schließlich Meinungsbildungsprozesse tatsächlich wirkungsvoll beeinflussen.

Mythos droht von Aufgabenstellung abzulenken.

Konzeptioner, die sicherstellen wollen, dass die von ihnen zu vermittelnden Informationen und Meinungen tatsächlich an ihr Ziel kommen, werden durch diese grundlegende epistemologische Diskussion angeregt, Vorkehrungen zu treffen, um den Erfolg ihrer Maßnahmen möglichst wahrscheinlich werden zu lassen:

- *Sie suchen nach Belegen dafür, dass ihre Kommunikationsmaßnahmen tatsächlich Mechanismen in Gang setzen, die wie gewünscht auf Hirnprozesse einwirken.*
- *Sie meiden systematisch abstrakte Argumentationen und Gedankengänge für die Entwicklung von Texten und Konzepten.*
- *Sie weisen Grafiker und Texter an, sich bei ihrer Arbeit auf den besonderen »Bewusstseinszustand« und die motivationale Lage von Zielpersonen einzustellen.*
  usw.

Arten von Wissen

Wie die letzten Überlegungen auf den Punkt brachten, geht es in der Konzeptionstechnik darum, in den Hirnen von Personen bestimmte Denkinhalte auftreten zu lassen. Diese Denkinhalte werden recht unterschiedlich bezeichnet – etwa als Meinungen, Annahmen, Standpunkte usw. – je nachdem, in welchem Zusammenhang wir auf sie zu sprechen kommen.

In der Epistemologie wird hierfür einheitlich das Wort »*Wissen*« verwendet.

Der Wissens–Begriff wird im Beratungsalltag von Kommunikationsprofis allerdings recht uneindeutig verwendet. Da zum epistemologischen Konzept unserer zukünftigen Konzeptionstechnik eine Klärung zentraler Begriffe gehört, werden wir in diesem Abschnitt darangehen, das Phänomen »Wissen« grundlegend zu klassifizieren.[15]

Zunächst können wir eine Basisklassifikation übernehmen:

Wir können *sensomotorisches Wissen, Wahrnehmungswissen* und *Aussagewissen* unterscheiden.

Basis–klassifikationen des Wissens

Sensomotorisches Wissen meint Fertigkeiten, die wir regelrecht erlernen müssen – sei es das Binden von Booklets mit einer Bindemaschine, das Anfertigen von Kopien mit einem Fotokopierer oder das Anschließen eines Beamers an ein Notebook. Nicht in dieses Feld gehören Fertigkeiten, die wir nicht im eigentlichen Sinne erlernen müssen, sondern »automatisch« beherrschen wie beispielsweise Urinieren, Schlucken oder Atmen.

Auch *Wahrnehmungswissen* setzt einen Lernprozess voraus – sei es das Unterscheidenkönnen von Schriftarten wie Bodoni oder Arial, von Farben aus einem Farbfächer, sprachlich–stilistischen »Färbungen« eines Textes usw.

Aussagewissen oder *begriffliches Wissen* besteht darin, etwas mit begrifflichen Unterscheidungen anfangen zu können, etwa zu wissen, was Anzeigenblätter und was Special Interest Medien sind, zu wissen, was ein Clippingdienst bzw. eine Medienbeobachtung macht.

Eine weitere Unterscheidung betrifft den Ursprung von Wissen:

Direktes und indirektes Wissen

Wissen kann aus *erster* oder *zweiter Hand*, also *direkt* oder *indirekt* sein. *Direktes Wissen* wird aufgrund eigener Erfahrung, aufgrund eigener Untersuchungen erworben. Demgegenüber kann Wissen in unser Bewusstsein gelangen, das ursprünglich von anderen erarbeitet und aufbereitet wurde – durch Studien, Überlegungen usw. Dieses *indirekte Wissen* kann wertvoller sein als direktes Wissen. So kann das erkenntnistheoretische Wissen anderer Autoren, das wir uns durch Lesen deren Bücher vergegenwärtigen, umfassender sein, als das von uns selbst erarbeitete Wissen.

Wir können *stillschweigendes* oder *unbewusstes Wissen* von *explizitem* oder *bewusstem Wissen* trennen.

Bewusstes und unbewusstes Wissen

Wenn beispielsweise ein Individuum X ein Y weiß, dann hat dieses X *explizites Wissen* von Y genau dann, wenn X tatsächlich weiß, dass es Y weiß, oder wenn es Y sprachlich ausdrücken kann. Andernfalls verfügt X lediglich über ein *unbewusstes Wissen* von Y.

Weiterhin können wir *privates* und *öffentliches Wissen* unterscheiden.

Privates und öffentliches Wissen

Jemand besitzt *privates Wissen* über Y genau dann, wenn niemand außer ihm Y kennt. Andernfalls, wenn vormals privates Wissen von mehreren Mitgliedern eines sozialen Systems geteilt wird, ist es *öffentliches* oder *intersubjektives Wissen.*

Objektives Wissen

An dieser Stelle ist wichtig zu bemerken, dass intersubjektives Wissen nicht automatisch *objektives Wissen* ist. Denn Objektivität ist folgendermaßen zu definieren:

Ein Stück explizites Wissen Y ist *objektiv* genau, dann, wenn zwei Bedingungen gleichzeitig erfüllt sind:

- *Y ist in einem sozialen System intersubjektives Wissen und*
- *Y ist begrifflich oder empirisch prüfbar*

Beispielsweise mögen religiöse Glaubenssätze in einer Glaubensgemeinschaft intersubjektiv sein. Sie sind aber wegen ihrer fehlenden Prüfbarkeit im erkenntnistheoretischen Sinn nicht objektiv.

An diesem Punkt tut noch eine weitere Präzisierung not:
Objektivität ist nicht gleich *Wahrheit*:

Eine Aussage kann *objektiv* – *intersubjektiv* und *prüfbar* – aber dennoch *falsch* sein. – Und umgekehrt kann etwas *subjektiv* und dennoch *wahr* sein.

Eine weitere wichtige Klassifikation von Wissen betrifft den *Grad der Zustimmung*, den wir diesem zumessen.

Grad der Zustimmung zu Wissen: »Glaube«

Wir nennen diesen *Grad der Zustimmung* gemeinhin *Glaube* – Wissen kann in unterschiedlichem Maß geglaubt werden. Deshalb können wir den *Grad des Glaubens* mit Hilfe von Maßzahlen zwischen »–1« und »+1« darstellen.

- *»–1« zeigt an, dass wir etwas maximal nicht glauben oder etwas zurückweisen.*
- *»0« drückt aus, dass wir einem Wissen indifferent gegenüberstehen, weder glauben noch nicht glauben.*
- *»+1« drückt aus, dass wir etwas maximal glauben und akzeptieren.*

Erkenntnistheoretisch gesehen müssen wir zunächst etwas wissen, um es danach in einem bestimmten Maß zu glauben. Das Sprechen über Glauben losgelöst von Wissen ist sinnlos – ich muss wissen, was ich glauben soll.

Wahrheit

Was ist nun wahres Wissen?

Wahrheit besteht im Grad der *Übereinstimmung zwischen einem Wissen und dem betreffenden Sachverhalt*. Wir haben in der Regel keine Möglichkeit, diese Übereinstimmung mit Sachverhalten direkt zu erkennen. Wir müssen deshalb die Wahrheitsbewertungen mit Hilfe empirischer Operatoren prüfen und ermitteln. – Darüber erfahren wir im nächsten Kapitel mehr.

Ein paar abschließende Gedanken zum Wissens–Begriff:

Wir haben den Begriff so weit geklärt, dass uns einige Hintergründe deutlich wurden, die im alltäglichen Sprechen meist unklar sind:

- *So zeigt sich, dass Wissen weder Wahrheit noch Objektivität voraussetzt, um als Wissen gelten zu können. Es gibt Dinge, die von Personen gewusst werden, die falsch und nicht objektiv sind.*
- *Ein Irrtum ist eine Form des Wissens. Er gehört zum Bestand unseres falschen Wissens.*
- *Wissen kann subjektiv oder objektiv sein. Es kann wahr oder falsch sein. Faktisches Wissen ist manchmal nicht vollständig wahr und nicht vollständig falsch, stattdessen teilweise wahr und teilweise falsch.*
- *Wir können Wissen mehr oder weniger glauben.*
- *Wenn wir uns in Bezug auf eine Tatsache irren, dann haben wir es nicht mit dem Gegensatz von Wissen und Nichtwissen, sondern mit dem Gegensatz von Wahrheit und Falschheit zu tun.*

Unsere Epistemologie

Nachdem wir die grundlegenden Vorüberlegungen abgeschlossen haben, werden wir nun die Epistemologie definieren, die wir aus dem Feld der empirischen Wissenschaften auf unsere zukünftige Konzeptionstechnik übertragen wollen.[16]

Das wichtigste Merkmal unserer Epistemologie soll das des Realismus sein. Das soll heißen, wir halten die Welt für erkennbar.

Dazu übernehmen wir wiederum eine Basisannahme empirisch-wissenschaftlicher Epistemologie.

Erkenntnistheoretische Basisannahme 4:

> *»Die Welt ist erkennbar, wenn auch nur teilweise, näherungsweise und schrittweise.«*

Die Welt ist erkennbar.

Wie sich hier andeutet, verfolgen wir keinen *naiven*, sondern einen *kritischen Realismus*. Wir nehmen an, dass Erfahrungswissen unverzichtbar ist, aber dennoch häufig oberflächlich, unvollständig oder sogar manches Mal vollkommen falsch. Erfahrungswissen muss deshalb durch hypothetisches oder theoretisches Wissen ergänzt werden. Theoretisches Wissen besteht aus Konstruktionen, zum Beispiel aus Modellen, die weit über sinnlich erfahrbare Erscheinungen hinausgehen.

Da wir ausdrücklich mit solchen Konstruktionen arbeiten wollen, verfolgen wir einen *erkenntnistheoretischen Konstruktivismus*. Dieser Konstruktivismus besagt, dass wir Konstrukte – beispielsweise Theorien und deren Komponenten – benutzen, die unsere eigenen Erfindungen sind.

Wir können dabei nicht vermeiden, dass einige dieser Konstrukte Fakten der Welt lediglich auf symbolische, keinesfalls perfekte Weise wiedergeben. Sie liefern keine Abbildung der Welt. Manche unserer theoretischen Konstrukte sind reine Fiktionen ohne Entsprechungen in der Realität – zum Beispiel trifft dies für mathematische oder grafische Objekte in unseren Modellen zu.

Hierbei ist allerdings als wesentlich im Auge zu behalten, dass wir ausdrücklich einen *erkenntnistheoretischen Konstruktivismus* verwenden und ausdrücklich keinen *ontologischen Konstruktivismus*. Das heißt, wir verwenden Konstrukte, die wir im Rahmen unserer Konzeptionsarbeit modellieren. Wir unterscheiden dennoch stets die Realität, die wir zu untersuchen und anschließend zu bearbeiten haben, von unseren Modellerfindungen und Konstruktionen.

Entsprechend distanzieren wir uns von allen ontologischen Konstruktivismen, wie sie in der Sozialphilosophie verbreitet sind, etwa vom radikalen Konstruktivismus. Der behauptet, dass alle von uns erkannten Gegenstände Konstruktionen sind und nicht unabhängig von unserem Erkenntnisvorgang existieren oder erkennbar sind.

Und wie wir weiterhin nicht müde werden sollten zu betonen:

Wir verfolgen einen *erkenntnistheoretischen Materialismus* – und zwar genauer gesagt einen *emergentistischen Materialismus*.

Es gibt kein übernatürliches Erkennen.

Das Erkennen ist ein Gehirnprozess und als solcher Grundlage jedes menschlichen Kommunizierens. Wir betonen, dass es keinen übernatürlichen oder paranormalen Erkenntnisweg gibt. Unsere Erkenntnis durchläuft stets sensorisch–zerebrale Systeme unseres Körpers.

Weiterhin verknüpfen wir mit dem *Rationalismus* und dem *Empirismus* zwei große Traditionen der Erkenntnistheorie. Denn es ist beides erforderlich, um Erkenntnis zu erlangen: Verstand und Erfahrung.

Deshalb haben wir mit zweierlei Arten von Begründungen zu arbeiten:

Wir haben auf der einen Seite Hypothesen *theoretisch* zu begründen. Sollten wir Hypothesen ohne eine solche theoretische – verstandesmäßige – Begründung akzeptieren, verfielen wir dem *Aberglauben*. Würden wir auf der anderen Seite faktische Aussagen akzeptieren, ohne dafür ausreichende *empirische Belege* vorliegen zu haben, verfielen wir einem *Dogmatismus*.

Empirismus und *Rationalismus* bilden wechselseitig den Hintergrund unserer Arbeit:

- *Manchmal haben wir es mit Daten, Beobachtungen oder anderen empirischen Befunden zu tun, die im nächsten Schritt theoretisch–rational zu verarbeiten sind.*

- *Ein anderes Mal gehen dann wieder theoretische Überlegungen und Analysen den empirischen Untersuchungen voraus.*

Empirische Wissenschaft übernimmt die jeweils *realistischen Versionen* von *Rationalismus und Empirismus*.

Auf diese Weise wirken bei unserer Arbeit begriffliche Analyse, Theoriebildung und –diskussion auf der einen Seite und Beobachtung, Messung, Experiment und Praxis auf der anderen Seite Hand in Hand zusammen.

Wir werden deshalb in der Folge eine *Synthese* dieser beiden Theorierichtungen verfolgen und übernehmen als Bezeichnung dafür den Begriff des *»Ratioempirismus«*.

»Rationalismus« + »Empirismus« = »Ratioempirismus«

Aus diesem Ansatz folgt, dass wir in Zukunft für Kommunikationskonzepte fordern müssen, dass ihre Aussagen letztlich theoretisch und empirisch begründet werden müssen. Diese Begründungen können zwar nie endgültig sein, sondern sind stets nur relativ oder bedingt.

Letztlich sind Theorie und empirische Prüfverfahren stets korrigierbar und nie absolut zweifelsfrei richtig.

Zwar vertrauen wir unseren Begründungen, doch ist unser Vertrauen dabei weder blind noch unerschütterlich, sondern lediglich *provisorisch*. Denn wir sind bereit, dieses Vertrauen aufzukündigen, wenn wir Grund haben, Annahmen zu bezweifeln oder diese sich als inkorrekt herausstellen. Mit anderen Worten erkennen wir einen *Fallibilismus* an und übernehmen deshalb folgende Regel:

Erkenntnistheoretische Regel:

> *»Betrachte jede Erkenntnis – seien es Daten, Hypothesen, Theorien, Methoden oder Pläne – als revidierbar. Sehe jede Prüfung wiederum als selbst überprüfbar an, jedes Artefakt und Modell als imperfekt und verbesserungswürdig.«*

Mit diesem Fallibilismus verknüpfen wir die Ansicht, dass jede Erkenntnis, jeder Vorschlag und jedes Artefakt, das für unsere Arbeit wichtig ist, kontinuierlich verbessert werden kann und auch verbessert werden soll. Die dahinter stehende Haltung bezeichnen wir als *Meliorismus*.

Erkenntnisse sind stets verbesserungswürdig.

Ein weiteres Merkmal unserer Epistemologie ist ihr *Szientismus*. Denn die zukünftige Konzeptionstechnik, die als Soziotechnologie »rekonstruiert« wird, übernimmt ausdrücklich die These, dass alles Erkennbare im Prinzip wissenschaftlich erkannt werden kann – auch wenn das nicht notwendigerweise tatsächlich erfolgt – und dass empirische Wissenschaften die bestmöglichen Tatsachenerkenntnisse liefern, auch wenn diese nicht fehlerfrei sein können.

Unsere Form des Szientismus ist nicht mit dem Neopositivismus zu verwechseln, der behauptet, jede Wissenschaftsdisziplin auf eine Basisdisziplin reduzieren zu können, etwa auf die Physik oder die Psychologie. Unser Szientismus ist außerdem nicht mit der Annahme verbunden, der jetzige Stand der empirischen Wissenschaft wäre endgültig oder optimal. Eine solche Annahme stände im direkten Konflikt zu unserem Fallibilismus und Meliorismus.

Was können wir wissen?

Im Laufe des gegenwärtigen Kapitels haben wir uns die wichtigsten Bausteine der Epistemologie empirischer Wissenschaften vergegenwärtigt. Sie sollen wesentliche Bestandteile des Know–hows zukünftiger Konzeptioner werden. Wir haben damit einen klaren Begriff von unseren Möglichkeiten, zu erkennen, Dinge zu erforschen und Wissen zu erlangen.

Um die Einsichten des gegenwärtigen Kapitels zu überprüfen, werden wir diese nun bei der Beantwortung folgender erkenntnistheoretischen Grundfrage testen:[17]

Was können wir wissen?

Drei Antworten sind verbreitet:

(1) alles,

(2) nichts

(3) und etwas.

Welche Antwort geben wir?

Starten wir mit unserer Betrachtung bei der ersten Antwort – bei *»alles«*:

Können wir alles wissen?

Das ist die Antwort, die typischerweise von Fundamentalisten gegeben wird. Sie gründen ihre Antwort dabei nicht auf empirische Tatbestände, sondern beziehen sich auf Dogmen. Solche Dogmen können religiöser, philosophischer, politischer oder ökonomischer Natur sein. Häufig beziehen sich die »alles«–

Antworter auf bestimmte Texte, die wenn richtig interpretiert, alles enthalten sollen, was die Menschheit weiß und wissen muss.

Für den gläubigen Christen ist das gesamte menschliche Schicksal von Anbeginn und für alle Zeit in einem heiligen Buch abgesteckt.

Philosophen verfügen über einen Fundus von Autoren und ihren Werken, in denen sie die Dialektik beschrieben finden, die angeblich die menschliche Geschichte durchwirkt und unvermeidbar in einer ewigen Abfolge von These und Antithese in Richtung Unendlichkeit lenkt.

Politische und ökonomische Denker glauben die ewigen politisch–ökonomischen Gesetze gefunden zu haben, die das Handeln des Menschen und seiner Institutionen universell bestimmen.

Natürlich ist diese Antwort falsch. Wir können nicht alles wissen.

Unsere Theorien haben genauso lediglich begrenzte Reichweite, wie unsere Möglichkeiten, empirische Daten zur Prüfung unseres Wissens zu erheben. Auch in Bezug auf unsere Vergangenheit können wir niemals auch nur annäherungsweise vollständiges Wissen erlangen. Wer etwas weiß, ist automatisch mit ständig präsenten Wissenslücken konfrontiert.

Nun zur Antwort »*nichts*«:

Wissen wir nichts?

Zwar kann ein radikaler Skeptizismus für gute Laune sorgen und verbunden mit dem Motto: »*Wenn ich nichts wissen kann, dann geht halt alles [...]*« Auslöser sein für allerlei »kreative« Gedanken.

Die Antwort ist dennoch falsch, denn wir verfügen über einen wachsenden Fundus an mathematischem, wissenschaftlichem und technologischem Wissen sowie Wissen über den Menschen, über seine Bedürfnisse, sein Denken und Fühlen.

Unsere Antwort dagegen ist »*etwas*«:

Wissen wir etwas?

Bei der Begründung dieser Antwort folge ich wiederum Überlegungen des Erkenntnistheoretikers Mario Bunge. Er knüpft daran an, dass wir nachweislich Wissen erreichen können:

Zwar wissen wir nicht alles, weil unsere Quellen beschränkt und unsere Archive und die hier lagernden Daten nicht komplett sind. Unsere Ressourcen sind oft mager, unsere Neugier nicht immer intensiv genug, unser Hirn nicht immer arbeitsbereit und fähig genug.

Mythen behindern unser Erkennen.

Bisweilen stehen uns auch philosophische Mythen im Weg. Zum Beispiel der Mythos, *wir könnten lediglich verstehen, was wir selber gefertigt haben*: Werkzeuge, Ideen oder insbesondere gesellschaftliche Institutionen.

Das stimmt ganz deutlich nicht. Denn jeder Sozialwissenschaftler wird zugeben müssen, dass wir gerade über die Natur, die wir nicht selber gemacht haben, wesentlich mehr wissen, als über unsere »selbst produzierte« Lebenswelt, über die Gesellschaft.

Ein weiterer hinderlicher Mythos ist der verbreitete Mythos sogenannter *dualistischer Philosophien oder Denkrichtungen*.

Duale Philosophien behaupten, dass wir als Menschen zwei Seinsweisen haben – eine *geistige* und eine *körperliche Existenz*, die jeweils scharf voneinander getrennte Sphären darstellten. Dualistische Philosophen behaupten mit Blick auf diese Weltentrennung, wir könnten niemals erkennen oder wissen, was andere Personen fühlen oder wahrnehmen, weil subjektive Erfahrung privat und damit unbeobachtbar, physisch nicht erfassbar wäre.

Diese Ansicht ist Teil des *empirizistischen Dogmas*, das Wissen als eine Form von Erfahrung, beispielsweise als Sinneserfahrung interpretiert.

Dieses Konzept ist falsch, weil es Formen von Wissen gibt, die sich nicht auf Erfahrung reduzieren lassen.

Beispielsweise gibt es Wissen aufgrund von Beschreibungen – etwa anderer Personen –, die das Wissen ergänzen, das wir durch eigene Erfahrung mit einem Untersuchungsgegenstand erhalten können. Insbesondere können wir Aussagewissen über subjektive Erfahrungen und Wahrnehmungen aufgreifen und damit arbeiten – das ist es schließlich, womit die Psychologie ganz wesentlich zu tun hat.

Ganz klar:

Niemand kann exakt dasselbe auf dieselbe Art wahrnehmen, fühlen und denken wie eine andere Person. Auf »dieselbe« Art« nicht, aber im Deutschen können wir stattdessen sagen: Auf die »gleiche« Art, denn wir können zumindest eine ungefähre Vorstellung davon haben, wie Mitmenschen wahrnehmen, fühlen oder handeln. Das kommt daher, dass alle »gesunden« menschlichen Hirne ähnlich arbeiten und sich menschliche Erfahrungen unterschiedlicher Personen deshalb ausreichend »gleichen«.

Überhaupt geht es im Rahmen wissenschaftlicher Untersuchung nicht darum, Erfahrungen anderer Menschen nachzuerleben, sondern darum, einige in gewissem Umfang ausreichend zu verstehen und nachzuvollziehen.

Epistemologisches Fazit

Wir können also nicht Alles, aber doch Einiges wissen. Und, was wir wissen, ist derart reichhaltig, dass wir als Konzeptioner arbeitsfähig sind – auch wenn wir an dem einen oder anderen Punkt dann doch noch innehalten müssen, um unser Wissen auszubauen.

Halten wir zum Abschluss dieses Kapitels die wesentlichen Ergebnisse kurz und stichwortartig fest:

Unser epistemologischer Standpunkt

(1) *Wir können **die Welt** und die kommunikative Realität um uns herum **erkennen**, wenn auch nur **partiell, unvollkommen** und **schrittweise**.*

(2) *Alle **kognitiven Akte** – Wahrnehmen, Verstehen, Erkennen, Kommunizieren usw. – bestehen aus **Vorgängen im Nervensystem eines Lebewesens**.*

(3) *Es gibt **kein Wissen an sich**.*

(4) *Es gibt **stillschweigendes** Wissen und **explizites** Wissen, **privates** und **intersubjektives Wissen**.*

(5) ***Objektives Wissen** ist **intersubjektiv** und **prüfbar**. Es ist **nicht notwendigerweise wahr**.*

(6) *Die Feststellung von **Wahrheit** setzt **empirische Überprüfung** voraus.*

(7) ***Glauben** ist nur auf der **Grundlage eines Wissens** möglich.*

(8) *»**Irrtum**« ist nicht der **Gegensatz von »Wissen**«, sondern von »**Wahrheit**«.*

(9) *Die **Epistemologie** empirischer Wissenschaften und realistischer Konzeptionstechnik zeichnet sich aus durch einen **kritischen Realismus**, einen **erkenntnistheoretischen Konstruktivismus**, einen **erkenntnistheoretischen Materialismus**, einen **Ratioempirismus**, einen **Fallibilismus**, **Meliorismus** sowie einen **Szientismus**.*

Abschluss

Ganz zum Schluss – im Rahmen unserer gewohnten abschließenden kleinen »Trainingsaktion« knüpfen wir noch einmal an den vorgestellten wichtigen erkenntnistheoretischen Materialismus an:

Es ist sozusagen der Dreh– und Angelpunkt jeder Konzeption, sicherzustellen, dass die Umsetzung unserer Maßnahmen realitätsgerecht ausfällt und Zielpersonen tatsächlich wie gewünscht angesprochen werden.
Versetzen Sie sich in Ihre Konzeptioner–Rolle und reflektieren über vergangene Projekte:

- *Wie wirken Sie auf die mit Ihren Lösungen arbeitenden Kreativen (Grafiker, Texter, Filmleute usw.), PR–Sachbearbeiter und verschiedenste Medien–Dienstleister ein, um das von Ihnen gewünschte Ziel bei den Zielpersonen zu erreichen?*

- *Welche Vorkehrungen treffen Sie hier in der Regel?*

- *Wo sehen Sie die größten Risiken dafür, dass Details Ihres Briefings in der Ausführungspraxis verlorengehen?*

- *Wie steuern Sie in solchen Fällen dagegen? Welche Hilfsmittel oder Strategien setzen Sie hierzu ein?*

- *Für welche Problemfälle wünschen Sie sich weitergehende Lösungsstrategien?*

Quellenhinweise und Anmerkungen

1. Bunge, Mario; *Treatise on Basic Philosophy Volume 5; Epistemology & Methodology (Exploring the World);* Dordrecht, Boston, Lancaster 1983; S. 16

2. Zum Hintergrund des hier vertretenen Erkenntnisbegriffs siehe:

   Bunge, Mario; *Philosophical Dictionary (2003)* S. 87–8

3. Hintergrund zu Mario Bunges Analysen der philosophische Probleme der Sozialwissenschaften:

   Pickel, Andreas, »Systems and Mechanisms«, in: *Philosophy of the Social Sciences,* Vol. 34, No. 2, Juni 2004; S. 169–81

4. Vergleiche:

   Bunge, Mario; *Finding Philosophy in Social Science (1996)* S. 44; 299

5. Vergleiche:

   Bunge, Mario; *Treatise on Basic Philosophy Volume 5; Epistemology & Methodology I (Exploring the World)* (1983) S. 1–16

6. Vergleiche:

   Bunge, Mario; Martin Mahner; *Über die Natur der Dinge (2004)* S. 111–26

7. Langner, Sascha; *Viral Marketing. Wie Sie Mundpropaganda gezielt auslösen und Gewinn bringend nutzen;* Wiesbaden 2007

8. Ebenda: S. 5

9. Ebenda: S. 20 –1

10. Wir folgen hier Mario Bunges Analysen:

    Bunge, Mario; Martin Mahner; *Philosophische Grundlagen der Biologie (2000)* S. 59–131

11. Vergleiche:
    Ebenda: S. 60

12. Vergleiche:
    Ebenda

13. Siehe:
    Bunge, Mario; *Emergence and Convergence. Qualitative Novelty and the Unity of Knowledge; Toronto, Buffalo, London 2003:* S. 189

14. Vergleiche:
    Bunge, Mario; Martin Mahner; *Philosophische Grundlagen der Biologie (2000)* S. 62–4

14. Vergleiche:
    Ebenda: S. 62

15. Vergleiche:
    Ebenda: S. 64–6

16. Vergleiche:
    Bunge, Mario; Rubén Ardila; *Philosophie der Psychologie (1990)* S. 29

17. Bunge, Mario; *Finding Philosophy in Social Science (1996)* S. 104–7

Quellen und Anmerkungen

»Methodology –
The study of methods. [...]
Often confused with ‹method›.«
(1)
Mario Bunge

Kapitel 8

Methodologie der Konzeptionstechnik:

Wege zum Wissen

Methodologie – Beschreibung des verlässlichen Wegs zum Wissen

Den beschreibenden Aspekt der Erkenntnistheorie für unsere Konzeptionstechnik haben wir im letzten Kapitel unter dem Begriff Epistemologie abgehandelt. Nun kommen wir zum vorschreibenden, zum normativen Aspekt der Erkenntnis- und Wissenschaftstheorie, zur so genannten »Methodologie«.[2]

Die Methodologie ist die Lehre von den wissenschaftlichen Methoden. Sie ist Teil der Wissenschaftstheorie und damit eine Metawissenschaft. Das ist der Grund, warum die Begriffe »Methodik« und »Methodologie« nicht miteinander verwechselt werden sollten:

»Methodik« bezeichnet das konkrete Methoden-Know-how, das ein Wissenschaftler oder ein technologischer Praktiker in der Praxis einsetzt, wenn er die eine oder andere Research-Strategie und -Taktik anwendet.

Aber, wenn wir darüber nachdenken, welche Art von Methoden wir einsetzen sollen und wie wir methodisch vorgehen müssen, um in unserem Wissensbereich Kommunikation zu verlässlichen Ergebnissen zu kommen, stellen wir übergeordnete Überlegungen – Meta-Überlegungen – an, und denken »methodologisch«.

Grundfrage der Methodologie

Die Grundfrage der Methodologie heißt:
Wie gelangen wir zu verlässlichem Wissen?

Die Antworten dazu, die im Laufe der Geistes- und Wissenschaftsgeschichte bisher gegeben wurden, lassen sich vier Antworttendenzen zuordnen:

- *dem Intuitionismus*
- *dem Rationalismus*
- *dem Empirizismus*
- *und dem Pragmatismus*

Intuitionismus

Hinter dem *Intuitionismus* steckt die Annahme, es gäbe eine spezielle Fähigkeit, ein angeborenes Kontemplationsvermögen oder eine Art »Erleuchtetsein«, dass es uns ermöglicht, Dinge und Zusammenhänge direkt einzusehen und zu verstehen. Im Bereich der Sozialwissenschaften wurde über die Möglichkeit einer »verstehenden Methode« gemutmaßt, die auf Wissen basiert, das einem speziellen intuitiven menschlichen Anschauungsvermögen zu verdanken sein soll. Dieses Konzept hat sich vor dem Hintergrund der Philosophie des Deutschen Idealismus entwickelt. Entsprechend ist der Intuitionismus die bevorzugte Erkenntnismethode von Theoretikern, die im Bereich der Ontologie eine idealistische Haltung einnehmen. Sie vermeinen, per Intuition einen direkten Zugang zu einer an sich seienden, ideellen Wissenssphäre sowie zu einer Welt kultureller Werte zu haben.

Rationalismus

Hinter dem *Rationalismus* steckt die Annahme, dass unser Verstand und unsere Vernunft ausreichend sind, um zu verlässlichem Wissen zu gelangen. Rationalisten verlassen sich auf Methoden, die schwerpunktmäßig auf unserer individuellen Denkkompetenz und unseren intellektuellen Fähigkeiten aufbauen. Der Rationalismus ist der bevorzugte Methodenansatz von Theoretikern, die eine atomistische Ontologie verfolgen. Sie betrachten Gesellschaft als Produkt von Handlungs–Entscheidungen rational handelnder Individuen.

Empirizismus

Hinter dem *Empirizismus* steckt die Annahme, dass verlässliches Wissen ausschließlich auf rohen Erfahrungsdaten basiert. Aus seiner Sicht setzen verlässliche Methoden voraus, dass Vernunft und Verstand – etwa in Form von Theorien oder Konstrukten – bei der Wissenserhebung möglichst ausgeschlossen werden. Empirizistische Vorstellungen sind die Basis der Methodologie von Theoretikern, die eine reduktionistische Ontologie verfolgen. Sie streben danach, alles Wissen auf natürliche, zum Beispiel physikalische Phänomene zurückzuführen.

Pragmatismus

Hinter dem *Pragmatismus* steckt die Annahme, dass das menschliche Handeln Ursprung und Kriterium für die Gültigkeit allen Wissens ist. Der Ausdruck »Pragmatismus« wird heute im Umfeld von Philosophie und Wissenschaftstheorie als Bezeichnung für eine Denkrichtung verwendet, deren wichtige Vertreter im 19. und 20. Jahrhundert in den USA gewirkt haben, mittlerweile aber einen Einfluss weit darüber hinaus ausüben. Für den Pragmatismus ist charakteristisch, dass deren Vertreter annehmen, Begriffe und Theorien wären Mittel und Instrumente, die auf kollektiver Konvention beruhen, und deshalb nicht zur Widerspiegelung der gesetzmäßigen Beschaffenheit der Wirklichkeit tauglich sind.

Pragmatistische Methodologien betonen die Wichtigkeit des *Konsenses* von Forschern in Bezug auf Forschungsmethodik und die Interpretation von Forschungsergebnissen. Sie weisen sowohl den Rationalismus als auch den Empirismus als methodologische Auffassungen mit der Begründung zurück,

Erkenntnis könnte keine sichere Grundlage haben – weder in Form gewisser vorgegebener Daten noch aufgrund eines absolut sicheren Erkenntnisvermögens. Pragmatistische Konzepte sind die bevorzugte Basis der Methodologie von Theoretikern, die eine holistische Ontologie und ein kollektivistisches Gesellschaftsbild vertreten.

Unsere zukünftige Methodologie

Welche methodologische Theorie werden wir der zukünftigen Konzeptionstechnik zugrundelegen?

Wir werden uns keiner der eben beschriebenen Positionen zuwenden und uns stattdessen an der Methodologie empirischer Wissenschaften orientieren, um einen gangbaren Weg für unsere Arbeit im Feld der Kommunikationstechnik zu finden.

Um zu vergegenwärtigen, wie empirische Forscher methodologisch vorgehen, kontrastieren wir ihre Haltung mit den Ansätzen hinter den vier gerade skizzierten Methodologie-Richtungen.[3]

Intuitionistische Methodologie

Wie im letzten Kapitel gesehen, können wir als Individuen etwa bei persönlichen Gesprächen mehr oder weniger genau nachvollziehen, was unser Gegenüber denkt und fühlt. Im Laufe unseres Lebens – beginnend mit unserer Geburt – haben wir mit Hilfe unseres neurobiologischen Resonanzvermögens im Zusammenleben mit Anderen gelernt, den inneren Zustand eines Gegenübers unwillkürlich zu simulieren, indem wir seine innere Verfassung sozusagen in unserem eigenen Hirn nachbilden und damit spiegeln. Die dabei auftretenden Resonanzphänomene sind die Grundlage dafür, dass Lebewesen einer Art sich untereinander verstehen, sich als einander zugehörig erkennen und ihr Verhalten auf verschiedenste Weise »intuitiv« aufeinander abstimmen können. Neurophysiologische Forschungen haben erbracht, dass wir das Vorliegen von so genannten Spiegelneuronen annehmen können, welche die materielle – die neurobiologische – Grundlage für dieses Wissensphänomen darstellen.[4]

Resonanzphänomene

Insoweit ist Intuition also ein realer, alltäglicher Prozess, der Erkennen in alltäglichen Situationen möglich macht. Über einen Dialog zwischen Einzelpersonen in einer konkreten Gesprächssituation hinaus hilft uns diese Form der Intuition allerdings nicht. Wir können beispielsweise anhand eines Fotos, eines Gemäldes nicht mehr nacherleben, was die dort abgebildeten Personen zu ihrer Zeit tatsächlich gedanklich bewegt hat. So rätseln Menschen schon seit Jahrhunderten ohne verlässliches Ergebnis darüber, was wohl hinter dem Lächeln der Mona Lisa stecken mag.

Auch mit Blick auf den Forschungsalltag begegnet uns Intuition – etwa in Form spontaner Eingebungen, von Geistesblitzen usw., die uns auf den »Weg der Erkenntnis« zu bringen vermögen. Sie bringt uns allerdings tatsächlich nur auf den Weg in die vielleicht richtige Richtung. Sicherheit und überzeugende Belege bekommen wir erst, wenn wir im Anschluss methodisch vorgehen und systematisch Daten erheben, um unsere zunächst diffuse Erkenntnis zu »erhärten«.

Der Intuitionismus behauptet aber das Vorliegen von Fähigkeiten, Eingebungen und tiefgehenden Einsichten in Sachverhalte und Gesetzmäßigkeiten, die sich durch eine besondere subjektive Stimmigkeit auszeichnen und angeblich einen Einblick in das »Wesen« der Dinge und der Welt ermöglichen. Er propagiert also das unmittelbare Erfassen von Dingen und Ideen und leugnet die Notwendigkeit analytischer Verfahren und datenerhebender Methoden.

Diese methodologische Position stellt aus unserer Sicht eine Gegenposition zu einem empirisch-wissenschaftlichen Konzept dar und verfügt über keine verlässlichen Kriterien zum Testen und Überprüfen ihres vermeintlichen Wissensermittlungsverfahrens.

Rationalistische Methodologie

Die rationalistische Methodologie funktioniert in der Mathematik und Logik verlässlich. Hier können Annahmen und Gesetze tatsächlich unabhängig von jeglichem Erfahrungsdatum – a priori – betrachtet und bewiesen werden. Außerhalb der formalen Wissenschaften muss dieser apriorische Rationalismus allerdings versagen. Anders als Ideen und Konstrukte lassen sich die Fakten der Realität nicht konstruieren und erfinden.[5]

Nicht konstruierbare konkrete Realität

Überall, wo dennoch versucht wird, rationalistische Methodologie für die Empirie nutzbar zu machen, droht das Scheitern an der Wirklichkeit. So zum Beispiel in ökonomischen Theorien, die das Entscheidungsverhalten von Individuen methodologisch streng als eine Art mathematische Kosten-Nutzen-

Optimierungs–Formel interpretieren. Empirische Forschungen zeigen, dass menschliches Verhalten nicht mathematisch berechenbar ist und Individuen ihre Situation nur selten allein auf Grundlage des formalen Nützlichkeitskalküls beurteilen und auch meist gar nicht über die dazu notwendigen Informationen verfügen.[6]

Empirizistische Methodologie

Empirizistische Methodologen glauben, alle Erkenntnis aus Sinneserfahrung, aus Sinnesdaten ableiten zu können.[7] Und tatsächlich starten so manche unserer Erkenntnisse bei unseren sinnlichen Erfahrungen, insbesondere unseren Wahrnehmungen. Empirizisten sind aber häufig Anhänger eines Phänomenalismus und behaupten, dass verlässliches Wissen stets das Erfassen von Erscheinungen bzw. von Phänomenen voraussetzt. »Dinge an sich« dagegen halten sie für nicht erkennbar. Wissenschaft habe sich deshalb auf Phänomene, Erscheinungen und Wahrnehmungen zu konzentrieren.

Doch selbst im Bereich des Alltagswissens lernen wir von Kindesbeinen an, dass Phänomenen nicht zu trauen ist. Erscheinungen sind allzu oft trügerisch – hinter dem Lächeln manches Mitmenschen steckt keine Freundlichkeit, sondern Gleichgültigkeit oder gar Feindseligkeit.

Beschränktheit der Sinnes–erfahrung

Offenbar kommen wir mit der Beschränkung auf bloße Erfahrung schnell ans »Ende unserer Weisheit«. Stattdessen müssen wir über unsere Erfahrung und über wahrgenommene Phänomene reflektieren, wollen wir etwas durch sie lernen. Reflektion nutzt aber Konstrukte und Ideen, die deutlich nicht aus »reiner« Erfahrung stammen.

Empirische Forschung führt uns auf eine systematische Suche nach der Realität hinter den Erscheinungen. Wir begeben uns dazu jenseits von Wahrnehmungen, in den Bereich von Begriffsbildung und in den Bereich der Theoriebildung. Empirischen Wissenschaftlern gelingt es oft genug, Erscheinungen gerade dadurch zu erklären, dass sie mit Hilfe von Hypothesen und Theorien nicht wahrnehmbare, transphänomenale Gegenstände und Prozesse ermitteln – z. B. Atome und Atomspaltung, Gene und Genexpression, Neurone und neuronale Erregungsleitung usw.

Wissenschaftler nehmen an, dass es neben dem Wahrnehmbaren, den Phänomenen, objektive, subjektunabhängige Fakten gibt, von denen einige mit Hilfe von Forschungsinstrumentarien erkannt werden. Dieses Erkennen geschieht nicht per Wahrnehmung, sondern auf begrifflichem Weg. Auf diesem Weg entsteht typisches wissenschaftliches Aussagewissen.

Methodologie des Pragmatismus

Eine Methodologie im Sinne eines Pragmatismus ist auf praktische Probleme fokussiert und am Handeln sowie an Handlungsnutzen orientiert.[8] Sie ist an der Doktrin ausgerichtet, dass unser Handeln den Ursprung, den Inhalt und den Wert allen Wissens darstellt.

Primat der kollektiven Prüfung

Aus der Sicht des Pragmatismus ist Wissen nur zu akzeptieren, wenn es anhand von Experimenten oder entsprechenden Verfahren intersubjektiv nachgeprüft wird. Damit wenden sich pragmatistische Theoretiker gegen erkenntnistheoretische »Fundamentalisten«, wie wir sie eben kennen gelernt haben:

- *gegen Intuitionisten, die behaupten, es gäbe Formen des unmittelbaren Wissens,*
- *gegen Rationalisten, die behaupten, über Möglichkeiten der Letztbegründung zu verfügen*
- *und gegen Empirizisten, die behaupten, dass Erkenntnis allein der Sinneswahrnehmung oder Erfahrung entstammt.*

Gemäß der Vorstellung des Pragmatismus nähert sich eine Forschergemeinschaft im Laufe der Forschungsgeschichte durch ständiges Prüfen und wechselseitiges Wiederprüfen schrittweise einem besseren Wissen über die Welt. Wahrheit eines Wissens ist damit keine Aussagenwahrheit im Sinne einer Übereinstimmung von Aussage und Realität. Wahrheit gründet sich stattdessen auf den *Konsens einer Forschergemeinschaft*.

Pragmatistische Methodologen nehmen außerdem an, dass wir letztlich theoretische Modelle nicht verstehen oder dass wir an deren Richtigkeit glauben müssen. Es komme lediglich darauf an, zu wissen, wie sie zu nutzen sind, damit sie »funktionieren«.

Eine pragmatistische Methodologie passt nicht zur Arbeit einer empirischen Wissenschaft, die ihre Ergebnisse anhand der ständigen Konfrontation mit der realen Welt zu bestätigen sucht. Nützlichkeit oder Effektivität sind keine Kriterien für Wissenschaftlichkeit.

Dennoch könnten wir zu der Ansicht gelangen, der Pragmatismus passte gut als Methodologie für Technologien. Denn Technologen wollen vor allen Dingen praktisch, pragmatisch und nicht etwa grüblerisch und theoretisch sein.

So ist das heute verbreitete Stufenmodell der PR-Konzeption in der Kollegenschaft der PR-Fachleute mit großem Konsens versehen und ausgesprochen pragmatisch. Typischerweise wird es nicht hinterfragt und stattdessen reflexionslos angewendet. Es stammt zudem aus dem Ursprungsland des philosophischen Pragmatismus, den USA, und ist mit der dahinter steckenden Haltung hochkompatibel. Die Frage: »*Wie funktioniert dieses Konzeptionsgerüst eigentlich und warum sollte es tatsächlich stets die verlässlichsten Ergebnisse erbringen?*«, stellt im Beratungs- und Konzeptionsalltag kaum jemand.

Zwar kann wirklich gesagt werden, dass Technologien und Soziotechnologien wie die Konzeptionstechnik insoweit pragmatisch sind, als sie eher praktische als rein intellektuelle Ziele, wie das Ermitteln von Grundlagenwissen, verfolgen.

Dennoch bietet die pragmatistische Methodologie nicht die richtige Vorlage für die Methodologie einer Technologie. Denn der Pragmatismus verschafft nur ein unvollständiges Bild:

Technologie motiviert neutrale Forschung.

Technologie nährt und motiviert stets auch uninteressierte, neutrale Forschung, auf deren Ergebnisse sie angewiesen ist. Denn ohne zutreffendes, objektives wahres Wissen von der Welt ist Technologie, Soziotechnologie und insbesondere moderne Konzeptionstechnik nicht arbeitsfähig. Erfolgreiche technologische und soziotechnologische Erfindungen basieren auf wissenschaftlicher Forschung, die sie rechtfertigt und ihre laufende Perfektionierung vorantreiben hilft.

Die wissenschaftlich-realistische Methodologie

Unser Ergebnis ist, dass Intuitionismus, Empirizismus, Rationalismus und Pragmatismus bestenfalls korrekte Aspekte aber jeweils keine zutreffende Erklärung der Erforschung der realen Welt vorlegen können.[9]

Wir nutzen deshalb eine Synthese, welche die adäquaten Anteile dieser traditionellen Wissenschaftstheorien übernimmt und ein stimmiges Gesamtkonzept liefert. Und zwar greifen wir zum *wissenschaftlichen Realismus*, den wir bereits im vorhergehenden Kapitel beim Thema Epistemologie kennengelernt haben. Wie gesehen behauptet der mit diesem Realismus verbundene *Szientismus*, dass wissenschaftliche Forschung die allgemeinsten, tiefschürfendsten und zutreffendsten Antworten auf unsere Fragen über die uns umgebene Welt liefert.

Erfolgreicher Szientismus der Naturwissenschaften

Es kann niemand daran zweifeln, dass der Szientismus bereits im Bereich der Erforschung der Natur große Erfolge erzielt hat. Es hat sich nun zu zeigen, wie er sich im Feld der Erforschung von Sozial- und Kommunikationssystemen schlägt.

Auch hier verspricht er gute Lösungen dadurch, dass er die empirische Erforschung von sozialen Tatbeständen vorantreibt und dadurch Wissen über die in Gesellschaften wirkenden Mechanismen ermittelt.[10]

Sozialwissenschaftler erreichen dies, indem sie Intuition, Vernunft, Erfahrung sowie den Erfahrungsaustausch im Rahmen des Diskurses der Scientific Community – der Forschergemeinschaft – miteinander verbinden und dadurch begründbare Vermutungen anstellen, Theorien entwickeln, verlässliche Daten produzieren, Hypothesen aufstellen und überprüfen.

Auch wir werden unsere Methodologie zukünftig am wissenschaftlichen Realismus auszurichten haben. Dieser stellt die Erkenntnis- und Wissenschaftslehre bereit, die konsequent davon ausgeht,

- *dass Dinge unabhängig von unserer Erfahrung existieren,*
- *über die wir mindestens teilweise bzw. graduell Wissen erlangen können,*
- *indem wir systematisch empirische Forschungsmethoden einsetzen.*

Empirisch-wissenschaftliche Methodik

Wenn wir auf diese empirisch-wissenschaftliche Methodologie zurückgreifen, erhalten wir wertvolle formale Hilfsmittel. Denn im Bereich der empirischen Forschung gibt es eine ganze Reihe von Herangehensweisen, die wir übernehmen können. Diese Vorgehensweisen stellen sicher, dass wir bei unserer Arbeit, insbesondere bei der Erarbeitung unserer Faktenbasis eine größtmögliche Nähe zur Wirklichkeit erreichen.

Elementar ist dabei das *empirisch–wissenschaftliche methodische Vorgehen*, an dem auch wir uns künftig zu orientieren haben. Es läuft typischerweise in folgenden Schritten ab:[11]

Empirisch–wissen–schaftliche Methode

- ***Schritt 1***
  Finde im Rahmen Deiner Aufgabenstellung oder Deines Ausgangsproblems die Lücken des vorliegenden Faktengerüsts. Sollte Dir zudem die Fragestellung unklar sein, gehe zum nächsten Schritt über, sonst zu Schritt 3.

- ***Schritt 2***
  Formuliere die Fragestellung klar und eindeutig.

- ***Schritt 3***
  Suche nach Informationen, Methoden oder Instrumenten, die zur Bearbeitung der Aufgaben– und Fragestellung relevant sein könnten – prüfe ob das, was schon bekannt ist, Dir dabei hilft, Deine Aufgabe zu lösen.

- ***Schritt 4***
  Versuche, die Aufgabe mit Hilfe der gesammelten Mittel zu lösen – sollte das nicht klappen, gehe zum nächsten Schritt über – andernfalls weiter zu Schritt 6.

- ***Schritt 5***
  Erfinde neue Ideen – Hypothesen, Theorien oder Methoden –, produziere neue Daten oder entwerfe neue Tests, explorative Befragungen usw. oder Artefakte, mit deren Hilfe die Aufgabenstellung lösbar werden kann.

- ***Schritt 6***
  Löse Deine Aufgabe, beantworte Deine Fragen mit Hilfe der vorhandenen oder neu entwickelten begrifflichen und materiellen Mittel.

- ***Schritt 7***
  Leite Folgerungen aus der bis dahin entwickelten Antwort ab. Überlege, welche Konsequenzen sich aus diesem neuen Wissen ergeben – welche Vorgehensweisen, sowie Gestaltungsansätze für Artefakte.

- ***Schritt 8***
  Prüfe die vorgeschlagene Lösung – teste das abgeleitete Vorgehen, die entwickelten Artefakte. Ist das Ergebnis unbefriedigend, mache bei Schritt 9 weiter – ansonsten gehe zu Schritt 10.

- ***Schritt 9***
  Korrigiere die fehlerhafte Lösung – indem Du das ganze Verfahren wiederholst oder indem Du alternative Annahmen oder Methoden verwendest.

- ***Schritt 10***
  Untersuche die Wirkung, welche die Lösung auf Dein bisheriges Hintergrundwissen hat, und formuliere neue Fragestellungen, die sich aus ihr ergeben.

Kriterien für unsere Konstrukte und Konzeptionen

Formulierung von Theorien und Hypothesen

Im Rahmen der empirisch–wissenschaftlichen Methodologie gibt es neben den gerade vorgestellten klaren Vorstellungen über eine verlässliche Vorgehensweise zur Wissensermittlung auch formale Kriterien zur Formulierung von Theorien und Hypothesen, die wie das gerade vorgestellte Schrittkonzept eine nützliche Orientierung für unsere zukünftige Konzeptionstechnik bieten:[12]

- ***Wohlgeformtheit:***
  Die Sätze, mit denen unsere Annahmen formuliert werden, sollen den formalen Kriterien der sprachlichen und mathematischen Syntax sowie der Logik genügen.

- ***Präzision:***
  Die verwendeten Prädikate sollen so präzise wie notwendig sein; Ungenauigkeiten sollen insbesondere da vermieden werden, wo sie dazu dienen könnten, Aussagen vor berechtigter Kritik zu schützen, zu immunisieren oder etwa von Schwachstellen abzulenken.

- ***Bedeutungshaltigkeit:***
  Der Bezug und der Sinn verwendeter Behauptungen sollte anhand von Annahmen identifizierbar sein, die sich möglichst auf reale, konkrete Sachverhalte beziehen.

- ***Interne Konsistenz:***
  Eine Theorie sollte keine Widersprüchlichkeiten enthalten – sollten diese dennoch auftreten, sind sie dadurch aufzuheben, dass die betreffenden Annahmen überprüft, richtig gestellt und geändert werden.

- ***Externe Konsistenz:***
  Die verwendeten Annahmen sollten mit unserem Bestand an Hintergrundwissen kompatibel sein.

- ***Überprüfbarkeit:***
  Die verwendeten Annahmen sollten prinzipiell durch Fallbeispiele bestätigt werden können – und durch Gegenbeispiele prinzipiell widerlegbar sein.

- ***Goodness of fit:***
  Eine Hypothese, die direkt an empirischen Daten zu überprüfen ist, sollte den verlässlich erhobenen Daten tatsächlich entsprechen – das heißt, der Wahrheitswert einer Aussage, sollte durch die empirisch erhobenen Daten bestätigt werden. Andernfalls ist die mit der Aussage verbundene Annahme aufzugeben.

Unsere heuristischen Regeln

Schneller Überblick über das Arbeitsfeld

Zur Unterstützung der Suche nach Wissen gibt es im Bereich empirischer Wissenschaften typische heuristische Regeln. Sie ergänzen die wissenschaftliche Methode und sollen helfen, schnellstmöglich einen Überblick über ein neues Forschungs- oder Wissensfeld zu erlangen. Sie bestehen aus einer Reihe von allgemeinsten praktischen Lösungsanleitungen wie:[13]

- ***Start ohne Verzetteln:***
  Starte damit, die relevante Literatur durchzuarbeiten, allerdings ohne Dich dabei zu verzetteln!

- ***Thema lokalisieren:***
  Lokalisiere das Thema, die Frage in seinem Kontext und systemischen Zusammenhang!

- ***Differenziere:***
  Unterscheide die verschiedenen Aspekte des Problems, ohne den einen oder anderen Gesichtspunkt vorab ungeprüft aus den folgenden Überlegungen auszublenden!

- ***Klarheit herstellen:***
  Akzeptiere, außer in der Anfangsphase Deiner Problemlösung, keine Unklarheit oder Verschwommenheit. Verwende klar definierte Schlüsselbegriffe und Kernaussagen!

- ***Identifiziere Lücken:***
  Identifiziere wichtige Prämissen und Unklarheiten!

- ***Lerne aus parallelen Fällen:***
  Suche nach Problemlösungen bei ähnlich gelagerten Fragestellungen!

- ***Wissenschaftliches Vorgehen:***
  Behandle Deine Fragestellung, wann immer möglich, gemäß wissenschaftlicher Standards – verwende wissenschaftliches Wissen und wissenschaftliche Methoden.

- ***Technik der Problemlösung unterwerfen:***
  Lasse nie zu, dass die verfügbaren Techniken Deine Vorgehensweisen diktieren. Deine Fragestellung, Deine Erkenntnisziele und Deine technologischen Ziele geben Deinem Vorgehen die Richtung. Wenn Deine Techniken nicht darauf passen, probiere neue aus und versuche es mit ganz neuen Vorgehensweisen!

- ***Schlüsselbegriff und Prämissen:***
  Analysiere Schlüsselbegriffe und Prämissen!

- ***Einfach beginnen:***
  Beginne mit einfachen Ansätzen und Methoden und kompliziere diese nur falls notwendig!

- ***Mit dem Unvorhersehbaren kalkulieren:***
  Rechne stets mit dem Unvorhersehbaren!

- ***Laufende Revision:***
  Revidiere Deinen Researchplan so oft wie notwendig!

- ***Erst prüfen:***
  Lege Dich erst auf ein Ergebnis fest, wenn Du es ausreichend geprüft hast! Erst erkennen – dann glauben oder auch bezweifeln.

- ***Laufend prüfen und revolutionieren:***
  Überprüfe auch Dein Vorgehen und Deine Grundsätze fortlaufend. Prüfe Deine Lieblings–Überzeugungen, Deine methodischen Regeln auf Klarheit, Triftigkeit und Wirksamkeit. Bestimmt wirst Du immer wieder Fehler finden und Gelegenheit bekommen, Deine Kreativität und Flexibilität durch die Erfindung konzeptioneller Revolutionen unter Beweis zu stellen!

- ***Originalität, Mut, Eifer und Ehrlichkeit:***
  Heuristische Maximen ermöglichen Research gemeinsam mit allgemeinen und speziellen Methoden – doch sie sind kein Ersatz für Originalität, Mut, Eifer und Ehrlichkeit!

Unser zukünftiges Grundmodell: das System

Stufenplan und zwei Checklisten

In diesem Kapitel haben Sie als Leser bereits einen guten Eindruck von einer Methodologie für die Konzeptionstechnik bekommen. Außerdem wurden sie mit einem Stufenplan zur Arbeit an Aufgabenstellungen und zwei parallelen Checklisten dafür ausgestattet.

Doch damit allein sind wir noch nicht »reif« für die Praxis. Wir müssen nämlich noch Einiges mehr zum Thema Methodologie überlegen und vergegenwärtigen.

Das methodologische Konzept für die künftige Konzeptionstechnik ist noch nicht komplett dargestellt. Wir haben dazu noch einen wesentlichen Aspekt einzubeziehen, den wir beim Ontologie-Thema diskutiert haben. Dazu sei daran erinnert, dass wir uns hier für die Verfolgung eines *Systemismus* entschieden haben.

Hierzu vergegenwärtigen wir uns das einfache qualitative ***Modell m*** eines beliebigen materiellen ***Systems σ*** (σ = »*Sigma*« – griechisches »S«):[14]

Dieses Modell ist definiert über die Begriffe

- *»Zusammensetzung **Z(σ)**«,*
- *»Umgebung **U(σ)**« und*
- *»Struktur **S(σ)**«,*

nämlich über:

$$m(\sigma) = \{Z(\sigma), U(\sigma), S(\sigma)\}$$

Diesen dreigliedrigen Ausdruck – diesen Tripel – nennen wir im Folgenden das ***ZUS–Modell** eines Systems.*

*Beispiel 1: **Agentur** – eine PR–Agentur »ABC«*

ZUS–Model: Beispiel PR–Agentur

- *ist zusammengesetzt **(Z)** aus Kundenberatern, Trainees, Praktikanten, Buchhaltungsmitarbeitern, Geschäftsführern, Firmenwagen, Notebooks, Flipcharts, Kopiergeräten, Mobiltelefonen, Bookletbindemaschinen, stapelweise Kopierpapier usw.;*
- *zu ihrer Umgebung **(U)** gehören Klientenunternehmen, Zeitungsverlage, Druckereien, freie Kreative, das chinesische Restaurant um die Ecke usw.;*
- *zusammengehalten wird sie durch eine ganze Reihe von Beziehungen **(S)**:*
  - *Anstellungsverhältnisse mit den Mitarbeitern,*
  - *Rollenbeziehungen der Mitarbeiter zur Auftragsbearbeitung in der Agentur inklusive ausreichender Weisungsbefugnisse von Vorgesetzten,*
  - *per schriftlichen Aufträgen geregelte Geschäftsbeziehungen zu Kundenunternehmen usw.*

Beispiel 2: ***Klienten–System*** – Die Kundenfirma »XYZ« ist ein Hersteller von technischen Produkten.

ZUS–Model: Beispiel PR–Agentur

- *Sie ist zusammengesetzt **(Z)** aus Handwerkern, Ingenieuren, Sachbearbeitern, Managern, einem Maschinenpark, Werkzeugen usw.;*
- *ihre Umgebung **(U)** ist unter anderem der Absatzmarkt für ihre Produkte;*
- *das Unternehmen wird zusammengehalten **(S)** durch*
  - *Arbeitsverträge,*
  - *Kommunikationsbeziehungen,*
  - *standardisierte Arbeitsabläufe usw.*

Ein solches ZUS–Modell stellt lediglich das Minimalmodell eines konkreten realen Systems dar. Es sagt beispielsweise noch nichts über die darin wirkenden Prozesse aus.

Analyse startet mit dem ZUS–Modell.

Besonders im Fall von Sozialsystemen und Kommunikationssystemen ist außerdem die Geschichte der betroffenen Systeme und Subsysteme von größtem Interesse. Dennoch geht die ZUS–Betrachtung eines Systems der Untersuchung ihrer Geschichte stets voraus. Und zwar, weil wir zunächst festzustellen haben, wessen Geschichte wir da überhaupt zu analysieren haben.

Sozialsysteme und Kommunikationssysteme sind nicht aus einfachen Dingen zusammengesetzt. Sie bestehen aus Subsystemen, die wiederum aus hierarchisch ineinander geschachtelten Systemen bestehen. Die Komplexität von Sozialsystemen und Kommunikationssystemen macht es meist erforderlich, deren Zusammensetzung, Umgebung und Struktur auf einer Vielzahl von Ebenen zu analysieren.

Für eine systemische Methodologie ergibt sich offenbar folgende Vorgabe: Eine systematische Untersuchung von Systemen hat gemäß dem ZUS–Modell zu erfolgen. Sollte eine der drei Glieder des Tripels nicht in die Untersuchung einbezogen werden, bleibt die Analyse des betreffenden Systems lückenhaft:

- *So konzentrieren sich **Atomisten** auf die individuellen Bestandteile in der **Zusammensetzung** eines Systems und verzichten auf die Betrachtung der Umgebung und der Struktur des Systems.*

- ***Holisten** analysieren das System nicht, betrachten das übergeordnete System, das Supersystem, als **festen Block,** vernachlässigen entsprechend den Blick auf Zusammensetzung und Struktur.*

- ***Reduktionisten** schauen ausschließlich auf die **Umgebung** und ignorieren weitgehend Struktur und Zusammensetzung.*

- *Ausschließlich auf die **Struktur** blicken die **Strukturalisten**, die dafür Zusammensetzung und Umgebung eines Systems außer Acht lassen.*

- ***Systemisten** dagegen halten alle **drei Glieder des ZUS–Modells** im Auge und beziehen darüber hinaus auch alle relevanten Systemebenen im Rahmen ihrer Untersuchungen mit ein. Bei Bedarf sind sie bereit, gewohnte oder künstliche Grenzen zwischen Forschungsbereichen zu ignorieren und favorisieren interdisziplinäre Forschungsansätze.*

Das ZUS–Modell ist wie gesagt das Minimalmodell zur Betrachtung eines konkreten Systems. Die meisten realen Systeme zeichnen sich aber durch charakteristische Prozesse aus. So können wir an ihnen bestimmte Zustandsänderungen beobachten, die typisch für die »Performance« von Systemen einer gegebenen Art sind. Solche systemspezifischen Prozesse werden *Mechanismen* genannt.[15] Insbesondere Kommunikationssysteme zeichnen sich durch einen oder mehrere solcher Mechanismen aus – zum Beispiel Informieren von Zielgruppen, Weiterleiten von Daten im Unternehmen.

Daraus ergibt sich, dass es zur Analyse eines Systems gehört, insbesondere den Mechanismus zu untersuchen, der seine dynamische Komponente, sozusagen seinen Modus operandi darstellt.

Betrachteten wir die Veränderungen eines Systems ausschließlich aufgrund der Analyse seiner *Zusammensetzung (Z)*, seiner *Umgebung (U)* und seiner *Struktur (S)*, realisierten wir eine *ZUS–Analyse*, damit eine lediglich statische Analyse.

Beziehen wir auch den oder die *Mechanismen (M)* eines Systems mit ein, realisieren wir eine *ZUSM–Analyse*, damit eine dynamische Analyse eines Systems. [16]

Mechanismen komplettieren das Modell.

Prinzipien zur Untersuchung von Sozialsystemen und Kommunikationssystemen

Soweit zum ZUS–Modell und dem um Mechanismen erweiterten ZUSM–Modell.

In diesem Abschnitt geht es darum, die methodologischen Konsequenzen des systemischen Modells weiter zu konkretisieren und auf unseren Gegenstandsbereich der Kommunikations–Konzeption zu beziehen.

Die Basis unserer Arbeit an Konzepten ist solides theoretisches und empirisches Wissen über Kommunikationssysteme.

Der Weg zum verlässlichen Wissen

Wie gelangen wir verlässlich zu diesem Wissen?

Den Weg dahin werden wir nun, wie beim Ontologie–Thema und bei der Epistemologie bereits praktiziert, anhand von Grundsätzen und Ableitungen abstecken.[17]

Die Beschreibung und Erklärung von sozialen Fakten beginnt damit, diese in den Sozial- und Kommunikationssystemen, in denen sie auftreten, zu lokalisieren. Anschließend sind diese Fakten sachgerecht zu analysieren. Dabei sollen sie weder auf ihre Komponenten reduziert noch in nicht weiter reduzierbare Blöcke verwandelt werden.

Wir übernehmen folgenden Grundsatz:

Methodologie–Grundsatz 1:
Jedes Sozialsystem ist gemäß folgender ***Merkmale – Zusammensetzung, Umgebung, Struktur*** *und* ***Mechanismen – m(σ) = {Z(σ), U(σ), S(σ), M(σ)}*** *– zu analysieren.*

Dazu folgende Erläuterungen:

- *Die* ***Zusammensetzung Z(σ)*** *eines Systems ist auf allen relevanten Ebenen vorzunehmen – auf der von Individuen, Haushalten, Unternehmen, Kommunen usw.*

- *Die* ***Umgebung U(σ)*** *ist insoweit zu berücksichtigen, als diese für das Sozialsystem relevant ist. Andere Bereiche können hier ausgeblendet werden.*

- *Bei der **Struktur S(σ)** sind nicht nur die Bindungen und Beziehungen einzubeziehen, in die Individuen persönlich eingebunden sind, sondern auch nichtbindende Relationen, die dennoch sozial relevant sein können: Nähe, Alterszugehörigkeit, Religionszugehörigkeit usw.*

- *Die **Mechanismen M(σ)** umfassen diejenigen Prozesse, die das System grundlegend funktionieren lassen, wie Lieben und Kümmern in Familien, Arbeiten in einer Produktionseinheit, Projektmanagement in PR–Abteilungen und Lernen in einer Schule.*

- ***Systemisten** schauen auf alle vier dieser Aspekte und können deshalb nachvollziehen, warum sich Individuen lange Zeit in einem System aufhalten, warum sie Interaktionen aufrechterhalten, für das System arbeiten oder es bekämpfen, es zu reformieren suchen oder es gar verlassen.*

- ***Kollektivisten** (Holisten) analysieren Sozialsysteme nicht weiter, sondern betrachten sie als feste Blöcke.*

- ***Individualisten** (Atomisten) schauen ausschließlich auf die Komposition und die Umgebung (Situation).*

- ***Reduktionisten** (Environmentalisten; Behavioristen usw.) schauen allein auf die Umgebung als Ursprung und Resultat menschlichen Verhaltens. Sie ignorieren die »inneren« Vorgänge bei Individuen, betrachten Personen als »Black Boxes«.*

- ***Strukturalisten** fokussieren auf die Beziehungsstruktur, verdinglichen sie zu festen Rollen, Werten und Idealen und lassen den Rest aus.*

- ***Alle** – mit Ausnahme der Systemisten – ignorieren Mechanismen.*

Wir übernehmen als weiteren Grundsatz:

> ***Methodologie–Grundsatz 2:***
> *Sozialwissenschaften untersuchen Sozialsysteme.*

Sozialwissenschaften liefern das notwendige Wissen.

Die Forschungsergebnisse der Sozialwissenschaften sind von größtem Interesse für eine Soziotechnologie wie die künftige Konzeptionstechnik. Sie liefern das notwendige empirische Faktenwissen und die notwendigen Theorien.

Sozialwissenschaften, welche die Untersuchung sozialer Systeme meiden, können keine Ergebnisse vorweisen, an die unsere Konzeptionslehre zukünftig anknüpfen könnte. Dazu gehören beispielsweise zwei Theoriehauptrichtungen: einmal die interpretierenden, verstehenden Ansätze (»Verstehende Soziologie«) und die atomistischen Theorien, die wie der Rational Choice–Ansatz eine einseitig rationalistische Methodologie verfolgen. Beide Richtungen fokussieren auf das Individuum, vernachlässigen den Blick auf Sozialsysteme und soziale Bewegungen. Sie reduzieren den Menschen auf ein abstraktes Wesen:

- *auf einen* ***homo symbolicus***
  – Mensch, dessen Verhalten kulturell–sinnhaft zu erfassen – zu »verstehen« ist

bzw.

- *auf einen* ***homo oeconomicus***
  – Mensch, dessen Verhalten als Ergebnis individueller Kosten–Nutzen–Abwägung zu erklären ist

Anthropologen, Demographen, Soziologen, Ökonomen, Politologen, Geschichtswissenschaftler usw. betrachten Sozialsysteme. Deshalb heißen sie Sozialwissenschaftler. Ihr Forschungsfeld »Gesellschaft« ist ein System, das wie in den vorgehenden Kapiteln gesehen wiederum in vier weitere wichtige Subsysteme strukturiert ist – in das *sozial/gemeinschaftliche*, das *ökonomische*, das *politische* und das *kulturelle Subsystem*.

Für Konzeptioner bilden diese vier gesellschaftlichen Subsysteme das Feld, in dem unsere Aufgaben positioniert sind und in dem wir unsere Lösungen zu finden haben.

Nun können wir unsere methodologischen Grundsätze mit Hilfe einiger Thesen und Ableitungen ergänzen:

> ***Methodologische These 1:***
> *Eine wissenschaftliche Studie über ein Sozial– oder Kommunikationssystem untersucht – empirisch wie theoretisch – seine Komposition/Zusammensetzung, Umgebung, Struktur und Mechanismen.*

> ***Methodologische These 2:***
> *Eine wissenschaftliche Studie über eine menschliche Gesellschaft untersucht – empirisch und theoretisch – seine sozial/gemeinschaftlichen, ökonomischen, politischen und kulturellen Subsysteme.*

> ***Ableitung 1:***
> *Jede rein sozial-gemeinschaftliche, ökonomische, politische oder kulturelle Erklärung eines Sozialsystems ist bestenfalls teilweise richtig.*

> ***Ableitung 2:***
> *Keine einzelne Sozialwissenschaft kann ein Sozialsystem alleine angemessen erklären – weder beispielsweise die Soziologie, Ökonomie, Politologie oder Geschichtswissenschaft.*

Wissenschafts-Befunde schützen vor Konzeptlosigkeit.

Dies grundsätzlich zu den Sozialwissenschaften, deren Erkenntnisse den Wissensfundus der korrespondierenden Soziotechnologie bilden: Von diesen Wissenschaften wird erwartet, dass sie planvoll vorgehen, statt blind irgendwelcher Routinen und konzeptloser Versuch–Irrtum–Vorgehensweisen zu folgen. Auf ihre Ergebnisse wollen Soziotechnologen aufbauen, um ihre möglichst zielführenden Maßnahmen zu entwickeln. Dazu einige weitere Thesen:

> ***Methodologische These 3:***
> *Die effiziente Organisation eines Sozial– oder Kommunikationssystems berücksichtigt Wissen über seine Zusammensetzung (Mitarbeiter einer Firma), Umgebung (der Markt für den Absatz von Produkten und Dienstleistungen), Struktur (Ablaufplan der Arbeit der Abteilungen) und Mechanismen (Motivation, Kontrolle usw.).*

Methodologische These 4:

Jede effiziente und dauerhafte Reform im Sozialsystem sowie jede entsprechende Kommunikationsmaßnahme erfordert die Veränderung einer ganzen Reihe von sozialen, miteinander zusammenhängender Tatbestände. Die Intervention lediglich bei einem Tatbestand hat wenig Erfolgsaussichten. Anders gesagt:

Systemische Probleme erfordern systemische Lösungsansätze!

Unsere Methodologie im Überblick

Damit haben wir die notwendige methodologische Basis für unsere Rekonstruktion der Konzeptionstechnik zusammengestellt und können für dieses Kapitel zum Abschluss kommen.

Dazu fassen wir die Ergebnisse zusammen:

Zusammen-fassung der Ergebnisse

Wir haben gesehen, dass die von uns im Weiteren anzuwendende Methodologie des wissenschaftlichen Realismus eine Synthese der vier klassischen Methodologie-Richtungen darstellt (siehe folgende Grafik).

Methodologie

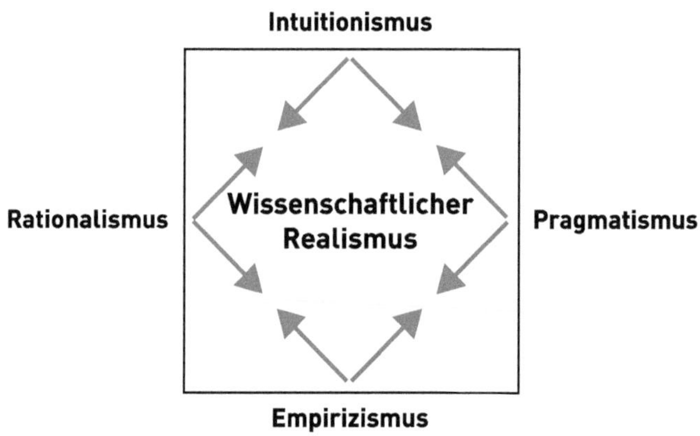

Dieser Realismus anerkennt in gewisser Weise das Wirken von Intuition, allerdings ohne dieser einen eigenständigen Wissenszugang zuzusprechen (versus *Intuitionismus*).

Ein Realismus ist mit der »praktischen« Orientierung von Technologie verträglich. Die Ermittlung von Wissen macht es allerdings erforderlich, dass Wissen jenseits von pragmatischem Wert und jenseits eines Konsensdialogs von Wissenschaftlern anhand der Übereinstimmung mit der Realität geprüft wird (versus *Pragmatismus*).

Aus der Sicht des Realismus können wahrgenommene Phänomene durchaus der Auslöser von Wissen sein. Wissenschaftliche Erkenntnisse erfordern darüber hinaus aber den überlegten Einsatz von Konstrukten und Theorien (versus *Empirizismus*).

Trotz des Einsatzes von Konstrukten und Theorien vertritt der empirisch-wissenschaftliche Realismus keinen einseitigen Rationalismus, sondern konfrontiert sein Aussagewissen systematisch mit der Realität, um es laufend zu verbessern und zu präzisieren (versus *Rationalismus*).

Wie oben schon angedeutet, stellt der wissenschaftliche Realismus deutlich eine Gegenposition zu der heute noch üblichen Praxis der Entwicklung von Kommunikations-Konzeptionen dar. Das meist eingesetzte Phasenschema ist lediglich ein pragmatisches Modell für einen Projektablauf.

Inwieweit dieses Schema sicherstellen kann, dass die damit ermittelten Annahmen verlässlich sind und darauf aufbauend zuverlässig Problemlösungen entwickelt werden können, wird von Anwendern heute weder begründet noch überhaupt zu belegen versucht.

Simpler Pragmatismus der bisherigen Konzeptions-Praxis

Die Akzeptanz der Verwendung des üblichen Konzeptionsschemas fußt lediglich auf dem Konsens der mit PR-Aufgabenstellungen betrauten Akteure. Die Verwendung des abstrakten Schemas *Situationsanalyse/Strategieentwicklung/Maßnahmenentwicklung/Planung/Umsetzung* wird im konkreten Einsatz nicht hinterfragt, sondern lediglich fallweise unwesentlich variiert. Ein grundlegender Abgleich dieses Vorgehensrasters mit den jeweils besonderen Umständen einer konkreten Kommunikationssituation unterbleibt.

Aufgrund einer empirisch-wissenschaftlichen Methodologie bekommt die künftige Konzeptionslehre demgegenüber eine realistische Basis.

Konzeptionstechnik arbeitet zukünftig mit systemischem Approach.

Die gesellschaftliche Realität ist Teil einer systemisch strukturierten materiellen Welt. Der Ansatz einer Konzeptionstechnik hat ein *systemischer Approach* zu sein. Die Methoden zur Ermittlung des Wissens im Rahmen der Entwicklung von Konzeptionen sind gemäß systemischer Erkenntnisstandards zu gestalten.

Aus dieser Einsicht folgt unter anderem, dass jedes Sozialsystem und Kommunikationssystem, das bei der Lösungsentwicklung eines Konzeptioners relevant wird, einer systemischen Analyse zu unterwerfen ist.

Das heißt, es sind im Detail zu erfassen:

- *seine **Bestandteile Z** (z.B. Personen und Artefakte)*
- *seine **Umgebung U** (z.B. physikalische, biologische oder soziale Systeme und Subsysteme)*
- *seine **Struktur S** (z.B. soziale/gemeinschaftliche, ökonomische, politische und kulturelle Beziehungen) und*
- ***Mechanismen M** (z.B. Produzieren, Transportieren, Verkaufen)*

Allein eine systemische Methodologie führt zu einer ausreichend umfassenden Berücksichtigung der realen Bedingungen für gesellschaftliche Kommunikation:

Systemische Methodologie $m(\sigma) = \{Z(\sigma), U(\sigma), S(\sigma), M(\sigma)\}$

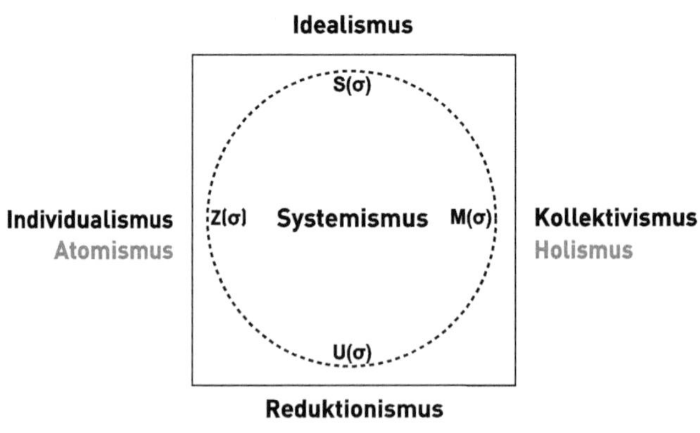

8

Wie gesehen betrachtet der Kollektivist Kommunikationssysteme als nicht analysierbare Blöcke, der Reduktionist konzentriert sich auf die Umgebungsbedingungen und blendet Beziehungen usw. aus, der Individualist betrachtet schwerpunktmäßig die Zusammensetzung des Systems, während der Idealist schwerpunktmäßig auf Strukturen, Beziehungs- und Wertemuster achtet.

Allein der Systemist hat alle Faktorengruppen im Blick und berücksichtigt darüber hinaus die typischen Mechanismen, die in einem System wirken.

Soziale Systeme und Kommunikationssysteme, deren Subsysteme und Supersysteme werden von Sozialwissenschaften untersucht. Deshalb bilden deren Erkenntnisse die wesentliche Wissensbasis der Konzeptionstechnik.

Solides Wissen über gesellschaftliche Mechanismen

Das adäquate Verständnis von Kommunikationssystemen erfordert dabei solide Kenntnisse im Bereich empirischer und theoretischer Untersuchungen der *sozial-gemeinschaftlichen*, der *ökonomischen*, der *politischen* und *kulturellen Subsysteme* der Gesellschaft.

Keine einzelne Sozialwissenschaft kann die Sozial- und Kommunikationsbeziehungen in diesen Subsystemen ganzheitlich erfassen. Keine einzelne Sozialwissenschaft ist autark. Jede Sozialwissenschaft benötigt die Ergebnisse anderer Wissenschafts-Disziplinen, um ein mehr oder weniger komplettes Bild der Realität zu ermitteln. Deshalb haben Konzeptioner multidisziplinär zu arbeiten und die Ergebnisse aus verschiedenen Sozialwissenschaften zu kombinieren.

In diesem Zusammenhang ist festzuhalten, dass Problemstellungen im Bereich der Kommunikation Faktoren betreffen, die parallel in mehreren gesellschaftlichen Subsystemen zu lokalisieren sind. Deshalb ist das Arbeiten an einzelnen Faktoren oder Problemauslösern meist nicht erfolgreich:

Systemische Probleme erfordern systemische Lösungen.

Abschluss

Zum Abschluss dieses Kapitels ist der Augenblick gekommen, die gerade vorgestellte Systematik einzuüben.

Damit wird es für den Leser wieder Zeit, in die Konzeptionen zu schauen, die er in der letzten Zeit geschrieben hat oder an denen er zumindest beteiligt war:

- *Schauen Sie sich kritisch die jeweils vorgelegten Situationsanalysen an!*
- *Inwieweit finden Sie in der Beschreibung der Ausgangssituation eine Analyse im Sinne einer systematischen ZUSM–Analyse?*
- *Was waren die Quellen für die Informationen, die Sie hier zusammengetragen haben?*
- *Haben Sie die Faktenlage komplett aus dem Briefingmaterial Ihres Kunden bezogen?*
- *Hatten Sie Anlass, das Faktengerüst mit Informationen aus anderen Quellen zu ergänzen?*
- *Welche Anlässe und Gründe waren das?*

Quellenhinweise und Anmerkungen

1. Bunge, Mario; *Philosophical Dictionary (2003)* S. 180

2. Vergleiche:

   Bunge, Mario; *Treatise on Basic Philosophy Volume 5; Epistemology & Methodology I (Exploring the World);* Dordrecht, Boston, London 1983, S. 4–6

3. Vergleiche:

   Bunge, Mario; *Finding Philosophy in Social Science (1996)* S. 305–25

4. Vergleiche:

   - Bauer, Joachim; *Warum ich fühle, was du fühlst. Intuitive Kommunikation und das Geheimnis der Spiegelneuronen;* München 2005
   - Bunge, Mario; *Finding Philosophy in Social Science (1996)* S. 150–7

5. Vergleiche:

   Bunge, Mario; *Finding Philosophy in Social Science (1996)* S. 320–2

6. Vergleiche:

   Ebenda: S. 359–87

7. Vergleiche:

   Ebenda: S. 311–7

8. Vergleiche:

   Ebenda: S. 317–20

9. Vergleiche:

   Ebenda: S. 322–5

10. Vergleiche:

    Ebenda: S. 353–8

11. Vergleiche:
    Bunge, Mario; Martin Mahner; *Über die Natur der Dinge (2004)* S. 74–5

12. Vergleiche:
    Bunge, Mario; *Finding Philosophy in Social Science (1996)* S. 101–4

13. Vergleiche:
    Ebenda, S. 103

14. Vergleiche:
    Bunge, Mario; Martin Mahner; *Über die Natur der Dinge (2004)* S. 27–31

15. Vergleiche:
    Bunge, Mario; *Philosophy in Crisis (2001)* S. 40–3

16. Vergleiche:
    Ebenda: S. 71–4

17. Vergleiche:
    - Bunge, Mario; *Finding Philosophy in Social Science (1996)* S. 270–4
    - Bunge, Mario; *Philosophy in Crisis (2001)* S. 99–116

»A fruitful analysis of human action requires us to avoid the atomization implicit in the theoretical extremities of under- and over-socialized conceptions.«
[1]
Mark S. Granovetter

Kapitel 9

Praxeologie der Konzeptionstechnik:

Das Management von Netzwerken

Kommunikation – Angelegenheit für Realisten

Konzeptionstechnik zielt auf die Gestaltung von Kommunikation, einer wesentlichen Erscheinungsform sozialen Handelns. Als Konzeptionstechniker suchen wir Maßnahmen, die strategisch geplant Einfluss auf dieses menschliche Handeln nehmen können.

Menschliches Handeln ist wichtiges Thema philosophischer Reflektionen, die wir in den letzten Kapiteln in Grundzügen kennen gelernt haben.[2] Denn, wenn es vom Handelnden bewusst unternommen wird, hat Handeln sowohl ontologische wie erkenntnistheoretische Voraussetzungen.

Ein Akteur setzt voraus, dass er in einer realen, materiellen Welt agiert, in der durchweg Determinismen herrschen. Wenn er stattdessen davon ausgehen müsste, dass es keine Zwangsläufigkeiten und Ursache–Folgen–Verknüpfungen gäbe und er durch sein Handeln nichts bewirken könnte, weil sein Handeln keine Konsequenzen hätte, gäbe es für ihn offenbar keinen Grund, überhaupt aktiv zu werden. Auch brauchte er keine Pläne machen oder Vorsorge treffen, würde er nicht davon ausgehen, dass Handeln häufig unerwartete Nebeneffekte hat und dass »Unfälle« mehr oder weniger an der Tagesordnung sind.

Als Handelnde sind wir so betrachtet deutlich *ontologische Realisten*. Entsprechend sind wir auch Realisten, wenn es an die Erkenntnistheorie unseres Verhaltens geht:

Wir geben uns in der Regel große Mühe, die Konsequenzen unseres Handelns zu erkennen. Wir suchen aufgrund des Wissens, das wir dabei gewinnen, künftige Handlungsergebnisse zu optimieren.

Akteure bewerten ihr Handeln laufend.

Dazu kommt, dass wir als Akteure unser Handeln laufend bewerten. Wir überlegen uns die moralischen Aspekte unseres Tuns oder schätzen ab, welche rechtlichen Konsequenzen unser Tun haben könnte.

In diesem Zusammenhang soll darauf hingewiesen sein, dass selbst Nicht–Handeln Konsequenzen hat, so etwa die Weigerung, in einer Situation trotz moralischer Verpflichtung einem Mitmenschen in einer Notsituation hilfreich beizustehen.

Zweckgerichtetes Handeln oder Nicht–Handeln hat also deutlich ontologische, erkenntnistheoretische und moralische Voraussetzungen. Diese Voraussetzungen wollen wir im gegenwärtigen Kapitel so weit in Augenschein nehmen, dass wir eine *allgemeine Handlungstheorie* skizzieren können.

Diese *Handlungstheorie oder Praxeologie* ist die »Lehre« der allgemeinen Merkmale individuellen und kollektiven menschlichen Handelns. Sie kann als allgemeinste und grundlegendste aller Sozialtheorien betrachtet werden. Sie bildet somit die Basis von Soziotechnologien wie beispielsweise unserer zukünftigen Konzeptionslehre.

Grundprinzip einer Praxeologie

Die Praxeologie ist im Vergleich zu Theorien in den Naturwissenschaften heute noch keine ausgebaute oder fortentwickelte Theorie. Es gibt praxeologische Ansätze in den Sozialwissenschaften, etwa in der Soziologie und Ökonomie, auf die wir im Laufe dieses Kapitels zu sprechen kommen werden.

Inkompatible Theorie–Ansätze

Handlungstheorien bestehen im Augenblick meist aus Theoriefragmenten, die untereinander inkompatibel sind. Es gibt noch nicht einmal ein allgemein als verbindlich anerkanntes Grundprinzip für eine Praxeologie.

So argumentieren einige Handlungstheoretiker ausgesprochen »atomistisch«, indem sie ihre Konzepte ausschließlich auf Einzelpersonen und deren Motive fokussieren. Andere Ansätze dagegen sind ausgesprochen »holistisch« und stellen sich Institutionen und Organisationen als soziale Akteure und handelnde Organe eines sozialen Ganzen vor.

Beispiele für atomistische Theorien finden sich vor allen Dingen in den gängigen Ansätzen der Wirtschaftswissenschaft. Sie setzen mit ihren Konzepten an der Vorstellung isolierter Einzelpersonen und ihren Interessen an. Diese Individuen werden als ökonomische Akteure betrachtet, die sich permanent in Situationen der Abwägung von Kosten und Nutzen ihrer Handlungen und Handlungsplanungen befinden.

Beispiele für holistische Handlungstheorien sind die durch die pragmatistische Sozialphilosophie Jürgen Habermas› beeinflussten Ansätze, die in der deutschsprachigen Sozialphilosophie diskutiert werden. Sie betrachten den einzelnen Menschen als Wesen, das zur Orientierung in der Welt über kein hinreichendes individuelles Urteilsvermögen verfügt. Zur Feststellung der Wahrheit von Aussagen ist jedes Individuum laut Habermas› *»Theorie des kommunikativen Handelns«* auf den Konsens eines Diskussions–Kollektivs angewiesen. Die Welt wird dem Menschen angeblich erst als Tatbestand verfügbar, nachdem diese ihm in kollektiven Sprechakten verbindlich erklärt worden ist. [3]

Konzeptioner benötigen eine Praxeologie.

Wir benötigen als Basis für unsere konzeptionelle Arbeit eine empirisch verankerte Praxeologie. Denn wir sind auf begründetes theoretisches und empirisches Wissen darüber angewiesen, wie soziales Handeln und insbesondere Kommunikation tatsächlich »funktioniert«.

Da wir für Konzeptionszwecke auf keine bereits fertig entwickelte Handlungstheorie zurückgreifen können, müssen wir hier selber das Grundgerüst einer solchen Theorie aufbauen. Dazu greifen wir auf Vorschläge des Wissenschaftstheoretikers Mario Bunge[4] sowie auf theoretische Befunde des Soziologen Mark S. Granovetter[5] zurück.

Wir werden eine *systemische Handlungstheorie* skizzieren und dazu gezielt auf sozialwissenschaftliches Wissen zurückgreifen. Die Hauptfunktion der gesuchten Theorie ist es, das Analysieren von Handlungen und Prozessen in Sozial- und Kommunikationssystemen zu ermöglichen.

Ausgangspunkt unserer Überlegungen ist die Annahme, dass jede menschliche Handlung durch einen individuellen Akteur ausgeführt wird. Kollektive können in diesem Sinne nicht als Akteure gelten.

Menschliche Handlungen finden innerhalb sozialer Systeme oder Netzwerke statt. Akteure beziehen sich mit ihren Handlungen auf Strukturen dieser Systeme und auf Personen und Dinge, die sich darin befinden.

Erste Schlüsselbegriffe unserer Theorie sind :

- *Sozialsystem und Kommunikationssystem*
- *Handeln gegenüber einem System*
- *Handeln in einem System*
- *Konsequenzen und Effekte dieses Handelns*
- *Rationalität von Handlungen*
- *ethische Bewertung von Handlungen*

Handeln und System

Wir starten unsere Überlegungen bei dem uns bereits vertrauten Begriff des Systems.

Im Umfeld einer Praxeologie behindern uns dabei allerdings zahlreiche »Stolpersteine«, die wir zuerst aus dem Weg zu räumen haben:

Zur Verwendung unseres Systembegriffs sind einige Bemerkungen notwendig. Denn wir haben im Rahmen unserer ontologischen Überlegungen festgehalten, dass wir einen *wissenschaftlichen Realismus* verfolgen. Wir verwenden den System-Begriff deshalb zur Beschreibung real existierender Dinge. Das ist durchaus nicht selbstverständlich und wird gerade im Bereich von Handlungstheorien von vielen Autoren anders gehandhabt. Hiervon distanzieren wir uns deutlich.

Systeme sind reale Tatbestände.

So etwa von dem Systembegriff, wie ihn der Harvard–Professor und einflussreiche soziologische Systemtheoretiker Talcott Parsons (*1904 – †1979), in den 50er Jahren des letzten Jahrhunderts geprägt hat. Seine Systeme sind theoretische Konstrukte und keine in der Wirklichkeit existierenden Dinge.[6] Durch den Philosophen Alfred North Whitehead beeinflusst,[7] verfolgte Parsons eine idealistische Ontologie. Er benutzte den Systembegriff als Bezeichnung für eine »Seinsstruktur«, welche allen Dingen eine transzendentale und universelle Gegliedertheit verleiht. »System–Wirklichkeit« und »System–Theorie« werden im Rahmen dieser Art von System–Ontologie nicht mehr auseinandergehalten. Bei Parsons erscheint jedes System, ob Gesellschaftssystem, Wirtschaftssystem, biologisches System usw. stets nach Maßgabe des von ihm definierten idealen Strukturmusters in jeweils vier Untersysteme aufgeteilte Entität.

Der Verwender des Parsonsschen Systembegriffs hat beim Versuch der Anwendung auf die Realität stets das Problem, sich auszudenken, was die jeweils vier vorgeschriebenen Subsysteme eines Systems sein könnten.[8] Springen ihm die geforderten vier Systeme nicht spontan ins Auge, muss er sich – hat er etwa nur zwei oder drei gefunden – weitere »Strukturen« ausdenken. Hat er zu viele Subsysteme gefunden, die ihm bedeutsam erscheinen, – etwa fünf oder sechs oder noch mehr –, muss er »kreativ« Subsysteme entweder gedanklich zusammenlegen oder das eine oder andere »unter den Tisch« fallen lassen.

Weiterhin wird jedem dieser Subsysteme von Parsons unabhängig von jeder empirischen Untersuchung – a priori – eine spezifische Funktion bei der Erhaltung des Gesamtsystems zugesprochen. Parsons spricht damit jedem System von vornherein nicht nur eine typische Gegliedertheit, sondern auch die Tendenz zu, ein Gleichgewicht zu halten, seinen Bestand zu sichern und feste Grenzen nach außen zu ziehen.

Solche Vorstellungen von einer universellen »Präformiertheit« von Systemen lehnen wir hier ab. Welche Struktur ein reales System aufweist und welche Funktionen Systeme haben oder welche Mechanismen in ihnen ablaufen, lässt sich nur anhand von empirischen Untersuchungen feststellen.

An dieser Stelle ist es wichtig, die Verwendung des Begriffs der »Struktur« grundsätzlich zu erläutern. Wir sind zwar bereits beim Ontologie–Thema darauf eingegangen. Doch wir wollen unsere Vorstellung davon noch einmal verdeutlichen, denn der Begriff – wird etwa in der Soziologie – häufig missbräuchlich »verdinglicht« – beispielsweise wenn Organisationen oder Institutionen als »Strukturen« bezeichnet werden. Entsprechend findet sich auch in der Biologie die Sprechweise, Organismen wären »Strukturen«.[9]

Struktur ist eine Eigenschaft von Dingen.

Strukturen sind *Eigenschaften von Dingen*; Dinge haben eine bestimmte Struktur – beispielsweise eine strukturierte Oberfläche. Es gibt also keine Struktur ohne ein Ding, keine »Struktur an sich«. Würden wir ein Kommunikationssystem als »Struktur« bezeichnen, bekämen wir es bald mit so sinnlosen Sätzen wie *»diese Struktu*r (gemeint ist das Kommunikationssystem) *hat eine Struktur«* zu tun. Deshalb benutzen wir den Strukturbegriff im Rahmen unserer Praxeologie ausdrücklich als Begriff zur Bezeichnung von Eigenschaften von Systemen.

Unser Systembegriff

Nun sind wir so weit: Wir starten mit der Integration des Systembegriffs in unserem Praxeologie–Entwurf.

Zwei oder mehr Dinge bilden dann ein *System*, wenn sie in einer Beziehung stehen, wenn sie also *verbunden, verknüpft, gekoppelt* usw. sind. Das bedeutet, wir können nur dann von einem System sprechen, wenn mindestens eines dieser beiden (oder zahlreicheren) Dinge in Bezug auf das andere (die anderen) eine Handlung ausführt (ausführen).

Daraus ergibt sich, dass Dinge, die lediglich in einer *Relation* zueinander stehen, kein System bilden. Das gilt etwa in dem Fall, dass sie lediglich in örtlichem oder zeitlichem Bezug stehen – wenn Dinge links und rechts nebeneinander stehen oder in zeitlicher Nachbarschaft, etwa gleichzeitig, existieren. Wir sprechen dann zwar von räumlicher oder zeitlicher »Beziehung«. Aber es liegen keine wirklichen Bindungen zwischen den Dingen vor. Diese Dinge stehen lediglich in *»nicht-bindender Relation«*.

Dies im Auge zu behalten, ist wichtig, weil dieser Unterschied häufig übersehen wird und es dadurch zur Fehlinterpretation von Aussagen kommen kann.

Nicht-bindende Relationen sind keine Beziehungen.

Wenn zum Beispiel in Statistiken von »jugendlichen Internetsurfern in Deutschland im Jahre 2010« gesprochen wird, dann bilden diese Internetsurfer keine Gesamtheit im Sinne eines Systems. Die Gruppe der angesprochenen Jugendlichen besteht aus Personen, die in örtlicher und zeitlicher sowie lebenszeitlicher Relation stehen und in ihrer Freizeit im Internet surfen. Sie können also aufgrund der definierten Relation gemeinschaftlich keine Wirkungen ausüben, weil sie aufgrund ihrer Relation allein keine aktive Beziehung zueinander haben und kein System bilden.

Demgegenüber ist ein System eine kohäsive bzw. integrierte Ganzheit. Denn die einzelnen Dinge X und Y bilden definitionsgemäß ein System, wenn zwischen ihnen eine *verknüpfende* oder *bindende Relation* insoweit besteht, dass sich der Zustand von Y dadurch ändert, dass die Beziehung zu X hergestellt wird. Aufgrund einer nicht-bindenden Relation (Beispiel: räumliche Nähe) ergibt sich also kein System.

Allerdings kann ein System existieren bzw. eine bindende Beziehung zwischen Teilen vorliegen, wenn diese räumlich weit auseinander liegen. Eine internationale Kommunikationsagentur beispielsweise kann ein System bilden, indem ihre Mitarbeiter in verschiedenen Ländern und Tochtergesellschaften zueinander Beziehungen per Internet, Telefon, Post usw. aufrechterhalten und sich regelmäßig gegenseitig besuchen.

Weiterhin gilt auch, dass nicht alle komplexen Dinge Systeme sind. Eine Menschenansammlung, gebildet durch Neugierige an einer Unfallstelle in einer Fußgängerzone, ist kein System, sondern stellt lediglich ein *Aggregat von Einzelpersonen* dar.

Nun betrachten wir einige wesentliche Eigenschaften von Systemen:

Die *Bindekraft* eines Systems hängt von der Stärke der Bindungen zwischen seinen Teilen ab. Wenn diese Bindungen mehrheitlich kurzlebig sind, so ist auch das korrespondierende System kurzlebig.

Ein System, das aus menschlichen Individuen und den Artefakten zusammengesetzt ist, die jene nutzen, um eine Beziehung zueinander aufrecht zu erhalten und um miteinander zu kommunizieren, wird als *Sozialsystem* bezeichnet.

Solche sozialen Systeme entstehen, wandeln sich und brechen zusammen, wenn sich die Bindungen, die sozialen Beziehungen und Interaktionen von Individuen darin ändern. Auf diese Weise basieren Merkmale sozialer Systeme auf der Beschaffenheit, der Stärke und Variabilität sozialer Beziehungen, die durch soziale Handlungen von Individuen aufrechterhalten werden.

Einige *Eigenschaften von Sozialsystemen* sind *emergent*. Das heißt, sie sind nicht Eigenschaften der einzelnen Komponenten des Systems. Ihr Auftreten ist stattdessen Ergebnis der Interaktionen dieser Komponenten – etwa der Kommunikation der beteiligten Individuen. Verändert sich die Beziehung der Individuen können sich diese emergenten Eigenschaften ändern oder wieder verschwinden – submergieren.

Während atomistisch-individualistische Theoretiker das Vorkommen von Emergenz leugnen, behaupten holistisch-kollektivistische Theoretiker wie oben gesehen, Emergenz wäre nicht analysier– oder erklärbar.

Wir dagegen nehmen an, dass Emergenz sich mit Blick auf das soziale Handeln der beteiligten Individuen erklären lässt. So ist ein Sozialsystem stabil, wenn die Kooperation und die sozialen Bindungen seiner Komponenten stärker sind als die Konflikte zwischen den beteiligten Akteuren.

Systemgrenzen

Wie bereits erläutert, nehmen wir nicht a priori an, dass reale Systeme eine grundsätzliche Tendenz zur Grenzerhaltung haben.

Kommunikationssysteme sind gestaltlos.

Überhaupt sind Sozial– und Kommunikationssysteme – anders als beispielsweise Organismen – in der Regel gestaltlos.[10]

Viele Sozialsysteme haben weder eine Gestalt noch eine Oberfläche, auch wenn sie hierarchisch ineinander geschachtelt sind. Sie ähneln in dieser Beziehung beispielsweise dem Wasserstoffatom, das ebenfalls weder über eine klare Form noch über eine deutliche Struktur verfügt und »diffus-verschmiert« erscheint. Entsprechend haben Sozial- und Kommunikationssysteme wie eine PR-Abteilung, eine Zeitungsredaktion oder ein Produktionsbetrieb weder eine geometrische Form noch eine Oberfläche.

Wir müssen zu besonderen Modellen greifen, um uns ein solches Sozialsystem und seine Grenzziehung nach außen vorzustellen und zu illustrieren *(siehe entsprechende grafische Darstellungen in Kapitel 16).*

Dazu ein Beispiel:

Wie in Kapitel 5 bereits diskutiert, sind Systeme durch ihre Verbindungen und Verknüpfungen nach außen und nach innen strukturiert. Es gibt Beziehungen zwischen den Komponenten im Inneren des Systems und Beziehungen mit Entitäten in der Umgebung des Systems.

Die Strukturierung im Inneren bezeichnen wir wie gesehen als *Endostruktur (Innenstruktur)* und die Strukturierung durch die Beziehungen nach außen als *Exostruktur (Außenstruktur).*

Wenn wir uns nun Systemgrenzen vorstellen, müssen wir uns von dem Gedanken lösen, es gäbe hier so etwas wie eine Grenzmauer oder eine nach außen abschließende Schicht. Statt dessen sollten wir uns Folgendes klar machen:

Systeme haben über einige ihrer Systemteile Kontakt nach außen. Systeme stellen durch diese Komponenten ihre Beziehung zur Umgebung her. Diese Systemteile mit bindenden Außenbeziehungen stellen damit die Exostruktur des Systems dar.

Kommunikationssysteme haben keine »Außengrenze«.

Der Kontakt zur »Außenwelt«, die Grenzziehung nach außen, ist im Fall von Sozial- und Kommunikationssystemen damit ganz anders beschaffen, als eine physische Grenze:

Personen können nämlich gleichzeitig mitten drin sein in der Struktur eines Systems und gleichzeitig den wichtigsten Kontakt zu einem Umgebungssystem – also nach draußen – bilden.

Genauso kann es auch Personen geben, die lediglich in die innere Struktur – in die Endostruktur – eines Systems einbezogen sind, keinen Kontakt zu den Umgebungen herstellen und so das Innere des Systems bilden.

Weiterhin gibt es hohle Systeme – also Systeme, bei denen alle Komponenten direkte Verknüpfungen zu Umgebungsgegenständen herstellen. Ein

Beispiel für diesen Fall ist eine PR–Abteilung, in der alle Mitarbeiter regelmäßig Kontakte zu Redaktionen, Verbänden usw. haben.

Kommunikationssysteme verfügen offenbar in der Regel über eine Vielfalt an Grenzen, die durch die Interaktionen ihrer Systemkomponenten mit Dingen in den verschiedenen Umgebungssystemen gebildet werden, ohne dabei über eine »Grenzschicht« zu verfügen.

Dagegen sind Organismen Beispiele für Systeme mit einer gegenüber der Außenwelt deutlich ausgeprägten Grenzschicht – etwa einer »Außenhaut«.

Arten von Sozialsystemen

Sozialsysteme und Kommunikationssysteme lassen sich grundsätzlich in zwei Gruppen einteilen:

Es gibt *natürliche* bzw. *spontan gebildete Systeme* und *künstliche bzw. formal gebildete* Systeme.

Natürliche Systeme sind *selbst–organisiert* und folgen bei ihrer Bildung keinen expliziten Zielen, Plänen oder Regeln.

Dagegen sind *künstliche Systeme* konstruiert, müssen *aufgebaut*, *erhalten* und gegebenenfalls *transformiert*, *fortentwickelt* oder *aufgelöst* werden. Zu ihrem »Betrieb« gibt es explizite Ziele, Pläne und Regeln.

Beispiele für natürliche bzw. spontan gebildete Systeme sind Familien, Freundschaften, Online–Foren usw. Beispiele für künstliche Systeme sind Schulen, Universitäten, Banken, Regierungen usw.

Ein weiterer wichtiger Begriff unserer Praxeologie ist der Begriff des *Netzwerkes*:

Ein Netzwerk ist ein System, das wir uns grafisch als eine Menge von Knoten vorstellen können, die durch Kantenlinien ganz oder teilweise verbunden sind. Ein *soziales Netzwerk* stellt ein Netzwerk gebildet aus Akteuren und Artefakten dar – beispielsweise aus Bekannten, Freunden, Informations–Netzwerken, Interessengemeinschaften usw.

Pro–soziale Gefühle in sozialen Netzwerken

Soziale Netzwerke zeichnen sich in der Regel durch die pro–sozialen Gefühle aus, welche bei den in ihnen verbundenen Personen auftreten – etwa als Gefühle der Sympathie, der Solidarität usw.

Soziale Netzwerke werden durch freiwillige Gegenseitigkeit aufrechterhalten. Dominanz oder Zwang spielen zu ihrer Stabilisierung kaum eine Rolle.

Soziale Netzwerke sind informell und nicht hierarchisch strukturiert.

Offenbar sind alle Netzwerke Systeme. Umgekehrt gilt aber nicht, dass Systeme auch automatisch Netzwerke wären. Eine formale Organisation – etwa die eines Unternehmens – ist ein System und kein Netzwerk.

Beziehungen zwischen Akteuren

Wichtige Bezugspunkte jeder Handlungstheorie sind

- *auf der einen Seite der einzelne Akteur mit seinen Aktivitäten sowie den von ihm getroffenen Handlungs-Entscheidungen*
- *sowie die den Akteur umgebenden Strukturen von Sozialsystemen auf der anderen Seite.*

In bisherigen Versuchen zur Konstruktion von Handlungstheorien wurden diese Bezugspunkte unterschiedlich zueinander positioniert.

Da sind zum einen die atomistisch–individualistischen Positionen in den ökonomischen Theorien. Diese Theorien gehen von einem methodologischen Individualismus aus.

Ökonomen übersehen die gesellschaftliche Lebenswelt.

Der Akteur erscheint als ein nicht durch andere Akteure beeinflusstes Wesen. Bei der Analyse des Verhaltens von Individuen steht die Betrachtung ihrer Rationalität im Vordergrund. *Rational* ist aus ökonomischer Sicht ein nutzenmaximierendes Verhalten, das sich durch den effizienten Gebrauch knapper Ressourcen auszeichnet.

Das Bestehen einer Gesellschaft wird von solchen Handlungstheorien einfach vorausgesetzt und nicht weiter problematisiert. Die Gesellschaft befindet sich »irgendwo da draußen«, während sich der nutzenmaximierende Akteur »hier drinnen« in der Ökonomie als isoliertes Individuum bewegt.

Die im Jahre 2007 ausbrechende globale Finanzkrise konnte diese »Innensicht« zumindest kurzzeitig erschüttern. Ökonomen wurden daran erinnert, dass hinter den Märkten Bevölkerungen sowie Gesellschaften mit durch Steuern finanzierte Regierungen stecken, die im Notfall einen »Rettungsschirm« aufspannen können, um durch Wirtschafts–Akteure fahrlässig verursachte Abstürze abzufedern.

Eine deutliche Gegenposition zu den atomistischen Konzeptionen nehmen holistisch–kollektivistische Handlungstheoretiker etwa in der Soziologie ein.

Ihre Grundannahme ist, dass das Ganze – die Gesellschaft – die Eigenschaften seiner Teile so weitgehend zu bestimmen vermag, dass das Wissen über diese Teile wenig dazu beiträgt, dieses Ganze zu verstehen. Das Verhalten des Einzelnen erscheint als völlig durch die Sozialstruktur determiniert. Akteure dienen Sozialsystemen statt umgekehrt.

Bereits der bekannte Soziologe Robert K. Merton (*1910 – †2003) bezog eine deutliche Gegenposition zu diesen beiden handlungstheoretischen Grundpositionen. So stellte er in seinem Werk *»Soziologische Theorie und soziale Struktur«* den Einfluss der strukturellen Einbindung des Verhaltens einzelner Akteure innerhalb sozialer Systeme deutlich heraus.[11]

Schwer vereinbare Rollenerwartungen

Hier zeigt er, dass der Austausch zwischen handelnden Individuen und System–Strukturen nicht als »Einbahnstraße« darstellbar ist. In diesem Zusammenhang entwickelte er seine *Rollentheorie*. Dieser Theorie liegt die Einsicht zu Grunde, dass eine Person, die in Sozialsystemen handelt, Beziehungen zu unterschiedlichsten Rollenpartnern herstellt. Dadurch werden an den einzelnen Akteur Rollenerwartungen herangetragen, die häufig schwierig miteinander zu vereinbaren sind.

So wird beispielsweise der Konzeptioner, der in einer Agentur arbeitet, mit den Erwartungen seiner Geschäftsführer und der PR–Berater konfrontiert, die einzelne Kommunikationsmaßnahmen umzusetzen haben. Schon hier können große Divergenzen auftreten. Der Agentur–Geschäftsführer legt Wert auf Maßnahmenkonzepte, die hohen geschäftlichen Gewinn und Imagezuwachs für die Agentur versprechen. Der PR–Berater erwartet vom Konzeptioner Maßnahmenkonzepte, die sich möglichst problemlos erfolgreich umsetzen lassen. Und schließlich – last but not least – hat der Konzeptioner die Erwartungen des Auftraggebers – des Klienten – zu erfüllen, der größte Wirksamkeit der zu entwickelnden Maßnahmen sowie möglichst niedrige Umsetzungskosten wünscht.

Der Konzeptioner hat offenbar zwischen den unterschiedlichsten Ansprüchen, Erwartungen und Rollenkonzepten zu »navigieren«. Mit Blick auf diese unterschiedlichen Erwartungen kann sich ein erfolgreicher Konzeptioner nicht dadurch auszeichnen, dass er irgendein abstraktes Konzeptioner–Rollenmodell (»role model«) einfach – etwa das in einem Fachbuch beschriebene Modell – imitiert.

Er hat stattdessen situativ ein individuelles Rollenmodell zu erfinden, das den unterschiedlichsten Interaktionspartnern und divergenten Erwartungen gleichermaßen entgegenkommt.

Orientierung an Rollenmodellen

Offenbar wirken Strukturen von Systemen massiv auf Akteure ein. Durch sein Verhalten gibt ein Akteur den dabei wirkenden Kräften aber nicht einfach nach, sondern er verarbeitet diese kreativ und entwickelt eine Lösung, anhand der er dann mehr oder weniger erfolgreich gegenüber den sozialen Strukturen agieren kann.

Schauen wir uns das genauer an:

Merton betrachtet die Gesellschaft als Komposition einer Vielzahl individueller Akteure. Diesen Akteuren eröffnen sich Wahlmöglichkeiten und Handlungsoptionen durch ihre jeweiligen Positionen innerhalb der sozialen Systeme, denen sie angehören.

Akteure sind dadurch zwar auf einen Orientierungsrahmen festgelegt, innerhalb dessen sie sich verhalten müssen. Doch ihnen bleibt stets die mehr oder weniger freie Wahl zwischen alternativen Handlungsmöglichkeiten.

Im Rahmen seiner theoretischen Überlegungen versuchte Merton deshalb, anhand von typischen Handlungssituationen nachzuvollziehen, wie bestimmte Handlungsoptionen von Individuen entwickelt und genutzt werden.

Dabei hat er beispielsweise die Entdeckung gemacht, dass Akteure in Bezug auf ihre Absichten und Handlungen typischerweise nicht nur durch die eigene Mitgliedsgruppe oder durch die Gesellschaftsschicht beeinflusst werden, der sie selber angehören.

Individuen orientieren sich an ausgewählten Bezugsgruppen.

Merton konnte beobachten, dass sich Individuen stattdessen »Bezugsgruppen« suchen können, die sie bewundern und denen sie gerne angehören würden. Merton hat dabei gezeigt, wie Akteure von ihnen favorisierte Rollenmodelle auswählen und anwenden, die sie von Gruppen übernehmen, denen sie niemals selber angehören werden. – Beispiel: Ein deutscher Schüler wäre gerne ein afroamerikanischer Musiker. Er gründet deshalb in seiner Schule eine Blues–Band und lernt eine Mundharmonika zu bedienen, ohne deshalb zu planen, jemals nach Chicago zu reisen, um dort aufzutreten.

Merton stellte fest, dass Individuen drei Richtungen haben, in die sie bei der Gestaltung ihrer Lebensführung gehen können:

- *sie können einfach die Standards ihrer Mitgliedsgruppe, ihres Sozialsystems übernehmen*
- *sie können die Verhaltensnormen einer Bezugsgruppe übernehmen und damit die Hoffnung verbinden, dieser irgendwann beizutreten*
- *oder sie eifern den normativen oder kulturellen Standards einer Bezugsgruppe nach, ohne zu planen, dieser irgendwann beizutreten*

Der Handlungsbegriff

Bis zu diesem Punkt haben wir wesentliche praxeologische Konzepte reflektiert und mit dem Begriff des Systems konfrontiert. Damit sind wir vorbereitet, uns dem Handlungsbegriff zuzuwenden.[12]

Zweckbezogenes Handeln

Wir starten mit dem Konzept des *zweckhaften menschlichen Handelns*. Zweckhaftes Handeln setzt einen Akteur voraus, der Mittel einsetzt, um Ziele zu erreichen. Der Begriff ist somit durch das Begriffspaar <***Ziel, Mittel***> oder kurz durch den Ausdruck $H_Z = \langle Z, M \rangle$ definiert.

Ziele, die bereits erreicht worden sind, können im Rahmen von anderen Handlungen den Charakter von Mitteln annehmen – wenn ein Akteur A zunächst ein Ziel Z_1 verfolgt, das ihm im Anschluss die Möglichkeit verschafft, ein weiteres Ziel Z_2 zu erreichen. Zum Beispiel kann das Erwirtschaften von Geld im Berufsalltag ein Ziel sein und mit Blick auf die Lebensplanung eines Menschen die Bedeutung eines Mittels zur Altersvorsorge annehmen.

Politische Macht ist ein Ziel in der Politik und ein Mittel bei der Verfolgung von Geschäftsinteressen im Wirtschaftssystem. Wir können also sagen, dass Mittel–Ziel–Verknüpfungen *situations*– bzw. *kontextabhängig* sind.

Die Folgen einer Handlung können von den ursprünglich anvisierten Zielen abweichen, weil die Handlung beispielsweise *nicht–intendierte Nebeneffekte* hat. Diese Nebeneffekte können *kontraproduktiv* sein, indem sie die Erreichung des geplanten Ziels behindern oder blockieren. Nebeneffekte können auch willkommen sein, wenn sie etwa die Erreichung der Ziele des Handelnden in unvorhergesehener Weise unterstützen.

Nebeneffekte treten immer dann auf, wenn Handelnde die Komplexität der Handlungsumstände nicht vollständig erfasst haben. Aus diesem Grund kann eine reale Handlung definiert werden als:

- *ein geordnetes Quadrupel der Begriffe* ***<Ziel, Mittel, Ergebnis, Nebeneffekte>***
- *oder kurz durch den Ausdruck* $H_{+} = <Z, M, E, N>$

Eine Handlung ist *erfolgreich*, wenn ihre Ergebnisse nah am ursprünglichen Ziel liegen. Andernfalls ist die Handlung *nicht erfolgreich* im Sinne des ursprünglich definierten Ziels. Im Fall einer Handlung, die erfolglos, aber wiederholbar ist, müssen Akteure Ziele Z, Mittel M oder beides verändern.

Soziales Handeln

Soziales Handeln ist Handeln, das in einem Sozialsystem stattfindet. Ein Akteur kann Sozialsysteme in der Regel nie vollständig kontrollieren. Aus diesem Grund kann eine soziale Handlung nie genau die Ergebnisse erbringen, die vom Handelnden bezweckt wurden. Gerade soziales Handeln ist gewöhnlich mit *Nebeneffekten* verbunden. Die Nebeneffekte sozialen Handelns können mit vielfältigen unerwünschten Konsequenzen verbunden sein.

Ursachen für diese Konsequenzen sind:

- *Einfluss anderer Personen, deren Interessen durch die Handlung berührt werden*
- *Fehleinschätzungen des Handelnden in Bezug auf die Handlungsumstände, die durch unkorrekte oder unvollständige Information bewirkt werden*
- *unvorhersehbare Entwicklungen in dem sozialen System, in dem die betreffende Handlung stattfindet*

Die Größe und die Häufigkeit der nicht intendierten Nebeneffekte – ob erwünscht oder nicht erwünscht – neigt dazu, mit der Wichtigkeit der betreffenden Handlung und der Größe des betreffenden Sozialsystems zu wachsen. Je größer die Anzahl der durch eine Handlung betroffenen Akteure, desto ungenauer sind wir über deren Motive und Verhaltensweisen informiert. Parallel wird das Ergebnis der Handlung immer weniger vorhersehbar.

Aus diesem Grund haben Firmen–Umstrukturierungen und Unternehmens–Verschmelzungen, Kriege und Revolutionen selten vorhersehbare Ergebnisse und erreichen oft nicht die gewünschten Ziele. Aus demselben Grund sind zentral geplante globale Initiativen meist ineffektiv.

Erfolgreiche Lösungen setzen auf eine Kombination von dezentraler Planung mit Selbstmanagement der Beteiligten vor Ort sowie einer übergeordneten zentralen Koordination der lokalen Umsetzungsergebnisse.

Rationales Handeln

Rationales Handeln ist ein Spezialfall zweckhaften Handelns und kann wiederum differenziert werden in *»instrumentell–rationales« und »moralisch–rationales Handeln«.*

Instrumentell–rationales Handeln

Wir schauen zunächst auf das *»instrumentell–rationale Handeln«.* Eine Handlung ist dann instrumentell–rational, wenn sie zum einen aufgrund von Mitteln ausgeführt wird, die tatsächlich dazu hinreichen, das geplante Handlungsziel zu erreichen. Weitere Voraussetzung ist, dass das Handlungsergebnis wertvoller ist als die möglicherweise auftretenden negativen, nicht intendierten Nebeneffekte der Handlung, wenn es also sozusagen die Handlungskosten »aufwiegt«.

Moralisch–rationales Handeln

Eine weitere Form rationalen Handelns stellt das *»moralisch–rationale Handeln«* dar. Eine Handlung ist moralisch–rational, wenn sie moralischen Kriterien genügt. Eine Handlung genügt *moralischen Kriterien* dann, wenn sie auf der einen Seite an Bedürfnissen und legitimen Interessen orientiert ist und auf der anderen Seite in ihren Wirkungen und Nebenwirkungen nicht die Bedürfniserfüllung und legitimen Interessen anderer Akteure verletzt.

Rationales Handeln kann beim Erreichen der Handlungszwecke *mehr oder weniger erfolgreich* sein. Jeder *effektive Handlungsvollzug* setzt voraus, dass der Handelnde über ausreichendes Wissen verfügt. Er benötigt ein ausreichend zutreffendes Modell von den relevanten Sozialsystemen sowie von den eventuell betroffenen Umgebungen dieser Systeme.

Akteure benötigen also für ihre *instrumentell–rationalen Handlungen* ein gewisses Maß an *korrektem Wissen* über die Handlungsumstände.

Auch *moralisch–rationales Handeln* ist auf solches Wissen angewiesen. Ein Akteur könnte ohne ein solches Wissen keine Erwartungen zum möglichen

Handlungsergebnis entwickeln. Handeln, das lediglich moralische Absichten verfolgt, während der Handelnde fahrlässig eine Analyse der Handlungssituation auslässt und deshalb sein Handlungsziel nicht erreicht, ist aus Sicht des Betrachters keine moralische Handlung.

Ohne empirisches Wissen keine Moral – guter Wille alleine ist unzureichend.

Individualistische und kollektivistische Praxeologien

Wir wollen eine kurze Zwischenbilanz ziehen:

Systemische Handlungstheorie

Im gegenwärtigen Kapitel haben wir bis hierher Grundbegriffe einer *systemischen Handlungstheorie* zusammengestellt. Anhand der Betrachtung von Mertons Rollentheorie sind wir bereits auf die Beziehung des individuellen Akteurs zu Sozial- und Kommunikationssystemen zu sprechen gekommen. Wir haben gesehen, dass Individuen sich in ihrem Umfeld aktiv orientieren und ihr Verhalten kreativ gestalten, indem sie Rollenerwartungen eigenen Vorstellungen und Vorlieben gemäß interpretieren und formen. Bei diesem Punkt werden wir nun weiter ansetzen.

Hintergrund ist, dass wir als Konzeptioner gerade bei diesem Thema über möglichst solides Wissen verfügen sollten. Wir benötigen eine belastbare praxeologische Theorie, die uns zeigt, wie einzelne Akteure durch soziale Beziehungen, insbesondere durch Kommunikationsbeziehungen beeinflusst werden können. Denn genau das wird von einem Konzeptioner erwartet – dass er zeigt, wie Beziehungen zu Vertretern von Zielgruppen realisiert werden können, um deren Verhalten durch Kommunikation zu beeinflussen. Und entsprechend benötigt der Konzeptioner belastbares theoretisches Wissen darüber, wie das Verhalten von Individuen auf Sozialsysteme wie Institutionen oder Unternehmen sowie auf öffentliche Kommunikationssysteme zurückwirkt.

Als Konzeptioner benötigen wir also eine Praxeologie, die uns erkennen hilft, wie Sozialstrukturen und Kommunikationsbeziehungen Individuen beeinflussen und wie umgekehrt das Individuum Sozialsysteme und Kommunikationssysteme beeinflusst.

Sozialwissenschaftliche Praxeologien bieten üblicher Weise zwei grundlegende Herangehensweisen an, das Verhältnis von individuellem Handeln und von Sozialsystemen zu beschreiben. Anhand der Diskussion sozialwissenschaftlicher Ontologien haben wir in den vorausgegangenen Kapiteln die entsprechenden beiden konkurrierenden Paradigmen bereits kennengelernt:

Zum einen bietet der *Atomismus* bzw. *Individualismus* hierfür eine sozusagen »unter-sozialisierte« Lösung an.[13] Hierfür typisch sind Handlungstheorien klassisch-orthodoxer Ökonomen und neoklassischer Wirtschaftstheoretiker. Sie folgen mehr oder weniger explizit der *utilitaristischen* Philosophie-Tradition, indem sie von einem rationalen, selbst-interessierten Verhalten der Individuen ausgehen, das nur vernachlässigbar durch soziale Beziehungen beeinflusst ist.

Konzept des Utilitarismus

Der *Utilitarismus* – vom Lateinischen utilitas, zu Deutsch »Nutzen« – definiert als Handlungsmotto des einzelnen Akteurs die Forderung: *»Handle so, dass das größtmögliche Maß an Glück entsteht!«*. Verbunden ist diese Forderung mit der Vorstellung, dass durch das individuelle Verfolgen des eigenen Nutzens gleichzeitig auch der größte Nutzen für die Gesamtheit aller Akteure und für die Gesellschaft geschaffen wird.

Auf solchen Vorstellungen fußt letztlich auch die wirtschaftsliberale Idee, dass die Selbststeuerungs- und Selbstheilungskräfte eines Marktes gleichbedeutend sind mit dem konsequenten Gewinnstrebens der individuellen Markt-Teilnehmer, das deshalb keinesfalls durch Eingriffe von außen – etwa durch den Staat – tangiert werden sollte.

Diese klassische wirtschaftswissenschaftliche Praxeologie ist in dem Sinne offenkundig »unter-sozialisiert«, als sie sozialen Beziehungen kaum eine Rolle zuspricht und diese sogar systematisch ausblendet. Der Einzelne und seine Verfolgung von Bedürfnissen stehen im Mittelpunkt des ökonomischen Geschehens.

Einen Gegenentwurf zu diesem »unter-sozialisierten« Handlungskonzept bietet die Lösung, die von Soziologen und seit Jahren auch von »reformierten« Ökonomen präsentiert wird. Sie liefern ein tendenziell *»über-sozialisiertes«* Konzept vom Handeln des Menschen. Sie zeichnen das Bild von Individuen, die äußerst sensibel auf die Forderungen eingehen, die aus einem System von Normen und Werten auf sie wirken.

Angeblich integrieren die einzelnen Akteure im Rahmen ihrer Erziehung und sozialen Prägung diese »normativen Strukturen« unbewusst in ihr Verhaltensrepertoire, wodurch der entsprechende »Gehorsam« in Bezug auf Anforderungen der Gesellschaft an sie automatisch zustande kommt.

Die Mechanik dahinter lässt den Betrachter unwillkürlich an das mehrfach verfilmte Buch »Die Körperfresser kommen!«/«Invasion of the Body Snatchers« denken:

Hirne werden durch eine höhere Macht einer Programmierung unterzogen, woraufhin Ströme von Menschen durch die Gegend ziehen und neurophysisch manipuliert nach einem einheitlichen Muster handeln.

Ein ähnliches Konzept spielt auch im Drehbuch der Kinofilm–Reihe »Matrix« eine Rolle – hier werden den Individuen ganze kollektive »Lebenswelten« per Datenleitung direkt in ihre Hirne eingespielt.

Das Hobbessche Problem sozialer Ordnung

Diese Vorstellung von Verhaltensprogrammierung findet sich beispielsweise in der Handlungstheorie von Talcott Parsons, der bei der Konstruktion seiner Praxeologie, veröffentlicht in seiner bekannten Studie »The Structure of Social Action«, beim sogenannten »Problem sozialer Ordnung« ansetzte:(14)

Der englische Staatstheoretiker Thomas Hobbes hatte im Jahr 1651 in seinem Werk *»Leviathan«* theoretisch durchgespielt, was passieren müsste, wenn Menschen ungehemmt und von außen ungesteuert ihren Bedürfnissen folgten.

Seinem pessimistischen Menschenbild entsprechend müsste das Chaos, die völlige politische Unordnung um sich greifen. Denn der Mensch würde nach Hobbes› Vorstellung seinen Artgenossen durchweg wie ein Raubtier Schaden zufügen, denn *»Der Mensch ist dem Menschen ein Wolf.« – homo homini lupus.*

Hobbes› Gegenentwurf zu diesem chaotischen »Naturzustand« ist eine gesellschaftliche Ordnung, in der die einzelnen Akteure sich der Macht eines allmächtigen Staates, nämlich der des *Leviathans*, unterwerfen.

Parsons› Vorschlag für das Hobbssche Problem sozialer Ordnung basiert nicht auf einer Macht–Lösung. Er stellt sich stattdessen eine »normative« Regulierung der Beziehung von Individuum und Sozialsystem vor:

Normen und Werte der gesellschaftlichen Gemeinschaft werden im Rahmen der Sozialisation des Akteurs in dessen Persönlichkeit »implantiert« – Parsons spricht mit Rückgriff auf Freuds Psychoanalyse davon, dass Werte dazu vom Individuum »internalisiert« werden.

Dieser Lösungsansatz ist insoweit »über–sozialisiert«, als der einzelne Akteur hierdurch als unentrinnbar sozial »programmiert« erscheint.

Im Rahmen einer solchen kollektiven Prägung lässt sich theoretisch nicht nachvollziehen, was in der sozialen Realität beobachtbar ist und von Merton durch dessen Rollenkonzept erfasst wird:

Einzelne Akteure gehen mit sozialen Werten, Normen und Rollenerwartungen kreativ um und gestalten diese. Mit der Behauptung »implantierter« normativer Muster ist dies nicht vereinbar.

Die »Eingebettetheit« individueller Akteure

Offenbar kommen wir bei unserem Projekt weder mit einem »unter-sozialisierten« noch mit einem »über-sozialisierten« Ansatz weiter.

Wir verfolgen deshalb einen dritten Ansatz, der sich von diesen beiden wesentlich unterscheidet. Wir gehen davon aus, dass Individuen typischerweise in Sozialstrukturen *eingebettet (»embedded«)* sind.[15]

Wie wir uns das im Einzelnen vorzustellen haben, werden wir uns nun genauer ansehen.

Dazu schauen wir im Detail auf die beiden eben diskutierten und verworfenen Ansätze, um daraus zu lernen:

Bei beiden Ansätzen fällt auf, dass das Individuum in einer merkwürdigen »Entfernung« von realen sozialen Beziehungen konzipiert wird.

Die »unter-sozialisierten« Wirtschaftstheorien betrachten das Individuum losgelöst von der sozialen Welt und isoliert von anderen Akteuren als allein mit der Verfolgung eigenen Nutzens und eigener Interessen beschäftigte Wesen.

Einzelner erscheint losgelöst von seinen Mitmenschen.

Aber auch die »über-sozialisierten« soziologischen Theorien sehen den Einzelnen weit weg von sozialem Handeln und aktiven Beziehungen. Seine soziale Prägung erscheint von außen vorgegeben, »eingeimpft« oder mit Parsons gesprochen »internalisiert«. Akteure scheinen sich nicht aktiv mit Werten und Normen auseinanderzusetzen – etwa im Rahmen von selbständigen Überlegungen oder anhand von Gesprächen mit Vertretern ihrer sozialen Umgebung.

Sowohl »unter-« als auch »über-sozialisierte« Konzeptionen stimmen offenbar darin überein, dass sie sich das Individuum streng von ihrem sozialen Kontext getrennt vorstellen. Das widerspricht aber dem beobachtbaren Tatbestand, dass Kultur – Werte, Normen, Rollenmuster – individuelles Verhalten nicht nur »formt«, sondern ihrerseits durch solches Handeln selbst wieder gestaltet wird. Individuen haben in Bezug auf Kultur individuelle Motive und eigenständige Ziele.

Eine fruchtbare Analyse menschlichen Handelns erfordert es also, den einzelnen Akteur aus dieser theoretischen »Isolation« herauszunehmen. Akteure verhalten oder entscheiden sich weder wie losgelöste und isolierte Entitäten, noch hängen sie sklavisch an einem kollektiven »Skript«, das ihnen als Sozialkategorien-System ins Gehirn geschrieben wäre.

Bewusstes Handeln von Akteuren ist in konkreten Systemen und darin verankerten sozialen Beziehungen *eingebettet.*

Eingebettet-sein ermöglicht vertrauensvollen Umgang.

Der Begriff »Einbettung« betont die Rolle konkreter persönlicher Beziehungen auf der einen Seite sowie die Rolle solcher Sozialsysteme, die wir gemäß unserer Begrifflichkeit als Netzwerke beschreiben. Diese persönlichen Netzwerke haben als Systeme emergente Qualitäten, entwickeln Eigenschaften, die über diejenigen der einzelnen Komponenten – etwa der einzelnen Akteure – hinausgehen.

Isolierte Individuen könnten sich gegenseitig nicht trauen. Aber verbundene Individuen, die persönliche Netzwerke aufgebaut haben, entwickeln Vertrauen, das sich im Laufe der Zeit verstetigt und stabilisiert. Netzwerke eingebetteter Akteure ermöglichen so als emergente Qualität Vertrauen und eine Barriere gegen schädigendes Verhalten anderer Akteure, zum Beispiel gegen deren möglicherweise betrügerisches Verhalten.

Dabei muss allerdings zugegeben werden, dass manches gesetzwidrige Verhalten erst durch das Vorliegen von Vertrauen möglich wird. Ein Gesetzesbrecher kommt überhaupt erst dadurch in die Position, Verbrechen zu verüben, weil sein Opfer ihm ein gewisses Maß an Vertrauen entgegenbringt. Auch ist Ehebruch ohne eine Ehe nicht möglich.

Unsere Einsicht an dieser Stelle bleibt aber hiervon unberührt:

Netzwerke, in die Individuen eingebettet sind, haben wesentliche Eigenschaften, die diesen Sozialsystemen ermöglichen, spezifische Funktionen aufrechtzuerhalten – wie stabiles Vertrauen zwischen Akteuren aufzubauen. So können äußerst sensible Mechanismen wie der An- und Verkauf von Diamanten im belgischen Antwerpen auf der Basis von persönlichen Bindungen bereits seit Jahrhunderten beinahe ohne Betrugsrisiken ablaufen.

Angesichts dieses Konzepts der Eingebettetheit von Akteuren – insbesondere von Wirtschaftsakteuren – erscheint der von den neoklassischen

Wirtschaftstheoretikern behauptete anonyme Markt, der vermeintlich das Rückgrat der Wirtschaft bilden soll, weitestgehend als *unrealistische theoretische Fiktion*.

Wirkliche Geschäfte funktionieren aufgrund von wirklichen sozialen Beziehungen darin eingebetteter Akteure und gerade nicht aufgrund eines anonymen Austauschs von Interessen. Das gilt sowohl innerhalb von Unternehmen als auch über Unternehmensgrenzen hinweg.

Dazu ein paar Details:

Komplexe Transaktionen eines Unternehmens mit seiner Umgebung basieren auf dem vertrauensvollen Zusammenspiel von Individuen, die in Netzwerken eingebettet sind. Komplexe Sozialsysteme wie Großunternehmen können nicht als Blöcke miteinander in Austausch treten. Ein hohes Maß an Ordnung von Geschäftsbeziehungen im »Markt« ist ohne den vertrauensvollen persönlichen Austausch von Mitarbeitern und den Rückgriff auf deren Netzwerke im Umfeld der betreffenden, in Geschäftsbeziehungen stehenden Unternehmen nicht möglich. Dabei sind nicht nur die persönlichen Netzwerke von Personen auf den höheren Ebenen des Managements gemeint. Stattdessen sind zumeist alle Ebenen von Transaktionen zwischen Unternehmen betroffen.

Geschäftsbeziehungen funktionieren nicht nach dem Spotmarkt-Prinzip.

Allgemein bekannt dürfte sein, dass beispielsweise die Beziehungen zwischen Firmen in den Feldern Einkauf und Vertrieb durch häufig langjährig stabile Beziehungen geprägt sind. Hier herrschen Verhaltensweisen vor, die sich gerade nicht nach dem klassischen ökonomischen Modell des »Spotmarkts« beschreiben lassen.

Firmen wechseln nicht ihre Vorlieferanten wöchentlich mit Blick auf eventuell steigende Preise oder fallende Angebotspreise bei Konkurrenzfirmen ihrer Lieferanten. Die zuständigen Firmenmitarbeiter ziehen es häufig vor, Geschäfte mit den Personen aus Unternehmen zu machen, die sie gut kennen. Sie glauben, durch eine »Investition« in die Zusammenarbeit mit diesen Unternehmen und ihre Ansprechpartner einen zeitlich beständigen Nutzen zu haben, der nicht durch das Einsparen von Geld mit Hilfe von schnellen Lieferantenwechseln zu kompensieren ist.

In manchen Branchen – wie beispielsweise der Bauindustrie – bilden sich erfahrungsgemäß mit der Zeit feste Beziehungen zwischen den Mitarbeitern voneinander unabhängiger Unternehmen und Subunternehmen, die jeweils einzelne Gewerke übernehmen. Dies führt zu einer »quasi-Integration« über Firmengrenzen hinweg, zu einem »quasi-Firmen-Arrangement«.

Ähnliche Konstellationen kennt der Leser aus der Kommunikationsbranche. Hier sind beispielsweise »quasi-Firmen-Arrangements« zwischen Werbeagenturen, Mediaagenturen, PR-Agenturen, Freelancern usw. weit verbreitet. Funktionieren können diese »Quasi-Firmen« so lange, wie die persönlichen Netzwerke »in Takt« sind. Sind sich die beteiligten Personen irgendwann einmal nicht mehr »grün«, verschwindet die emergente Qualität dieses Verbunds von Netzwerken – das heißt, die gemeinsam realisierte und Kunden angebotene Funktion »integrierte Kommunikation« geht verloren. Wir halten deshalb als Zwischenbilanz fest:

Menschliches Verhalten ist in Netzwerke zwischenmenschlicher Beziehungen eingebettet. Damit verwerfen wir die dargestellten »unter- oder über-sozialisierten« Konzepte für eine Handlungstheorie. Bei der Untersuchung von Sozial- und Kommunikationssystemen werden wir zukünftig stets die beteiligten Netzwerke untersuchen und beurteilen, welche Rolle sie für die Struktur eines Systems und für seine Beziehungen zur Umgebung haben.

Network-Theorie – die Stärke schwacher Bindungen

Wir wollen unsere Skizze einer Praxeologie für unsere künftige Konzeptionsarbeit an dem Punkt der theoretischen Betrachtung von Netzwerken noch ein Stück ausweiten. Und zwar folgen wir dabei weiter dem Ansatz des amerikanischen Soziologen Mark S. Granovetter.[16]

Starke und schwache Bindungen

Im Zusammenhang mit der *Eingebettetheit* von Akteuren in Netzwerke hat er eine Unterscheidung von sogenannten *»schwachen Bindungen« (»weak ties«)* und *»starken Bindungen« (»strong ties«)* eingeführt.

Granovetter unterscheidet auf der einen Seite enge Netzwerke mit starken Verbindungen, die wir zu Verwandten, zu Ehepartnern, zu Arbeitskollegen am Arbeitsplatz, zu engen Freunden usw. haben. Diese engen Netzwerke differenziert er von Systemen, die durch losere Beziehungen geprägt sind, wie Netzwerke zu entfernteren Bekannten, etwa bei losen Kontakten im Geschäftsleben, bei regelmäßigen Besuchen von Foren im Internet, von Freizeitstätten, gastronomischen Lokalitäten, Raucherclubs usw.

Granovetters Theorie setzt voraus, dass individuelle Akteure über eine mehr oder weniger große Menge enger Kontakte zu Personen verfügen, die untereinander in enger Verbindung stehen und für den Einzelnen eine engmaschige Sozialstruktur bilden. – Dazu ein Beispiel: Ein Akteur hat einen Kreis von Verwandten um sich, den er regelmäßig sieht. Diese Verwandten kennen seine besten Freunde, seine wichtigsten Arbeitskollegen und seine/n Lebenspartner/in usw.

Granovetter geht weiter davon aus, dass der Akteur neben diesem festen Netzwerk Beziehungen zu einer Menge von Bekannten hat, die sich untereinander kaum oder gar nicht kennen, weil die dazu erforderlichen Kontaktmöglichkeiten fehlen und weil diese Bekannten in weit voneinander entfernten Sozialsystemen positioniert sind.

Zum Beispiel trifft ein Akteur vielleicht am Nachmittag in einem Internetforum Personen im außereuropäischen Ausland anlässlich des wiederholten Austauschs über das Thema »Internetdesign mit Cascading Style Sheets« und diskutiert abends nach dem Essen im Raucherzimmer zum wiederholten Mal mit dem Wirt seines Lieblingsrestaurants über die angebliche Diskriminierung von Zigarrenrauchern.

Schwache Bindungen ermöglichen Brücken.

Der besondere Witz der Theorie von Granovetter ist nun, dass er den Netzwerken mit den schwachen Verknüpfungen zwischen dem Akteur und seinen Kontakten (»weak ties«) eine besonders wichtige Leistung zuspricht. Er betrachtet diese Netzwerke als wesentliche Brücken zwischen den häufig monolithisch positionierten, eng geknüpften und durch starke Bindungen gekennzeichneten Netzwerken.

Nach seiner Ansicht würde es zwischen eng gewobenen Systemen kaum Verbindungen geben, kämen diese nicht durch die Existenz der Netzwerke mit flexibleren schwachen Verbindungen zustande. Auf diese Weise realisieren lose geknüpfte Netzwerke eine wichtige übergeordnete *spezifische Funktion*, nämlich die Funktion der Verbindung solcher Systeme, die über eine engmaschige Struktur verfügen und dadurch die Tendenz haben, eine für Außenstehende schwer erreichbare Endostruktur zu bilden.

Granovetter nimmt an, dass Individuen, die über zu wenige schwache Verbindungen verfügen, von Beziehungen zu wichtigen Sozialsystemen abgeschnitten sind, weil sich ihr eigenes Netzwerk zu stark nach außen hin abschließt. So werden Akteure in starken Bindungen von Informationen außerhalb ihres Netzwerkes häufig ausgeschlossen. Sie sind mit Blick auf ihr Informationspotenzial beschränkt auf die provinziellen Neuigkeiten und Sichtweisen ihrer engen Kontakte.

Darüber hinaus beobachtet Granovetter etwa im Wirtschaftsleben, dass das Fehlen schwacher Verbindungen Akteure in stark geknüpften Netzwerken von neuesten Ideen und Moden abtrennt. Beispielsweise sind Akteure, die einen neuen Arbeitsplatz suchen, in einer unvorteilhaften Lage, wenn sie bedingt durch ihren verengten Beziehungshorizont nicht frühzeitig mitbekommen, wo sich passende Jobs auftun.

Schwache Bindungen begünstigen Innovationen.

Fehlende schwache Bindungen verhindern sogar Innovationen, wenn durch starke Bindungen Kommunikationswege versperrt sind:

Gehen wir davon aus, dass Bewegungen, sozialer Wandel, Meinungstrends häufig zunächst im Bereich enger Bekannte und Freunde entstehen, dann hätte das Fehlen von Systemen mit schwachen Bindungen einen hemmenden Einfluss auf die Zukunft neuer Entwicklungen. Ein Trend kann sich nicht selbst fortpflanzen und in die Umgebung sowie in andere Sozialsysteme wandern. Grundlegend neue Ideen werden nur langsam weitergegeben, wissenschaftliche Errungenschaften werden so behindert.

Ideologien haben einen starken Einfluss auf die Kommunikationskompetenz von in Sozialsystemen eingebetteten Personen. Besonders Sozialsysteme, die sich durch enge ethnische Zugehörigkeit oder durch Religionsausübung nach außen abkapseln, schirmen Akteure von einem lebendigen Austausch mit anderen Sozialsystemen ab.

Überhaupt lässt sich aufgrund der Theorie schwacher und starker Bindungen vermuten, dass Sozialsysteme, die wenig Kontakt zu Netzwerken mit schwachen Verbindungen haben, dazu neigen, sozial zu fragmentieren. Das heißt, dass sie Gefahr laufen, aus dem gesellschaftlichen Zusammenhang der Gesamtheit gesellschaftlicher Subsysteme herauszufallen und sich zu isolieren.

Das Management schwacher Verbindungen

Das *Management von Netzwerken* mit *schwachen Verbindungen* ist offenbar ein wichtiges *Modell* für das *Management von Kommunikation*. Strategische Kommunikation besteht aus der planvollen Herstellung und Nutzung von

Netzwerken zwischen meinungsaktiven Bevölkerungsgruppen. Netzwerke mit schwachen Bindungen sind für Kommunikations–Konzeptioner deshalb von großem Interesse.

Das heißt nun aber nicht, dass Netzwerke mit starken Bindungen in Bezug auf den Informationsfluss innerhalb von Sozialsystemen irrelevant wären.

Granovetter stellt in diesem Zusammenhang fest, dass die Geschwindigkeit der Verbreitung, die Vertrauenswürdigkeit und insbesondere der Einfluss einer Meinung oder einer Information auf der Basis von starken Bindungen besonders groß ist.

Warum?

Dazu eine kurze Erläuterung:

Was der Zugehörige meines eng geknüpften, nahen Netzwerks sagt, wirkt stärker auf mich, als die vielleicht durchaus interessante Meinung, die ich in einem Chat–Room im Internet vorgetragen bekomme.

Die Hauptwirkung von Meinungen auf Individuen wird durch starke Bindungen getragen. Daraus folgt, das es eine Arbeitsteilung zwischen schwachen und starken Bindungen gibt und zwar dergestalt:

Arbeitsteilung zwischen starken und schwachen Bindungen

- ***Schwache Bindungen*** *stellen die Brückenfunktion zu Verfügung, durch welche Innovationen die Grenzen zwischen sozialen Gruppen überwinden können.*
- ***Entscheidungsfindungen*** *werden aber am stärksten durch* ***starke Bindungen*** *determiniert.*

Ein weiterer Aspekt der Arbeitsteilung zwischen diesen beiden Netzwerktypen ist ihre jeweilige Integrationsfunktion.

Die *»Mikro–Integration«* von Systemen basiert auf der Kohäsion der starken Bindungen, die einen regelmäßigen intensiven Austausch der beteiligten Akteure bewirkt. Hier erhält der Einzelne seinen festen Platz als »Bestandteil« eines Sozialsystems.

Wenn es aber darum geht, mehrere Sozialsysteme miteinander in Verbindung und Austausch zu halten, werden Netzwerke mit schwachen Bindungen benötigt. Diese *»Makro–Integration«* basiert auf schwachen Bindungen und dem episodischen Austausch von Informationen zwischen den Mitgliedern von Gruppen.

Autonomie des Individuums

Aus der Perspektive der Makro- und Mikro-Integration schauen wir uns die Beziehung des Individuums zu seinen ihn umgebenen Sozialsystemen an:

Das beschriebene differenzierte Geflecht aus Sozialsystemen und Netzwerken mit schwachen und starken Bindungen gründet sich letztlich auf das Engagement und die Kreativität der darin eingebetteten Akteure.

»Nebeneffekt« ihres Engagements ist, dass dieses Geflecht den Individuen ermöglicht, ihre Identität zu entwickeln und zu erhalten. Es stellt so etwas wie ein »Saatbeet« ihrer individuellen Autonomie dar.

Schwache Bindungen eröffnen den einzelnen Personen den Zugang zu Informationen und Ressourcen, die außerhalb ihrer engen sozialen Zirkel liegen.

Starke Bindungen geben Sicherheit.

Sicherheit geben ihnen ihre starken Bindungen. Denn diese stabilen Relationen werden von den beteiligten Akteuren mit einer stärkeren Motivation versehen, die übrigen Netzwerkmitglieder zu unterstützen. So findet der Akteur hier stabilen Rückhalt und kann sich bedarfsweise schnell notwendige Hilfe holen.

Schwache Bindungen haben durch die Entwicklung der Kommunikationstechnik in Bereichen wie Internet, Mobiltelefonie usw., durch Bürokratisierung, zunehmende Bevölkerungsdichte und die Ausbreitung von Geschäftsbeziehungen in den Industrieländern zunehmend größeren Einfluss.

Parallel nimmt hier tendenziell der Umfang der starken Bindungen ab. Dabei haben unter anderem die veränderten familiären Lebensverhältnisse einen Einfluss:

Die Primärfamilien werden von Generation zu Generation kleiner, wodurch die Kontakte der Individuen immer weniger durch typische starke Bindungen absorbiert werden.

Bei all diesen Prozessen steht das Individuum im Mittelpunkt. Es übernimmt in vielen Bereichen der Gesellschaft eine zunehmend aktive Rolle bei der Gestaltung von Kommunikation.

Selbst bei der Betrachtung der Entwicklungen von kulturellen Errungenschaften unserer Gesellschaft, die wir als Konzeptioner ständig im Auge zu behalten haben, darf seine aktive Rolle nicht unterschätzt werden – etwa bei Trends in den Bereichen Mode, Meinungen, Wertvorstellungen sowie Lebensstile, Kunst- und Musikgeschmack usw.

Individuen übernehmen nicht einfach Kultur, Werte und Normen, aus den Sozialsystemen, denen sie angehören – auch nicht aus den hier präsenten Massenmedien. So eine Betrachtungsweise wäre allzu mechanistisch.

Individuen prägen Kultur.

Individuen suchen sich Kultur demgegenüber »eigenwillig« aus. Werte, Normen, Verhaltensweisen und Artefakte können beispielsweise nur insoweit eine Subkultur strukturieren, als Individuen sich als Bestandteile einer Gruppe sehen und als Mitglieder diese Dinge bewusst für sich wählen.

Anschauungsbeispiele liegen in der sich ständig erneuernden, besonders vielfältigen und heute breit gefächerten Jugendkultur moderner Gesellschaften.

Der Rückgriff auf Kultur durch den Akteur erfordert dessen aktives Wollen und insbesondere seine willentliche Identifikation mit anderen Akteuren, zu denen er Kontakte pflegt. Mit Hilfe von Kultur und dem Einsatz von Artefakten können wir individuelles Verhalten nicht einfach konditionieren.

Wir haben stattdessen im Detail zu studieren, in welchen sozialen Netzwerken sich Akteure bewegen, welchen Sozialsystemen sie angehören und wie sie ihre starken und schwachen Bindungen individuell managen.

Abschluss

Wir kommen zum Abschluss dieses Kapitels.

Wir haben hier eine Praxeologie für unsere Konzeptionstechnik skizziert, die im Kern eine *systemische Begrifflichkeit* und das Konzept des *Managements von starken und schwachen Bindungen* enthält.

Wir haben gesehen, dass weder die »unter–sozialisierten« noch die »über–sozialisierten« Akteurs–Modelle der Realität überzeugend gerecht werden.

Wir übernehmen stattdessen das »Embeddedness«–Modell:

Individuen sind als Akteure in die Strukturen der sie umgebenden Sozialsysteme und Netzwerke »eingebettet« – siehe dazu die folgende grafische Darstellung.

Bevor wir mit dem zehnten Kapitel starten, bietet sich eine Vertiefung der gewonnen Einsichten durch eine kleine Übung an.

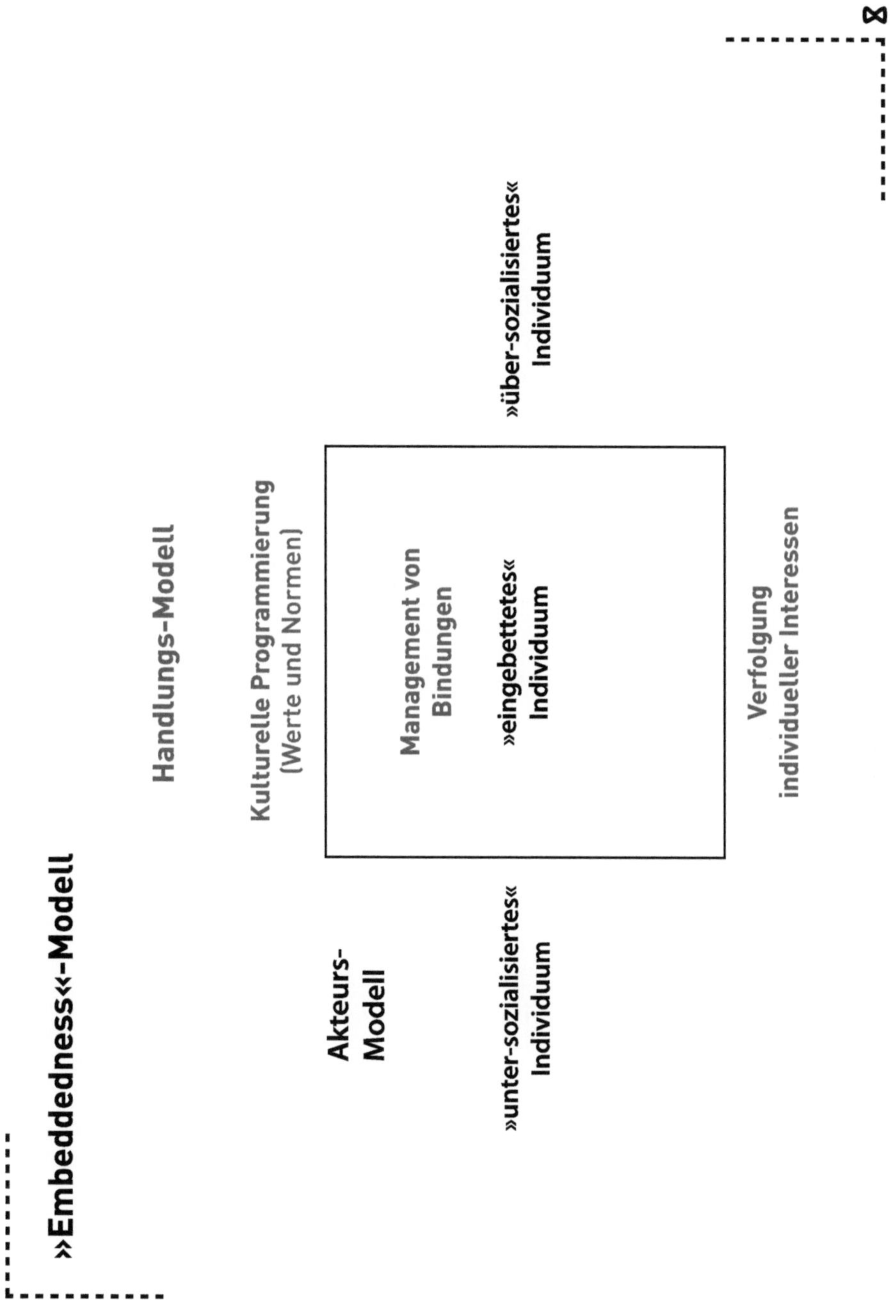
8
»Embeddedness«-Modell
Handlungs-Modell
Kulturelle Programmierung (Werte und Normen)
Akteurs-Modell
»über-sozialisiertes« Individuum
Management von Bindungen
»eingebettetes« Individuum
»unter-sozialisiertes« Individuum
Verfolgung individueller Interessen

Wie wir oben gesehen haben, spielt bei der Verbreitung von Informationen und bei der sogenannten »Diffusion« von Innovationen das »Management von Bindungen« eine entscheidende Rolle.

Dabei haben Netzwerke mit schwachen Bindungen zwischen den Akteuren genauso eine wichtige Funktion wie Netzwerke mit starken Bindungen. Wenn es darum geht, Akteure für neue Informationen zu interessieren und an sie heranzutragen, ist die Nutzung von Netzwerken mit schwachen Bindungen gefragt.

Wenn es darum geht, schnell Entscheidungen umzusetzen, die mit Neuerungen oder neuem Wissen zu tun haben, ist darüber hinaus die Funktion starker Bindungen erforderlich.

Wahrscheinlich haben Sie als Konzeptioner oder als Beteiligter bei der Entwicklung von Konzeptionen bereits mit dem Management von unterschiedlichen Netzwerken zu tun gehabt. Sie wissen wie wichtig es ist,

- *über »lose« Netzwerke zu verfügen, um beispielsweise einen Beratungs–auftrag in der Industrie zu bekommen,*
- *wie wichtig es während der Auftragsabwicklung ist, ein persönliches Netzwerk zu den zuständigen Mitarbeitern auf Kundenseite zu knüpfen,*
- *und wie schnell ein Auftrag verloren gehen kann, wenn diese Netzwerkbildung nicht erfolgreich verläuft.*

Doch nun zur Aufgabenstellung:

Nehmen Sie sich dazu einige Konzeptionen zur Hand, an denen Sie in der letzten Zeit gearbeitet haben. Schauen Sie zunächst in Ihre Situationsanalyse:

- *Welche Netzwerke waren im Rahmen der Aufgabenstellung betroffen?*
- *Welche Netzwerke innerhalb der Organisation des Auftraggebers waren einbezogen?*
- *Welche Netzwerke spielten als Zielgruppen eine Rolle?*

- *Welche Netzwerke waren als Träger von Informationen oder »Botschaften« wichtig?*

Schauen Sie nun in Ihren Lösungsansatz:

- *Wie wurden hier die Stärken unterschiedlicher Netzwerk–Typen genutzt?*
- *Welche Netzwerk–Funktion hatte für Ihre Konzeption ausschlaggebende Bedeutung?*

Quellenhinweise und Anmerkungen

1. Granovetter, Mark S.; »Economic Action and Social Structure: The Problem of Embeddedness«; in: *American Journal of Sociology,* Volume 91, Issue 3, November 1985; S. 487.

2. Wir folgen schwerpunktmäßig Mario Bunges Überlegungen zu einer allgemeinen Handlungstheorie.

   Vergleiche etwa:

   Bunge, Mario; *Social Science under Debate (1998)* S. 306–53

3. Vergleiche:

   Habermas, Jürgen; *Theorie des kommunikativen Handelns;* Frankfurt/Main 1981

4. Siehe:

   - Bunge, Mario; *Social Science under Debate (1998)* S. 306–53
   - Bunge, Mario; *Philosophy in Crisis (2001)* S. 191–2
   - Bunge, Mario; *Philosophical Dictionary (2003)* S. 221
   - Bunge, Mario; *Emergence and Convergence. Qualitative Novelty and the Unity of Knowledge (2003)* S. 98–9
   - Bunge, Mario; *Chasing Reality. Strife over Realism (2006)* S. 277–9
   - Bunge, Mario; *Political Philosophy. Facts, Fiction and Vision(2009)* S. 43–6

5. Siehe:

   - Granovetter, Mark S.; »The Strength of Weak Ties«; in: *American Journal of Sociology,* Volume 78, Issue 6, November 1973; S. 1360–80.
   - Granovetter, Mark S.; »The Strength of Weak Ties: A Network Theory Revisited«; in: *Sociological Theory,* Volume 1 (1983: hg. v. American Sociological Association); S. 201–33
   - Granovetter, Mark S.; »Economic Action and Social Structure: The Problem of Embeddedness«; in: *American Journal of Sociology,* Volume 91, Issue 3, November 1985; S. 481–510

- Granovetter, Mark S.; »Business Groups«; in: Smelser, Neil J.; Richard Swedberg (Hg.); *The Handbook of Economic Sociology*; Princeton, New Jersey/New York 1994; S. 453–75

6. Siehe:

   Parsons, Talcott; Charles Ackerman: »Der Begriff ‹Sozialsystem› als theoretisches Instrument« in: Parsons, Talcott, *Zur Theorie sozialer Systeme*, Opladen 1976, S. 69–84

7. Parsons bezieht sich beispielsweise auf Whiteheads »Process and Reality« und auf »Modes of Thought«.

   Eine detaillierte Analyse zu Parsons› Rückgriff auf Whitehead finden sich in:

   Droste, Heinz W.; *Die methodologischen Grundlagen der soziologischen Handlungstheorie Talcott Parsons›* – Inaugural-Dissertation; Düsseldorf 1985

8. Niklas Luhmann erläuterte das gerne recht anschaulich in seinen Vorlesungen:

   Luhmann, Niklas; *Einführung in die Systemtheorie* – hg. v. Dirk Baecker; Heidelberg 2002

9. Vergleiche:

   Bunge, Mario; *Philosophical Dictionary (2003)* S. 277

10. Vergleiche:

    Bunge, Mario; *Finding Philosophy in Social Science (1996)* S. 270–1

11. Siehe:

    Merton, Robert K.; *Soziologische Theorie und soziale Struktur;* Berlin/New York 1995; S. 217 – 398

12. Vergleiche:

    Bunge, Mario; *Social Science under Debate (1998)* S. 310–15

13. Vergleiche:

- Granovetter, Mark S.; »Economic Action and Social Structure: The Problem of Embeddedness« (1985) S. 481–510
- Powell, Walter W.; Laurel Smith–Doerr; »Networks and Economic Life«; in: Smelser, Neil J.; Richard Swedberg (Hg.); *The Handbook of Economic Sociology;* Princeton/New Jersey, New York 1994; S. 365 – 402
- Smelser, Neil J.; Richard Swedberg; »The Sociological Perspective on the Economy«; in: Smelser, Neil J.; Richard Swedberg (Hg.); *The Handbook of Economic Sociology;* Princeton/New Jersey, New York 1994; S. 3–26

14. Vergleiche:

    Parsons, Talcott; *The Structure of Social Action 1. Marshall, Pareto, Durkheim;* New York/London 1968 (Paperback Edition 1); S. 87 – 94

15. Vergleiche:

- Bunge, Mario; *Social Science under Debate (1998)* S. 42
- Granovetter, Mark S.; »Economic Action and Social Structure: The Problem of Embeddedness« (1985) S. 487

16. Vergleiche:

- Granovetter, Mark S.; »The Strength of Weak Ties« (1973) S. 1360–80
- Granovetter, Mark S.; »The Strength of Weak Ties: A Network Theory Revisited« (1983) S. 201–33

Literatur

Verwendete Literatur

Acham, Karl; »*Sozialwissenschaft und Wertegeschehen*«; in: Topitsch, Ernst (Hg.); Logik der Sozialwissenschaften;Königstein/Taunus 1980 (10); S. 165 –95

Albert, Hans; *Joseph Ratzingers Rettung des Christentums. Beschränkungen des Vernunftgebrauchs im Dienste des Glaubens*; Aschaffenburg 2008
– *Traktat über rationale Praxis*; Tübingen 1978
– *Erkenntnislehre und Sozialwissenschaft. Karl Poppers Beitrag zur Analyse sozialer Zusammenhänge*; Wien 2003
– (Hg.); *Theorie und Realität. Ausgewählte Aufsätze zur Wissenschaftslehre der Sozialwissenschaften*; Tübingen 1972 (2)

Alexander, Jeffrey C.; Bernhard Giesen; Richard Münch; Neil J. Smelser (Hg.); *The Micro–Macro Link*; Berkeley, Los Angeles, London 1987

Atteslander, Peter; *Methoden der empirischen Sozialforschung*; Berlin, Heidelberg, New York 2006 (11)

Avenarius, Horst; *Public Relations. Die Grundform der gesellschaftlichen Kommunikation*; Darmstadt 2000

Baker, Herbert G.; A. Paul Hare; Joseph Powers; Endre Sjøvold (Hg.); *Analysis of Social Interaction Systems. SYMLOG Research and Applications*; Lanham, Maryland 2005

Bales, Robert Freed; *Personality and Interpersonal Behavior;* New York, Chicago, San Francisco, Atlanta, Dallas, Montreal, Toronto, London, Sydney 1970
– *Interaction Process Analysis. A Method for the Study of Small Groups*; Chicago, London, Neudruck 1976 (1950)
– *SYMLOG Case Study Kit – with Instructions for A Group Self Study;* New York, London 1980
– *Social Interaction Systems. Theory and Measurement;* New Brunswick, London 2001

Bales, Robert Freed; Stephen P. Cohen; *SYMLOG. Ein System für die mehrstufige Beobachtung von Gruppen;* Stuttgart 1982 (englischsprachige Originalausgabe: 1979)

Bauer, Joachim; *Warum ich fühle, was du fühlst. Intuitive Kommunikation und das Geheimnis der Spiegelneuronen*; München 2005
– *Prinzip Menschlichkeit. Warum wir von Natur aus kooperieren;* Hamburg 2007
– *Das kooperative Gen. Abschied vom Darwinismus*; Hamburg 2008

Bernays, Edward; *Propaganda. Die Kunst der Public Relations;* Freiburg 2007 (englischsprachige Originalausgabe: 1928)

Birkigt, Klaus;Hans Joachim Funck; Marinus M. Stadler (Hg.) ; *Corporate Identity. Grundlagen, Funktionen, Fallbeispiele;* Landsberg/Lech 1993

Bollnow, Otto Friedrich; *Dilthey. Eine Einführung in seine Philosophie*; Schaffhausen 1980 (4)

Bortz, Jürgen; Nicola Döring; *Forschungsmethoden und Evaluation;* Berlin, Heidelberg, New York 1995 (2)

Boudon, Raymond; *Die Logik des gesellschaftlichen Handelns. Eine Einführung in die soziologische Denk– und Arbeitsweise;* Neuwied, Darmstadt 1980
– *Theories of Social Change. A Critical Appraisal;* Cambridge 1986
– »Social Mechanisms without black boxes«; in: Hedström, Peter; Richard Swedberg (Hg.); *Social Mechanisms – An Analytical Approach to Social Theory;* Cambridge 1998; S. 172 – 203

Boyd, Robert; Herbert Gintis; Samuel Bowles; Peter J. Richerson; »The Evolution of Altruistic Punishment«; in: *PNAS*, 2003: Volume 100, Nummer 6; S. 3531–5

Bunge, Mario; *Scientific Research I. The Search for System*; Berlin, Heidelberg, New York 1967
– *Scientific Research II. The Search for Truth;* Berlin, Heidelberg, New York 1967

– *Treatise on Basic Philosophy Volume 4. Ontology II (A World of Systems);* Dordrecht, Boston, London 1979
– *Treatise on Basic Philosophy Volume 5; Epistemology & Methodology I (Exploring the World);* Dordrecht, Boston, London 1983
– *Treatise on Basic Philosophy. Volume 6: Epistemology & Methodology II (Understanding the World);* Dordrecht, Boston, London 1983
– *Treatise on Basic Philosophy. Volume 8: Ethics (The Good and the Right);* Dordrecht, Boston, Lancaster 1989
– *Finding Philosophy in Social Science;* New Haven, London 1996
– *Social Science under Debate. A philosophical perspective;* Toronto, Buffalo, London 1998
– *The Sociology–Philosophy Connection – with a foreword by Raymond Boudon;* New Brunswick,London 1999
– *Philosophy in Crisis. The Need for Reconstruction;* Amherst, New York 2001
– *Emergence and Convergence. Qualitative Novelty and the Unity of Knowledge;* Toronto, Buffalo, London 2003
– *Philosophical Dictionary. Enlarged Edition;* Amherst, New York 2003
– *Chasing Reality. Strife over Realism;* Toronto, Buffalo, London 2006
– *Political Philosophy. Facts, Fiction and Vision;* New Brunswick, London 2009

Bunge, Mario; Rubén Ardila; *Philosophie der Psychologie;* Tübingen 1990

Bunge, Mario; Martin Mahner; *Philosophische Grundlagen der Biologie;* Berlin, Heidelberg, New York 2000.
– *Über die Natur der Dinge. Materialismus und Wissenschaft;* Stuttgart, Leipzig 2004

Camerer, Colin F.; Ernst Fehr; »When Does ‹Economic Man› Dominate Social Behavior?« in: *Science*, Volume 311, 6.1.2006; S. 47 – 52

Chomsky, Noam; »Warum die Mainstreammedien ‹Mainstream› sind«; Vortrag im Z Media Institude, *Z Magazine*, Juli 1997
– *Media Control. Wie die Medien uns manipulieren;* Hamburg, Wien 2002

Cohn, Ruth C.; Alfred Farau; *Gelebte Geschichte der Psychotherapie. Zwei Perspektiven;* Stuttgart 1999 (2)

Coleman, James S.; »Microfoundation and Macrosocial Behavior«; in: Alexander, Jeffrey C.; Bernhard Giesen; Richard Münch; Neil J. Smelser (Hg.); *The Micro–Macro Link;* Berkeley, Los Angeles, London 1987; S. 153–75
– *Grundlagen der Sozialtheorie. Band 1 (Handlungen und Handlungssysteme);* München 1991

Coleman, James S.; Elihu Katz; Herbert Menzel; »The Diffusion of an Innovation among Physicans«; in: *Sociometry,* Volume 20, No. 4, S. 253–70

Dörrbecker, Klaus; Renée Fissenewert; *Wie Profis PR–Konzeptionen entwickeln. Das Buch zur Konzeptionstechnik;* Frankfurt/Main 2003 (4)

Droste, Heinz W.; *Die methodologischen Grundlagen der soziologischen Handlungstheorie Talcott Parsons›;* Inaugural–Dissertation, Düsseldorf 1985
– *Public Relations;* Wiesbaden 1989
– *Praktikerhandbuch Investor Relations. Mit IPO–Kommunikationskalender für die erfolgreiche Börsenpräsenz;* Stuttgart 2001
– *Turn of the Tide – Gezeitenwechsel. Einführung in Mario Bunges exakte Philosophie;* Aschaffenburg 2015
– *Kommunikations-Strategie. Analyse-Methode – Lösungs-Findung – Crossmediale Planung;* Hückelhoven 2018
– *AGIL. Kommunikation als kreativer Prozess;* Hückelhoven 2019

Esser, Hartmut; Klaus Klenovitz; Helmut Zehnpfennig; *Wissenschafttheorie 1. Grundlagen und Analytische Wissenschaftstheorie;* Stuttgart 1977
– *Wissenschaftstheorie 2. Funktionalanalyse und hermeneutisch–dialektische Ansätze;* Stuttgart 1977

Etzioni, Amitai; *Jenseits des Egoismus–Prinzips. Ein neues Bild von Wirtschaft, Politik und Gesellschaft;* Stuttgart 1994

Ernst Fehr, »Die Psychologische Wende in der Ökonomik«, *Vortrag zum ›Dies Academicus‹ der Universität St. Gallen am 8.6.2002* (Online–Scipt: »www.iew.unizh.ch/moe/fehr/«)

Fehr, Ernst; Urs Fischbacher; Simon Gächter; »Strong Reciprocity, Human Cooperation an the Enforcement of Social Norms«; in: *Human Nature 13*, 2002; S. 1 – 25

Fehr, Ernst; Urs Fischbacher; »The Nature of Human Altruism«; in: *Nature*, Volume 425, 23. Oktober 2003; S. 785–91

Fehr, Ernst; Simon Gächter; »Altruistic Punishment in Humans«; in: *Nature*, Volume 415, 10. Januar 2002; S. 137–40

Fehr, Ernst; Herbert Gintis; »Human Motivation and Social Cooperation: Experimental and Analytical Foundations«; in: *The Annual Review of Sociology 33*, 2007; S. 43 – 64

Fissenewert, Renée; Stephanie Schmidt; *Konzeptionspraxis;* Frankfurt/Main 2004 (2)

Flückinger, Christoph; Günther Wüsten; *Ressourcenaktivierung. Ein Manual für die Praxis;* Bern 2008

Franz, Hans–Werner; Ralf Kopp; *Kollegiale Fallberatung. State of the Art und Organisationale Praxis;* Bergisch Gladbach 2003

Freud, Sigmund, *Briefe 1873 – 1939;* Frankfurt/Main, 1960

Generalversammlung der Vereinten Nationen; *»Allgemeine Erklärung der Menschenrechte«*, 10.12.1946, Palais de Chaillot/Paris

Goethe, Johann Wolfgang von; *Faust 1, Der Tragödie erster Teil;* Tübingen 1808

Granovetter, Mark S.; »The Strength of Weak Ties«; in: *American Journal of Sociology*, Volume 78, November 1973; S. 1360–80
– »Threshold Models of Collective Behavior«; in: *American Journal of Sociology*, Volume 83, Mai 1978; S. 1420–43
– »The Strength of Weak Ties: A Network Theory Revisited«; in: *Sociological Theory*, Volume 1 (1983: hg. v. American Sociological Association); S. 201–233
– »Economic Action and Social Structure: The Problem of Embeddedness«; in: *American Journal of Sociology*, Volume 91, November 1985; S. 481–510
– »Business Groups«, in: Smelser, Neil J.; Richard Swedberg (Hg.); *The Handbook of Economic Sociology*; Princeton/New Jersey, New York 1994; S. 453–75

Granovetter, Mark S.; Roland Soong; »Threshold Models of Diffusion and Collective Behavior«; in: *Journal of Mathematical Sociology*, November 1983; S. 165–179

Grawe, Klaus; *Psychologische Therapie;* Göttingen, Bern, Toronto, Seattle 1998
– *Neuropsychotherapie;* Göttingen, Bern, Toronto, Seattle, Oxford, Prag 2004

Grawe, Klaus; Martin Grosse Holtforth; *FAMOS. Fragebogen zur Analyse Motivationaler Schemata – Manual;* Göttingen, Bern, Toronto, Seattle 2002

Grossner, Claus; *Verfall der Philosophie. Politik deutscher Philosophien;* Hamburg 1971

Habermas, Jürgen; *Theorie des kommunikativen Handelns;* Frankfurt/Main 1981

Hägerstrand, Torsten; »A Monte Carlo approach to diffusion«; in: *Archives européennes de Sociologie*, 6, 1965; S. 43 – 57

Hagen, Lutz M.; Anne Fläming; Anne-Marie in der Au; »*Synchronisation von Nachricht und Werbung. Wie das Anzeigenaufkommen von Unternehmen mit ihrer Darstellung in Spiegel und Focus korreliert*«; in: Publizistik 59(4), S. 367 – 386; Springer Verlag, 2014

Haller, Max; *Soziologische Theorie im systematisch–kritischen Vergleich;-* Wiesbaden 2006 (1999)

Hare, A. Paul; Richard Brian Polley; Philip J. Stone (Hg.); *The SYMLOG Pracititioner. Applications of Small Group Research;* New York, Westport, Connecticut, London 1988

Hare, A. Paul; Sharon E. Hare (Hg.); *SYMLOG Field Theory. Organizational Consultation, Value Differences, Personality and Social Perception;* Westport/Connecticut, London 1996

Hebb, Donald Olding; *The Organization of Behavior: A neuropsychological theory;* New York 1949

Hedström, Peter; Richard Swedberg; »Social mechanisms: An introductory essay«; in: Hedström, Peter; Richard Swedberg (Hg.); *Social Mechanisms – An Analytical Approach to Social Theory;* Cambridge 1998; S. 1 – 31

– (Hg.); *Social Mechanisms. An Analytical Approach to Social Theory;* Cambridge 1998

Heinrichs, Johannes; *Handlungen. Das periodische System der Handlungsarten;* München 2007 (2)

– *Das Geheimnis der Kategorien. Die Entschlüsselung von Kants zentralem Lehrstück;* Berlin 2004 (2)

Hempel, Carl G.; »Wissenschaftliche und historische Erklärungen«, in: Albert, Hans (Hg.); *Theorie und Realität; Ausgewählte Aufsätze zur Wissenschaftslehre der Sozialwissenschaften;* Tübingen 1972 (2); S. 237 – 261

Hendrix, Jerry; *Public Relations Cases;* Belmont/Kalifornien 2003 (6)

Jäckel, Michael; *Medienwirkungen;* Wiesbaden 2005 (3)

Jensen, Keith; Josep Call; Michael Tomasello; »Chimanzees Are Rational Maximizers in an Ultimatum Game«; in: *Science*, Volume 318, 5. Oktober 2007; S. 107–9

Kahneman, Daniel; Paul Slovic; Amos Tversky; *Judgement under uncertainty: Heuristics and biaces;* Cambridge 1982

Kant, Immanuel; *Kritik der praktischen Vernunft;* hg. v. Karl Vorländer; Hamburg (Felix Meiner Verlag) 1929 (9)
– *Grundlegung der Metaphysik der Sitten;* hg. v. Karl Vorländer; Hamburg (Felix Meiner Verlag) – 1965: unveränderter Nachdruck der 3. Auflage

Kanitscheider, Bernulf; *Entzauberte Welt. Über den Sinn des Lebens in uns Selbst – Eine Streitschrift;* Stuttgart 2008

Katz, Elihu; Paul F. Lazarsfeld; *Persönlicher Einfluß und Meinungsbildung;* München 1962 (englischsprachige Originalausgabe 1955)

Kendall, Robert; *Public Relations Campaign Strategies. Planing for implementation;* New York 1997 (2)

Klassen, Michael; *Was leisten Systemtheorien in der Sozialen Arbeit? Ein Vergleich der Systemischen Ansätze von Niklas Luhmann und Mario Bunge;* Bern, Stuttgart, Wien 2004

Kliemann, Wolfgang; Norbert Müller; *Logik und Mathematik für Sozialwissenschaftler 1. Grundlagen formalisierter Modelle in den Sozialwissenschaftler;* München 1973

Knödler–Bunte, Eberhard; Klaus Schmidbauer; *Das Kommunikationskonzept. Konzepte entwickeln und präsentieren;* Potsdam 2004

Kotler, Philip; Eduardo L. Roberto; Ned Roberto; *Social Marketing. Improving the Quality of Life;* Thousand Oaks/Kalifornien 2002 (2)

Kröger, Friedeberg; Dieter Wälte (Hg.); *Interaktionsforschung mit dem SYMLOG–Methodeninventar. Theorie und Praxis;* Frankfurt/Main 2000

Kunczik, Michael; *Public Relations. Konzepte und Theorien;* Köln, Weimar, Wien 2002 (4)

Langmaack, Barbara; *Themenzentrierte Interaktion. Einführende Texte rund ums Dreieck;* Weinheim, Basel 1996 (3)

Langmaack, Barbara; Michael Braune-Krickau; *Wie die Gruppe laufen lernt. Anregungen zum Planen und Leiten von Gruppen;* Weinheim 2000 (7)

Langner, Sascha; *Viral Marketing. Wie Sie Mundpropaganda gezielt auslösen und Gewinn bringend nutzen;* Wiesbaden 2007

Ledoux, Joseph; *Das Netz der Persönlichkeit. Wie unser Selbst entsteht;* München 2002.

Leif, Thomas; »Kommunikationseliten und ihre Strategien – Wer füllt das Vakuum, das die Politik hinterlässt?«, in: Rolke, Lothar; Volker Wolff (Hg.), *Die Meinungsmacher in der Mediengesellschaft;* Opladen 2003, S. 25–34

Leipziger, Jürg W.; *Konzepte entwickeln. Handfeste Anleitungen für bessere Kommunikation;* Frankfurt/Main 2007 (2)

Lewin, Kurt; *Kurt-Lewin-Werkausgabe Band 1. Wissenschaftstheorie I*; Bern, Stuttgart 1981
– *Kurt-Lewin-Werkausgabe Band 4. Feldtheorie;* Bern, Stuttgart 1982

Lück, Helmut E.; *Kurt Lewin; Eine Einführung in sein Werk;* Weinheim 1996

Luhmann, Niklas; *Einführung in die Systemtheorie – hg. v. Dirk Baecker;* Heidelberg 2002
– *Soziale Systeme. Grundriss einer allgemeine Theorie;* Frankfurt/Main 1987

Marston, John E.; *The Nature of Public Relations;* New York 1963

Merton, Robert K.; *Soziologische Theorie und soziale Struktur;* Berlin, New York 1995
- *Mass Persuasion. The Social Psychology of a War Bond Drive;* New York, London 1971 (1946)
- »The Thomas Theorem and the Matthew Effect«, in: *Social Forces*, 74 (2), December 1995; S. 379 – 424
- »Die Eigendynamik gesellschaftlicher Voraussagen«; in: Topitsch, Ernst (Hg.); *Logik der Sozialwissenschaften*; Königstein/Taunus 1980 (10); S. 144–61

Meyn, Hermann; *Massenmedien in Deutschland;* Konstanz 2001

Miller, Mark Crispin; »Nachwort«, in: Bernays, Edward; *Propaganda. Die Kunst der Public Relations;* Freiburg 2007, S. 137–55

Moreno, Jacob L.; *Gruppenpsychotherapie und Psychodrama. Einleitung in die Theorie und Praxis;* Stuttgart, New York 1993 (4)

Mouzelis, Nicos; *Sociological Theory: What Went Wrong? Diagnosis and Remedies;* New York 1995

Münch, Richard; *Gesellschaftstheorie und Ideologiekritik;* Hamburg 1973
- *Theorie sozialer Systeme. Eine Einführung in Grundbegriffe, Grundannahmen und logische Struktur;* Opladen 1976
- *Theorie des Handelns. Zur Rekonstruktion der Beiträge von Talcott Parsons, Emile Durkheim und Max Weber;* Frankfurt/Main 1982
- *Soziologische Theorie. Band 3: Gesellschaftstheorie;* Frankfurt/Main, New York 2004

Neske, Fritz; *PR–Management;* Gernsbach 1977

Nickel, Volker; *Informieren muss man können;* Landsberg am Lech 1985

Oeckl, Albert; *PR–Praxis. Der Schlüssel zur Öffentlichkeitsarbeit;* Düsseldorf, Wien 1967

Parsons, Talcott; *The Structure of Social Action 1. Marshall, Pareto, Durkheim;* New York/London 1968 (Paperback Edition 1)
– *The Structure of Social Action 2. Weber;* New York/London 1968 (Paperback Edition 1)
– *Zur Theorie sozialer Systeme;* Opladen 1976

Parsons, Talcott; Charles Ackerman; »Der Begriff ‹Sozialsystem› als theoretisches Instrument« in: Parsons, Talcott; *Zur Theorie sozialer Systeme;* Opladen 1976

Parsons, Talcott; Robert F. Bales; Edward A. Shils; *Working Papers in the Theory of Action;* New York, London 1953

Parsons, Talcott; Robert F. Bales; James Olds; Morris Zelditch; Philip E. Slater; *Family, Socialization, and Interaction Process;* New York 1955

Pfannenberg, Jörg; Ansgar Zerfaß (Hg.), *Wertschöpfung durch Kommunikation;* Frankfurt/Main 2005

Pickel, Andreas, »Systems and Mechanisms«, in: *Philosophy of the Social Sciences*, Vol. 34, No. 2, Juni 2004; S. 169–81

Popper, Sir Karl Raimund: »Philosophische Selbstinterpretation und Polemik gegen die Dialektik«; in: Grossner, Claus; *Verfall der Philosophie;* Hamburg 1971; S. 278–89
– *Objektive Erkenntnis. Ein evolutionärer Entwurf;* Hamburg 1973

Powell, Walter W.; Laurel Smith–Doerr; »Networks and Economic Life«; in: Smelser, Neil J.; Richard Swedberg (Hg.); *The Handbook of Economic Sociology;* Princeton/New Jersey, New York 1994; S. 365 – 402

Quine, Willard V. O.; *Grundzüge der Logik;* Frankfurt/Main 1978 (2)

Richter, Kurt F.; *Erzählweisen des Körpers. Kreative Gestaltarbeit in Theorie, Beratung, Supervision und Gruppenarbeit;* Seelze–Velber 2003 (3)
– *Coaching als kreativer Prozess;* Göttingen 2009

Rolke, Lothar; Volker Wolff (Hg.), *Wie die Medien die Wirklichkeit steuern und selber gesteuert werden;*Opladen 1999
– *Die Meinungsmacher in der Mediengesellschaft;* Opladen 2003

Ronneberger, Franz; Manfred Rühl; *Theorie der Public Relations. Ein Entwurf;* Opladen 1992

Schenk, Michael (Hg.); *Medienwirkungsforschung;* Tübingen 1987

Schlick, Moritz; »Über den Begriff der Ganzheit«; in: Topitsch, Ernst (Hg.); *Logik der Sozialwissenschaften;* Königstein/Taunus 1980 (10); S. 292–40

Schulz, Beate; *Strategische Planung von Public Relations. Das Konzept und ein Fallbeispiel;* Frankfurt/Main, New York 1991

Schulze–Fürstenow, Günther (Hg.); *Handbuch für Öffentlichkeitsarbeit (PR) – (Loseblattsammlung);* Neuwied

Schulz von Thun, Friedemann; *Miteinander reden;* Hamburg 1998

Segeth, Wolfgang; *Elementare Logik;* Berlin 1973

Smelser, Neil J.; Richard Swedberg; »The Sociological Perspective on the Economy«; in: Smelser, Neil J.; Richard Swedberg (Hg.); *The Handbook of Economic Sociology;* Princeton/New Jersey, New York 1994; S. 3 – 26
– (Hg.); *The Handbook of Economic Sociology; Princeton/*New Jersey, New York 1994

Smith, Ronald D.; *Strategic Planning for Public Relations;* Mahwah/New Jersey 2005 (2)

Stegmüller, Wolfgang; *Probleme und Resultate der Wissenschaftstheorie und Analytischen Philosophie. Band 1 – Wissenschaftliche Erklärung und Begründung;* Berlin, Heidelberg, New York 1969

Sydow, Jörg; Arnold Windeler (Hg.); *Steuerung von Netzwerken. Konzepte und Praktiken;* Opladen/Wiesbaden 2000

Thomas, William Isaac; Dorothy Swaine Thomas; *The Child in America. Behavior Problems and Programs;* New York 1928

Topitsch, Ernst (Hg.); *Logik der Sozialwissenschaften;* Königstein/Taunus 1980 (10)

Vollmer, Gerhard; *Wieso können wir die Welt erkennen? Neue Beiträge zur Wissenschaftstheorie;* Stuttgart 2003
– *Wissenschaftstheorie im Einsatz. Beiträge zu einer selbstkritischen Wissenschaftsphilosophie;* Stuttgart 1993

Weber, Max; *Soziologie – Universalgeschichtliche Analysen – Politik;* Stuttgart 1973
– »Über einige Kategorien der verstehenden Soziologie«; in: Weber, Max; *Soziologie – Universalgeschichtliche Analysen – Politik;* Stuttgart 1973; S. 97–150
– »Die ‹Objektivität› sozialwissenschaftlicher Erkenntnis«; in: Weber, Max; *Soziologie – Universalgeschichtliche Analysen – Politik;* Stuttgart 1973; S. 186 – 262.
– »Der Sinn der ‹Wertfreiheit› der Sozialwissenschaften«; in: Weber, Max; *Soziologie – Universalgeschichtliche Analysen – Politik;* Stuttgart 1973; S. 263 – 310

Weintraub Austin, Erica; Bruce E. Pinkleton; *Strategic Public Relations Management. Planing and Managing Effective Communication Programs;* Mahwah/ New Jersey 2006 (2)

Whitehead, Alfred North; *Process and Reality. An Essay in Cosmology;* New York, London 1929

Wilkens, Rainer; *Werbewirkung in der Praxis;* Essen 1994

Wolff, Volker: »Medienwirklichkeit im Wandel – einige Schlaglichter«; in: Rolke, Lothar; Volker, Wolff (Hg.), *Wie die Medien die Wirklichkeit steuern und selber gesteuert werden;* Opladen 1999; S. 23–34

Wright, Georg Henrik von; *Erklären und Verstehen;* Frankfurt/Main 1974

Zedtwitz-Arnim, Georg-Volkmar, *Tu Gutes und rede darüber. Public Relations für die Wirtschaft;* Köln 1978

Index

J

K

N

O

P

Q

R

S

T

U

V

W

Heinz W. Droste

Kommunikations-Strategie:
Analyse-Methode - Lösungs-Findung - Crossmediale Planung

- Taschenbuch: 256 Seiten
- Verlag: Pedion Verlag;
- ISBN-13: 978-3981488258

- Preis: 8,99 Euro

Kommunikations-Profis haben es mit vielfältigen Zielgruppen zu tun. Wichtige Netzwerke zeichnen sich durch individuelles Eigenleben und hohe Eigendynamik aus. Dialoge erfordern deshalb den routinierten Einsatz professioneller klassischer PR-Maßnahmen wie beispielsweise Presse- und Medienarbeit - und mehr: strategisch betriebene Online-Medien und Social Media-Kanäle. In diesem Band »Kommunikations-Strategie« erhalten Leserinnen und Leser - kurz und knapp vorgetragen - die dazu erforderlichen Analyse-Methoden, Kommunikations-Tools und Crossmedialen Strategien.

Heinz W. Droste

AGIL – Kommunikation als kreativer Prozess: Anleitungen, Checklisten, Modelle und Case Stories

- Taschenbuch: 304 Seiten
- Verlag: Pedion Verlag;
- ISBN-13: 978-3981488289

- Preis: 10,99 Euro

Nach der Lektüre von »AGIL« verfügen die Leser über ein Komplett-Paket mit Werkzeugen erfolgreicher Kommunikationsprofis.

Sie profitieren bei zukünftigen Aufgabenstellungen im Bereich Social Media-Marketing, Presse- und Medienarbeit sowie Public Relations, indem sie
- Problem-Konstellationen schneller erfassen und treffender reagieren
- sich zügig in neue Aufgabenstellungen einarbeiten
- ihre Kommunikations-Kompetenzen kontinuierlich weiterentwickeln
- in Krisensituationen wirkungsvollere Lösungsansätze ermitteln
- kreativere und komplexere Kommunikations-Ideen entwickeln
- ihre Arbeit übersichtlicher und überzeugender präsentieren